材料科学技术著作丛书

介电弹性体智能材料
力电耦合性能及其应用

陈花玲　周进雄　著

科学出版社
北京

内 容 简 介

　　本书是作者所在科研团队近十年来从事"介电弹性体(dielectric elasto-mer,DE)智能材料力电耦合性能及其应用"的科研工作总结。书中内容以本科研团队的相关研究成果为主线,同时梳理了1990年至今本领域国内外的代表性工作,对介电弹性柔性材料的基本性能、力电耦合理论模型以及影响其力电响应特性的主要因素进行了详细介绍,并介绍了该智能材料的应用研究案例,从而为读者正确认识该类材料、设计及应用该新型智能材料提供借鉴。

　　本书既可以作为高等院校高年级本科、研究生教学的辅助教材,也可以作为研究单位、相关企业了解 DE 智能材料的参考书。

图书在版编目(CIP)数据

介电弹性体智能材料力电耦合性能及其应用/陈花玲,周进雄著.—北京:科学出版社,2017.6
　(材料科学技术著作丛书)
　ISBN 978-7-03-053004-2

Ⅰ.①介…　Ⅱ.①陈…②周…　Ⅲ.①智能材料-耦合-研究　Ⅳ.①TB381

中国版本图书馆 CIP 数据核字(2017)第 117359 号

责任编辑:牛宇锋　罗　娟 / 责任校对:桂伟利
责任印制:赵　博 / 封面设计:蓝正设计

科 学 出 版 社出版
北京东黄城根北街 16 号
邮政编码:100717
http://www.sciencep.com
北京中石油彩色印刷有限责任公司印刷
科学出版社发行　各地新华书店经销
*
2017 年 6 月第　一　版　开本:720×1000　1/16
2025 年 4 月第七次印刷　印张:21
字数:408 000
定价:180.00 元
(如有印装质量问题,我社负责调换)

前　言

电活性聚合物(electroactive polymer, EAP)是近年来发展起来的一类新型柔性智能材料,是软物质领域的重要研究内容之一。由于具有应变大、柔韧性好、质量轻等独特性质,EAP 在航天航空、仿生机械、生物医学等多个领域极具应用前景。以潜在技术的市场分析研究著称的 IDTechEx 公司在其分析报告 *Electroactive Polymers and Devices 2013-2018：Forecasts，Technologies，Players* 中指出 EAP 是最有未来潜力的技术之一,并预测到 2018 年,与 EAP 相关的产品市场将达到 22.5 亿美元,尤其是在驱动器领域,与医疗设备和仿生机器人等相关的研究将成为重点发展领域。

EAP 材料主要包括电场型和离子型两大类型。电场型 EAP 的典型代表材料是介电弹性体(dielectric elastomer, DE)材料,它包括聚丙烯酸酯、硅橡胶、PDMS 等。相比于其他 EAP 材料,DE 材料独有的特点是弹性模量低、变形大,在其上下表面涂上柔性电极后,电激励可产生 100% 的应变,在机械力的联合作用下甚至可以达到 2200% 的面积应变。这种变形尺度大大超过了一般压电材料和形状记忆材料的变形尺度,因此,在一些需要大变形的场合具有巨大的应用潜力。此外,它的机电转换效率最大可达 90%,频率响应范围可从 0.1Hz 到 20kHz。由于 DE 材料具有这种快速、大变形的特点,在某些特定的环境下使用具有独特的优势,可以作为微型驱动器应用于微小型机器人、生物医学领域等。自从这些优异特性在 2000 年由 *Science* 期刊报道之后,引起了国内外学者的广泛关注。不少学者围绕新型 DE 材料及器件的设计和制备、DE 材料力电耦合下的大变形机理等开展了大量研究,成果陆续发表于 *Science*、*Nature*、*Physical Review Letter*、*PNAS* 等高水平的期刊上,使 DE 材料研究迅速成为软物质科学最活跃的研究方向之一。基于 DE 材料这种高效的机电转化特性,新型的柔性器件和结构也得到了发展,如柔性机械驱动结构、可弯曲的柔性电子系统、高压绝缘储能器、软体机器人等。

总体来看,DE 材料的研究属于前沿学科及交叉学科的研究范畴,该领域目前仍属于一个并不成熟且正在积极探索的研究领域。但鉴于其具有巨大的学术价值和广阔的应用前景,本书对介电弹性柔性材料的基本性能、力电耦合理论模型、力电响应影响机制及其调控、驱动器和俘能器设计等主要内容进行详细介绍,并介绍该智能材料的应用研究案例,其目的一是推动 DE 材料的实用化进程,二是为其他类型的电活性聚合物材料的研发提供借鉴。

全书由陈花玲教授与周进雄教授组织编写。陈花玲教授负责所有章节的编校及全书的统稿工作,书中第1、2、4、9章主要由李博讲师编写,第3、6、7、8章主要由张军诗博士及盛俊杰博士共同编写,第5、12章主要由刘磊博士编写,第10、11章主要由周进雄教授和陈宝鸿博士编写,第13章主要由王永泉副教授及钟林成硕士和王垠博士编写,第14章主要由张弛博士编写。

　　在编写本书各章内容中,部分内容采纳了课题组其他博士和硕士研究生的实验结果。在课题研究过程中,也得到了西安交通大学李涤尘教授、贾书海教授的协助与帮助,作者在此一并表示感谢!

　　本书是作者所在科研团队近十年来从事"介电弹性体智能材料力电耦合性能及其应用"的科研工作总结,在研究过程中得到国家自然基金重大项目"结构/功能一体化精准制造技术研究(51290294)",国家自然科学基金创新群体项目"轻质非均匀介质的力学行为(11321062)",国家自然基金面上项目"介电弹性功能材料机电耦合失效机理及行为研究(10972174)"、"介电弹性体动态换能机理及能量收集系统设计方法研究(51375367)"、"介电弹性材料在力电耦合变形下的击穿破坏行为研究(11402184)"、"柔性离子液体凝胶驱动的介电弹性体高频振荡器力电耦合行为(11472210)""非均质高强水凝胶非均匀溶胀诱发失稳斑图调控的实验和数值模拟(11372239)",教育部博士点基金项目"介电弹性材料的力电耦合非线性动力学行为研究(20120201110030)"等的资助,借此机会对这些资助表示感谢。此外,本书在编写过程中也参考了大量相关领域的书籍和资料,借此机会也对这些作者表示感谢!

　　由于编者水平有限,书中难免存在疏漏和不足之处,恳请广大读者不吝赐教,给予指正。

作　者

2017年4月10日

目　　录

第1章 绪 论

21世纪是科学发现和技术发展出现密集创新的时代。其中,新材料的开发及利用已被世界公认为最重要、发展最快的高新技术之一,它对工业、农业、社会以及国防和其他高新技术的发展都起着重要的支撑作用。

在各种新材料中,聚合物类智能材料由于具有质量轻、变形大、生物兼容性好、疲劳寿命好、成本低、易于成形等优点而引起了学术界的广泛关注。这类智能材料能对多种外界激励产生响应,如电、热、光、磁、化学浓度、生理 pH 等,响应包括体积扩张、形状重构、颜色变化等多种形式,因而为物理学、化学、力学、机械结构学等多学科的研究提供了良好的契机,同时也促进了学科之间的交叉发展。

在聚合物类智能材料中,电活性聚合物(electroactive polymer,EAP)是备受关注的一种新型功能材料。在外电场激励下,EAP 材料可以显著改变自身形状尺寸,外界电激励撤销后又能恢复到原始的形状尺寸;此外,这种效应也是可逆的,即 EAP 材料在外力作用下发生形变,能产生相应的电信号输出。因此,EAP 材料是近年发展起来的一种具有传感和驱动双重功能的新型柔性智能材料。

1986 年,美国 *Science* 期刊首先对 EAP 材料进行了报道[1],接着学术界对 EAP 材料开展了大量的研究,使其成为现代智能材料的研究热点和前沿问题之一。表 1.1 是 EAP 材料与传统智能材料的性能比较。由表可见,EAP 产生的电致应变比传统的形状记忆合金高出两个数量级,比压电陶瓷有更低的密度[2]。

表 1.1 EAP 与传统材料性能比较[2]

性能	EAP	压电陶瓷	形状记忆合金
应变	>100%*	0.1%~0.3%	<8%
应力	0.1~3MPa	30~40MPa	700MPa
响应速度	10^{-6}~1s	10^{-6}~1s	1s~1min
密度	1~2.5g/cm³	6~8g/cm³	5~6g/cm³
驱动电压	1~5V 或 10~100V/μm	50~800V	无
功耗能级	毫瓦	瓦	瓦
断裂韧性	柔性	脆性	弹性

* 施加等双轴预拉伸后产生的驱动应变。

　　EAP 材料的主要成分是高分子聚合物材料,其中还可能包含溶液、金属离子、碳纳米管、陶瓷颗粒等不同组分,不同的组分构成不同类型的 EAP 材料。按照作用机理的不同,EAP 材料主要分为两大类:离子型 EAP 和电场型 EAP。

　　离子型 EAP 所需的驱动电压比较低(1~5V),其致动原理是在电场作用下,材料内部的离子及溶剂重新分布而产生大变形,主要类型有电响应离子凝胶、离子聚合物-金属复合材料、巴基凝胶材料和导电聚合物材料等,其中最具代表性的是离子聚合物-金属复合材料。离子的移动需要溶液环境的辅助,因此该类 EAP 材料工作时需保持表面湿润,与电场型 EAP 材料相比,其响应速度普遍较慢。电场型 EAP 对环境无特殊要求,可以直接在空气中工作,但所需的驱动电压(或电场强度)高,从数兆伏每米到数百兆伏每米。电场型 EAP 材料致动原理是在电场作用下,在材料内部产生静电应力并引起分子构型改变而发生大变形,主要包括介电弹性体、铁电聚合物、电致伸缩嫁接聚合物和液晶聚合物等,其中最有代表性的是介电弹性体。图 1.1 是电场型 EAP 材料的典型代表——介电弹性体(dielectric e-lastomer,DE)材料以及离子型 EAP 的典型代表——离子聚合物-金属复合材料(ionic polymer-metal composites,IPMC)的变形机理。可见,DE 材料在电场作用下在与电场一致的方向发生压缩变形,而在与其垂直方向发生面内扩张变形,IPMC 则在电场作用下发生弯曲变形。

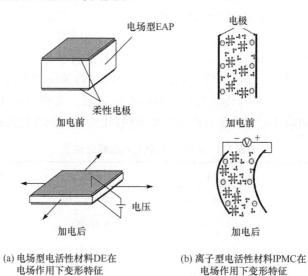

(a) 电场型电活性材料 DE 在　　　　　　(b) 离子型电活性材料 IPMC 在
　电场作用下变形特征　　　　　　　　　　电场作用下变形特征

图 1.1　两种典型电活性聚合物 DE 和 IPMC 的变形机理[3]

　　在电场型 EAP 材料中,DE 材料具有能量密度高、应变大、价格低、质量小、材料已达到商业化等优点,因此是最受广泛关注和研究的 EAP 材料。近 20 年来,关于 DE 材料的理论与应用开展了大量研究。为此,本书将围绕 DE 材料,从 DE 材料的变形机理、性能特征、应用研究等多方面进行介绍,从而为 DE 研究的进一步改性及实际应用奠定基础。

1.1　介电弹性体材料及其基本特性

与离子型 EAP 材料不同,DE 材料内部不含金属离子,是一种绝缘体。由于其非导电特性,在电场作用下,DE 材料的上下表面会积累正负电荷,正负电荷之间互相吸引而形成静电压力,在这种压力作用下,材料的不可压缩性,使得其在厚度方向上发生压缩变形而在平面方向产生扩张变形,如图 1.1(a)所示。

DE 材料的变形尺度很大,一般可超过 100%,响应速度在毫秒级,最大应力可到 3.2MPa,能量密度可达 3.4J/g,机电转换效率可达 80%[3]。也就是说,DE 材料的应变与电磁伸缩材料在一个数量级,但单位体积的驱动应力比压电材料和电磁伸缩材料均小,整体性能和生物肌肉组织非常相似,因此在研究之初,DE 材料也被称为人工肌肉材料。

2002 年,美国光学工程协会(SPIE)组织了首届关于 EAP 材料的学术会议(Conference of Electro Active Polymer and Applied Devices,EAPAD 会议),会议中展示了一个利用 DE 材料制作的机器手臂与人进行掰手腕比赛[4],如图 1.2 所示。此后在每年的会议上都有基于 DE 材料的新的机器手臂出现,其体积越来越小,输出力越来越大,也越来越接近人体的肌肉功能[5],表明 DE 材料的研究探索在逐渐深入和成熟。

图 1.2　基于 DE 材料制作的驱动手臂与人进行掰手腕比赛[6]

DE 材料是一种高弹性的高分子聚合物,由芯层的聚合物薄膜和上下柔性电极组成。聚合物薄膜受到电场的作用产生面积扩张变形,而柔性电极将外界的电压信号输送到薄膜表面,起到导电介质的作用。显然,聚合物薄膜和柔性电极材料

均会对 DE 材料的性能产生影响,下面将对聚合物薄膜和柔性电极材料分别进行
介绍。

1.1.1　DE 材料聚合物薄膜

根据 DE 材料的驱动原理,只要是绝缘的聚合物薄膜都可以在电场作用下产
生变形,而薄膜的物理属性决定了其变形的尺度。DE 材料的物理属性包括弹性
模量、材料韧性、机械强度、介电常数、电场强度等。塑形薄膜的弹性模量大,变形
小,当施加电场时,随着电压的增大,在产生显著变形之前材料就会发生电击穿行
为,其变形尺度与传统的压电材料相当。因此,要想作为大变形驱动器使用,DE
材料聚合物薄膜应该具有适度的柔韧性,才能实现大尺度的应变输出。现有文献
报道中,所采用的 DE 材料薄膜包括 VHB 系列薄膜、各种属性的硅橡胶材料、基于
Latex 系列的天然橡胶材料等。

VHB 材料是 3M 公司生产的聚丙烯酸酯薄膜,厚度从 0.13mm 到 1mm 不等,
是目前使用最广泛的 DE 材料聚合物薄膜,其分子式如图 1.3 所示。

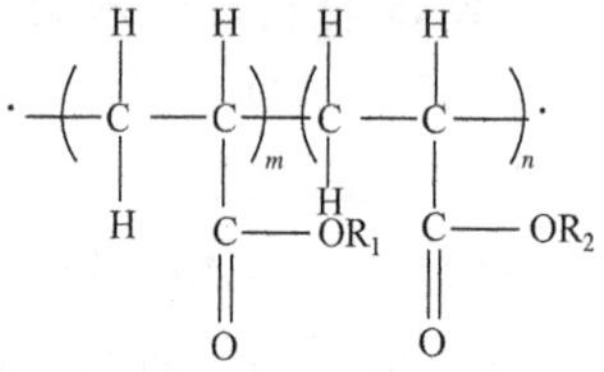

图 1.3　VHB 材料的分子式[7]

VHB 材料的特点是弹性模量低,仅为千帕量
级,在特定条件下其电致变形最高可达到 2200%[5]。
VHB 材料是 3M 公司的商业化产品,可以在市场上
买到成品薄膜直接进行驱动结构的制作和研究,因
此它是目前 DE 材料研究领域的主要对象。VHB
材料的缺点是具有非常高的黏性,因此实际上是一
种黏弹性材料,这种黏弹性导致其电致变形、机电耦
合效率、变形稳定性等均表现出很强的时间相关性。此外,黏弹性还具有耗能特
性。在静态变形中,随着电压的加载和卸载,VHB 材料的应力-应变曲线会形成迟
滞回线,存在明显的残余应力与应变;在动态变形中,材料阻尼导致其振幅衰减。

能够弥补 VHB 材料黏弹特性的 DE 材料是硅橡胶材料。硅橡胶材料包括
Tow 公司的 HS3 系列和 Sylgard186 橡胶,Nusil 公司的 CF19-2186 橡胶等。这些
硅橡胶与人体肌肉组织质地相似,生物兼容好,因此在医疗整形中应用较普遍。如
果将其作为 DE 材料应用于电活性的变形材料,一般需要制备硅橡胶薄膜,并对硅
橡胶的液体组分进行配比。一般而言,硅橡胶的弹性模量高于 VHB 材料,其变形
尺度也小于 VHB 材料。表 1.2 给出了文献[8]对 VHB 材料和硅橡胶材料的驱动
性能比较。

表 1.2　VHB 材料和硅橡胶材料的驱动性能比较[8]

性能	硅橡胶	VHB
最大变形/%	120	380
最大应力/MPa	3.2	7.7
最大能量密度/(kJ/m³)	750	3400
密度/(kg/m³)	1100	960
疲劳寿命	10^7	10^7
机电效率/%	80	90
温度范围/℃	−100~250	−10~90

实际上可用于电驱动的 DE 材料很多,其性能之间差异也较大。表 1.3 是各种商用的 DE 材料物理属性的比较。由表可以看出,同一种 DE 材料,预拉伸变形不一样时,其应变、杨氏弹性模量、电场强度等物理属性也不同。

表 1.3　各种商用的 DE 材料的物理参数比较[9]

材料	预拉伸/%	厚度应变*/%	面积应变*/%	杨氏弹性模量/MPa	电场强度**/(V/μm)	介电常数
硅胶(Nusil,CF19-2186)	—	32	—	1	235	2.8
硅胶(Nusil,CF19-2186)	(45,45)	39	64	1.0	350	2.8
硅胶(Nusil,CF19-2186)	(15,15)	25	33	—	160	2.8
硅胶(Nusil,CF19-2186)	(100,0)	39	63	—	181	2.8
硅橡胶(Dow Corning,HS3)	—	41	—	0.135	72	2.8
硅橡胶(Dow Corning,HS3)	(68,68)	48	93	0.1	110	2.8
硅橡胶(Dow Corning,HS3)	(14,14)	41	69	—	72	2.8
硅橡胶(Dow Corning,HS3)	(280,0)	54	117	—	128	2.8
硅橡胶(Dow Corning Sylard 186)	—	32	—	0.7	144	2.8
硅橡胶(Burman Cine-SkinArBrC)	(0,100)	11	—	0.04	15	4.8
硅橡胶(BJB,TC-5005)	(0,100)	1.0	—	0.1	8.0	3.5
硅橡胶(Dow Corning Sylard 184)	(0,10)	0.5	—	2.49	119	2.8
硅橡胶(Wacker ElastosilRT 625)	(0,10)	12	—	0.303	75	3.2
硅橡胶(BlueStar,MF620U)	(50,50)	—	3.5	0.29	56	3.1
氟硅橡胶(Dow Corning 730)	—	28	—	0.5	80	6.9
氟硅聚合物(Lauren,L143HC)	—	8	—	2.5	32	12.7
聚氨酯(Deerfield PT6100S)	—	11	—	17	160	7
聚氨酯(Polytek Poly74-20)	(0,10)	1.2	—	0.292	—	7.6

续表

材料	预拉伸 /%	厚度应变* /%	面积应变* /%	杨氏弹性 模量/MPa	电场强度** /(V/μm)	介电常数
Latex 橡胶		11	—	0.85	67	2.7
聚丙烯酸酯(3M VHB 4910)	—	79	380			
聚丙烯酸酯(3M VHB 4910)	(300,300)	61	158	3.0	412	4.8
聚丙烯酸酯(3M VHB 4910)	(15,15)	29	40	—	55	4.8
聚丙烯酸酯(3M VHB 4910)	(540,75)	68	215		239	4.8
橡胶共聚物(GLS Corp 75)	(300,300)	62～22	180～30	0.007～0.163	32～133	1.8～2.2
橡胶共聚物(GLS Corp 161)		14	16.5	1.3	27	
橡胶共聚物(GLS Corp 217)	(300,300)	71～31	245～47	0.002～0.133	22～98	1.8～2.2
橡胶共聚物(GLS Corp 217)	—	16	18.8	1.1	29	—
橡胶共聚物(Elastoteknik AB Dryflex 500040)	(0,100)	12	—	0.25	58	2.3
橡胶共聚物(SEBS-g-MA Kraton)	—	0.4		2.144	136	2.0

* 文献报道中的最大变形。

** 文献报道中 DE 材料可承受的最大电场。

如前所述,由于 VHB 材料可以在市场上直接买到,且硅橡胶的变形尺度远不如 VHB 系列的聚丙烯酸酯优异,因此 VHB 材料仍然是目前 DE 材料研究和应用领域的主要材料,因此,后文如不专门指出,所述 DE 材料一般指 VHB 材料。

1.1.2　DE 材料的柔性电极

由于 DE 材料的柔韧特性,理想的电极应具有良好的导电性和优良的延展特性。目前,在 DE 材料的研究中,采用的电极材料一般是碳膏、石墨粉、导电溶液等。表 1.4 给出了各种可用于 DE 材料柔性电极的材料及其性能比较。在实际使用过程中,碳膏的黏附性最佳,工艺简单,而且性能比较稳定,导电性能良好,因此是最广泛使用的电极材料。其他电极的加工工艺比较复杂,对制备技术要求较高,成本较高,因此使用范围有局限。

表 1.4　各种柔性电极的比较[10]

电极	电阻	结合方式	优点	缺点
碳膏	50kΩ/cm	涂抹	机电耦合效率高	表面不平整
石墨粉	80kΩ/cm	丝网印刷	性能稳定	无黏附性
石墨喷雾	20kΩ/cm	喷涂	表面均匀一致	无黏附性
导电液	15kΩ/cm	薄膜沉积	低压下的性能好	易脱水
金属图形	—	选择性镀金属	应变可达 80%	工艺复杂

续表

电极	电阻	结合方式	优点	缺点
褶皱金属	—	微机电印刷术	单向变形	应变小
金溅射	$2.4\mu\Omega/cm$	溅射工艺	电极较薄	易氧化和碎裂
银浆	$1.6\mu\Omega/cm$	薄膜沉积	导电性好	易脱水
导电聚合物	$51\mu\Omega/cm$	—	柔性、弹性好	性能稳定性差
铂盐	$106\sim1010\mu\Omega/cm$	印刷电路技术	微尺度下的应用	阻抗变化大

　　除了上述这些柔性电极材料,研究人员也一直在不断探索及发现新型电极材料。如 Aksay 小组研究了导电聚合物材料用于驱动 DE 材料的变形[11,12]。导电聚合物材料为固体材料,与 DE 材料结合后形成层状结构。但聚合物电极的弹性模量高于 DE 材料聚合物的弹性模量,导致变形速度和变形大小都低于碳膏的驱动效果。

　　导电凝胶材料是另一种新型电极材料,由于凝胶材料内部具有导电离子,其电导率与碳膏相当,且凝胶的弹性模量低,延展性更好,通过与 DE 聚合物薄膜的紧密结合能有效驱动 DE 材料。此外,由于凝胶材料完全透明,与透明的 VHB 薄膜结合后可以用于各种光学仪器[13,14]。由于凝胶材料的导电机理和传统电极存在本质的区别,除了受制于其中导电离子的浓度和种类,凝胶材料对环境的湿度变化较敏感[15]。此外,凝胶材料与 DE 材料聚合物薄膜结合过程中存在界面的力学和电学性能差异,极化中存在强烈的界面效应(图 1.4)。可见,新材料新技术的出现,不仅促进了科学技术的发展,也不断提出新的挑战。

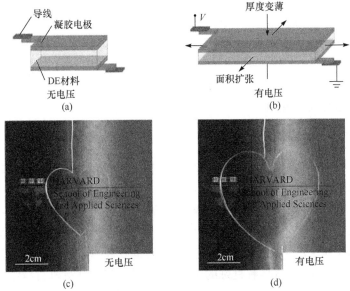

图 1.4　透明的凝胶电极驱动 DE 材料的变形[14]

1.2　DE 材料的研究进展

虽然对 EAP 材料,特别是 DE 材料作为柔性功能材料的研究是近 20 年才蓬勃开展的热门问题,然而,关于绝缘材料在电场作用下可以发生电致变形的现象早在 18 世纪已被发现。电气工程领域的科学家发现聚合物电容器在充电至电击穿的过程中其内部聚合物材料会产生一定的应变[16]。图 1.5 所示就是德国物理学家伦琴在 1880 年对悬挂的聚合物薄膜两侧施加正负电荷后发现其会伸长的实验,也是关于聚合物材料电致变形的最早期的实验研究报道[17]。

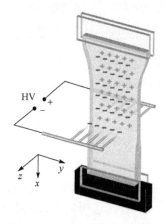

图 1.5　伦琴实验的示意图[17]

但是,由于当时材料发展的限制,在电压下材料产生的变形不大,许多聚合物材料在加载电压后会迅速发生电击穿现象,而变形则不明显。1955 年,Stark 和 Garton 测量了不同聚合物的电击穿强度,发现其击穿场强和材料的弹性模量以及介电常数有关,首次提出了 DE 材料力电耦合的概念[18]。2002年,斯坦福大学的研究小组研究了多种聚合物的电致变形效应,发现在对 3M 公司的 VHB 聚丙烯酸酯薄膜分别进行双向和单向的平面拉伸并涂抹柔性导电碳膏后,施加 3000V 的直流电压,薄膜可以发生大于 100%的平面扩张变形,响应时间<1ms[2]。

该研究成果经过 *Science* 报道之后,立刻引起了学术界的广泛兴趣。研究人员围绕着在电场作用下产生的大变形行为开展了大量研究,从新型 DE 材料的开发,到 DE 材料属性的研究,再到基于 DE 材料智能结构的开发研究层出不穷,并逐步推广应用于航空航天、医疗技术、生物医学、机器人、可穿戴设备等多个领域,下面将对其进行简要介绍。

1.2.1　新型 DE 材料研发的进展

随着研究的深入开展,人们发现了更多具有优良性能、可用作 DE 驱动器的材料。最近科学家分析了两种天然 Latex 乳胶类橡胶材料——ZruElast 公司和 Oppo 公司生产的橡胶带,发现这两种材料的储能密度是 VHB 材料的 2~3 倍[19],如图 1.6 所示,图中,阴影面积表示由材料机械撕裂强度、电击穿强度以及失去张力极限确定的储能密度。在类似的研究中,人们也发现 Smooth-On 公司的 Ecoflex系列硅胶产品黏性小,兼具有良好的延展性,且易于与其他有机材料结合集成于智能结构中[20],因此,这些新材料有望开发出性能更好的新型 DE 驱动器。

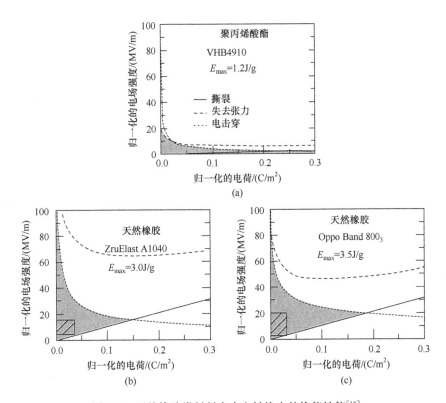

图 1.6 天然橡胶类材料在力电转换中的换能性能[19]

为了降低 DE 材料工作时的驱动电压,提高 DE 材料驱动器的稳定性和可靠性,研究人员发现,最简单的方法就是对 DE 材料采取预拉伸,即减小材料的厚度,有关预拉伸的作用将在本书第 4 章中进行详细阐述。

除此之外,将多种材料混合形成新的复合薄膜也能改进材料的力学性能,提高 DE 材料电致变形稳定性。加利福尼亚大学洛杉矶分校 Pei 教授的研究小组在 VHB 薄膜中加入热塑性的 1,6-己二醇二丙烯酸酯,形成了双层的互穿网络的高分子聚合物[21],从而能够保持预拉伸的应变,提高 DE 材料的响应效率,克服多种不稳定行为。同时,由于 1,6-己二醇二丙烯酸酯的热塑性特征,互穿网络的聚合物材料的弹性模量对温度非常敏感,因此可得到电压-温度的双重驱动功能,可实现双稳态下的变形行为[22]。互穿网络的聚合物由于综合了两种聚合物材料的特点,其整体功能也得到较大的丰富,除了双稳态,通过调整不同聚合物的比例,新的共聚混合物的拉伸强度也可以得到提高。在实验中,研究人员合成了共聚凝胶混合物,其力学拉伸变形的极限能达到自身长度的 21 倍[23,24],这种高韧性的材料可用于仿生学研究,有望替代受损伤的软骨和生物组织。

由于 DE 材料的变形与其静电极化有关,因此,改进其电学特性也是 DE 材料薄膜在复合材料领域的研究方向之一。为了改善 DE 材料在承受高驱动电压时引起的电击穿现象,一种有效方法就是对材料进行掺杂处理,即通过添加高介电率的材料提高 DE 材料的介电常数。由于极性材料介电率比较高,掺杂极性材料后得到的复合材料能有效降低驱动电压,实现更高的机电转换效率。现有的掺杂技术主要包括:①共聚物掺杂;②陶瓷掺杂。在共聚物掺杂中,典型的方法包括将己基噻吩的聚合物和硅橡胶混合[25],得到新的共聚物。这种复合材料对电场响应的灵敏度大大提高。研究表明,只需要加入质量分数 1% 的极性聚合物,混合得到的新共聚体在相同的电场下,其电致变形效果是单纯硅橡胶的三倍,因此具有极大的应用潜力。陶瓷掺杂是复合材料研究领域中常用的技术,通过在聚合物中掺杂高介电率的陶瓷晶体,得到的聚合物/陶瓷复合材料的介电常数比单纯聚合物的介电常数会有显著的提高。Carpi 等通过掺杂二氧化钛,得到新的 DE 复合材料的介电常数提高了 50%,电致应变也提高了 10%[26]。研究人员通过对氧化铝、二氧化钛、钛酸钡三种添加材料比较研究后,发现在同样的体积分数下,钛酸钡对介电率的提高最明显[27,28]。除此之外,铌锑锆钛酸铅系压电陶瓷和有机黏土材料也是可选用的掺杂增强材料[29,30]。研究表明,由于陶瓷材料具有不同的极化特征,掺杂得到的复合材料性能不是简单的两相材料的性能叠加,其整体驱动行为具有更复杂的非线性特征,稳定性也表现出复杂多变性。因此,如何理解掺杂的 DE 复合材料的力电耦合性能的本征特性,通过优化掺杂工艺以得到最佳的电致变形效果仍是一个需要进一步深入研究的问题。

1.2.2　DE 材料电致变形性能的研究进展

如前所述,DE 材料在电场作用下的电致变形是一种力电耦合的非线性过程,其性能不仅受材料本身属性的影响,还与实际使用的外界条件密切相关。因此,研究人员除了对 DE 材料进行改性研究,还对其在不同使用条件下的特性进行了大量实验研究,为 DE 材料的实际应用奠定了基础。

早期人们对 DE 材料电致变形性能的研究主要集中在温度、频率、预拉伸等条件对 DE 材料弹性模量、介电常数等性能的影响,发现工作条件对材料的基本属性有很大的影响。近年来,随着 DE 材料应用的发展,研究人员拓展到研究更复杂的使用条件对 DE 材料电致变形性能的影响,主要包括以下几点。

(1) 不同约束条件对 DE 驱动器性能的影响。

为了掌握 DE 驱动器的变形特性,人们除了研究等双轴的变形特性[31],还研究了单轴拉伸变形[32]和纯剪切变形模式[33]等不同约束条件下 DE 材料的面内变形特性,图 1.7 所示为 DE 材料的三种变形模式。研究表明,不同变形模式下,DE 材料的最大变形也不同。在驱动变形尺度上,单轴变形尺度最小,纯剪切和等双轴的变形较大。纯剪切可实现 380% 的面内单方向应变,而等双轴可实现 1000% 的局部面积应变。在稳定性方面,通过预拉伸方法可在纯剪切和等双轴变形模式下改善材料的稳定性,而单轴变形的稳定性无法改善。关于此方面的深入讨论将在第 9 章给出。

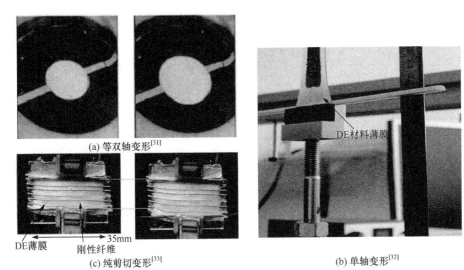

(a) 等双轴变形[31]

(c) 纯剪切变形[33]

(b) 单轴变形[32]

图 1.7　三种变形模式

除了面内变形,通过适当的边界约束,DE 材料还可产生离面的变形[34],如图 1.8 所示。离面变形将 DE 材料的面积变化转换成结构的形状改变,因此可将 DE 材料用于流体系统中驱动流体的流动。

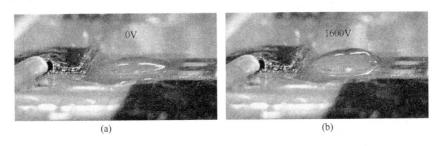

(a)　　　　　　　　　　　(b)

图 1.8　DE 材料的离面变形[34]

(2) 不同交变电压条件对 DE 材料驱动器性能的影响。

除了 DE 材料的静态特性,研究人员对 DE 材料在交变电压载荷下的动态性能也进行了大量研究。研究发现,不论面内振动[35]还是离面振动[36],DE 材料驱动器的动态性能非常复杂,其固有频率、最大振幅受到交变载荷形式、载荷水平等多种条件的影响。图 1.9 是 DE 材料在不同交变载荷波形下的面内振动位移。由图可见,在不同的载荷波形下,DE 材料驱动器的振动行为有显著差异。在正弦波和三角波激励下,DE 材料的振动频率是激励信号的两倍,而在锯齿波中则无这个现象。此外,正弦波电压激励下幅值最大。

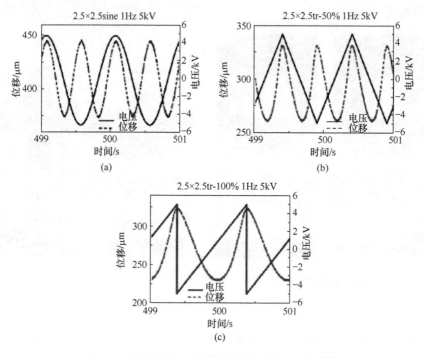

图 1.9　DE 材料在不同波形下的面内振动位移[35]

（3）材料的黏弹性对 DE 材料驱动器性能的影响。

如前所述,VHB 型 DE 材料是一种黏弹性材料,导致其在电致变形中,材料的变形尺度与电载荷施加的速率有关。Bauer 等研究了 DE 材料在不同电压施加速率下的电致变形规律,发现 DE 材料驱动器在电压加载/卸载过程中存在明显的迟滞现象,其应变存在蠕变等黏弹性特征[37]。在动态交变载荷下,DE 材料的黏弹性阻尼对其在频域内的谐响应和共振行为都会产生影响(图 1.10)[38]。

（4）DE 材料驱动器的失效行为研究。

由于 DE 材料电致变形的力电耦合过程是一种非线性行为,其在变形过程中存在诸多的失效现象,如褶皱、缩孔、空穴等,图 1.11 是其发生褶皱失稳的现象。失稳行为发生后,继续增大电压达到材料电击穿临界强度时,DE 材料会发生电击穿破坏行为,会产生电火花甚至燃烧现象。Plante 和 Dubowsky 通过实验研究了DE 材料的电致变形以及最终的破坏过程,指出其失效存在四种不同模式,即拉力损失、吸合模式、介电强度失效模式以及材料强度失效模式[39]。研究表明,在高变形率下,介电强度失效是失效的主要模式,而在低变形率下,吸合现象是失效的主要模式。

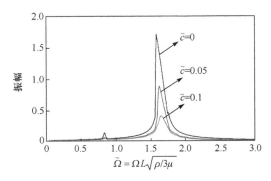

图 1.10 DE 材料在频域内振动幅值受到不同黏弹性阻尼的影响[38]

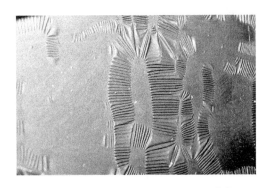

图 1.11 DE 材料的褶皱失稳行为[39]

为了提高 DE 材料的可靠性,国内外研究人员开展了大量的深入探索,文献
[40]~[42]研究了电致变形与电压、预拉伸、电极面积、电极厚度之间的关系,发现
对 DE 材料实施预拉伸可以加快驱动器的响应速度、提高其介电击穿强度、增大变
形率、降低驱动电压等。通过对不同的电极材料比较研究,发现导电碳膏和导电石
墨粉电极对材料的变形电压基本不产生影响,但在碳膏电极驱动下,DE 材料的失
效电压高出导电石墨粉电极的一倍;此外,电压频率的变化对变形电压几乎不产生
影响,但失效电压随频率的增大而增大。

总而言之,鉴于 DE 材料的非线性特性,各种外界条件对基于 DE 材料的驱动
器电致变形性能影响规律非常复杂,人们只有通过大量的深入研究,才能逐步了解
并掌握其性能,为实际应用奠定基础。

1.2.3 DE 材料变形机理的研究进展

DE 材料的变形机理分析是 DE 材料研究的一个重要组成部分。1998 年,Per-
line 等将 DE 材料的电致变形机理归纳为传统的电致伸缩效应[43]。直到 2002
年 *Science* 对 DE 材料性能进行报道以及 2008 年召开的 SPIE 专业会议中,学术

界逐渐认为 Maxwell 应力是引起 DE 材料变形的主要因素,Maxwell 应力表达式为

$$p=\varepsilon\left(\frac{\Phi}{d}\right)^{2} \tag{1-1}$$

式中:ε 为材料的介电率,F/m;Φ 为施加的电压,V;d 为材料的厚度,m。

式(1-1)的推导来源于平行电容器结构,即当平行电容器充电时其上下表面积累的电荷会引起 Maxwell 静电应力,其应力表达式可通过电容器中存储的静电能得到。由于式(1-1)的计算结果与 DE 材料在直流电压下的电致变形应力的实验结果吻合度较好,因此该公式得到了比较广泛的认可,人们在 DE 材料的研究中普遍采用它来研究电致变形的效果和分析预测基于 DE 材料的驱动器性能。

随着研究的深入发展,研究人员发现,在电场作用下,大变形 DE 材料的电致应力应该来自于两个方面,即 Maxwell 应力和电致伸缩应力。这两种应力都与电场的平方成正比,因此不容易通过实验结果简单区分。相对来讲,Maxwell 应力是主导因素,在电致应力中占相当大的比例。在弹性体两侧表面电极上积累的异性电荷相互吸引,这种静电库仑力对材料在厚度方向上挤压,造成 DE 材料厚度方向减小而平面方向扩张变形,这种变形与材料介电率的变化无关;而电致伸缩应力的产生与材料的介电率变化有关。根据 Davies 等[44]的分析,在电压驱动的介电橡胶变形应力中,电致伸缩应力只占 4%~5%,特别是在硅橡胶这一类 DE 材料的变形中,其介电常数在电场作用下几乎是不发生变化的。基于这个现象,电致伸缩的作用才被许多研究者直接忽略了。但是,鉴于硅橡胶的变形性能远不如 VHB 系列的聚丙烯酸酯优异,在目前的研究中人们仍主要研究聚丙烯酸酯的 DE 材料,研究人员[45]通过实验发现,聚丙烯酸酯在不同频率的力载荷和温度场引起的变形中,介电常数明显发生变化,且随着变形的增大,介电常数的变化幅度接近 50%,如此大的变形必然导致电致伸缩效应。因此,在 DE 材料电致变形的机理分析中,虽然可以将 Maxwell 应力作为主要因素,但是忽略电致伸缩应力的存在会影响分析的精确性。

1.2.4 DE 材料力电耦合理论研究进展

为了研究 DE 材料驱动器的变形规律,必须合理地构建其理论分析模型。理论模型的建立方法有分析法、归纳法以及两个方法的混合法。分析法和归纳法各有优缺点,前者理论性强,便于理解其机理,但对材料的性能描述不全面;后者适用性好,但是缺乏合理的物理解释,不便于理解材料的本质机理。因此,国内外研究学者大都采用混合法建模,即从已有的材料模型入手,推导 DE 材料变形的理论模型,然后通过实验测量和数值分析相结合的方法获得模型的参数,从而得到适用的理论模型。关于 DE 材料的建模方法将在本书第 2 章进行详细阐述,这里只进行

简要介绍。

在 DE 材料力电耦合变形理论研究的初期阶段,研究人员在超弹性变形理论的应力-应变关系基础上简单叠加了 Maxwell 应力作为 DE 材料的本构模型,该模型能够预测 DE 材料应变<100％的电致变形。随着对 DE 材料研究的深入,早期模型的局限性逐渐凸显出来。首先,早期模型对 DE 材料的力电耦合特征表现得不清晰,缺乏物理层面的机理阐述;其次,对材料和载荷中存在的非线性因素缺乏相应的描述。为了克服这些问题,Goulbourne 等在早期模型基础上引入了 Green-Adkin 大变形理论,从而可以比较贴近地描述 DE 材料的变形过程[46]。接着,在原有的超弹性材料模型中,不同的研究学者又利用 Mooney-Rivlin、Ogden 等具有多参数的模型进行材料性能的表征[47]。这些模型由于引入诸多的参数,提高了模型的精确性,同时也增加了模型的复杂性。

2008 年,Suo 等在热力学理论基础上提出了针对 DE 驱动中的非线性场理论,并通过自由能形式给出了一套非线性本构方程组[48]。其基本思想为:当外界电能输入后,材料会发生变形产生应变能,从而保持材料内部的应力或者能量平衡。根据 DE 材料特性,可将 DE 材料近似为不可压缩的各向同性的电介质材料,利用现有的诸多超弹性材料模型,构建其机电耦合本构关系模型,并通过实验或统计学方法获得模型参数。该理论模型的物理意义明确,能够阐述 DE 材料在力电耦合下的能量转换机理和转换过程,且与实验中报道的变形行为高度吻合,因此得到了研究人员的广泛认同,成为目前 DE 材料理论研究的基础。

DE 材料的高分子链带有大量脂肪类的侧链,具有明显的黏弹性特征,因此在材料变形过程中还存在应力松弛或者蠕变等黏弹性现象。为了表征 DE 材料的黏弹性,人们对自由能理论进行了拓展。Keith 等引入了流变模型,提出一种三单元结构模型,通过黏壶和弹簧的串并联结构表征 DE 材料黏弹性的变形过程[48],通过对实验数据的拟合,可以获得该模型的相关参数。三单元模型可有效地分析 DE 材料的黏弹性对其换能效率[49]、迟滞损耗[50]以及动态响应特性的影响[51],是目前使用较广泛的黏弹性 DE 模型。

对 DE 材料动态性能研究也是近期理论发展的新方向,其振动控制方程可采用拉格朗日方程[52]或虚功原理[53]导出。基于动态性能分析模型,人们可以分析 DE 材料驱动器在不同预拉伸倍数下的固有频率、最大响应振幅等动态行为,可以预测多模态振动特性和非线性混沌分叉效应等[54]。

整体来看,对 DE 材料动态性能的建模研究刚刚起步,关于动态变形中的力电耦合还有很多问题需要进行深入分析。例如,DE 材料的寿命与动态载荷的循环次数有紧密关系,在长时间的工作之后其性能会下降,甚至会发生断裂行为。这种疲劳效应的产生根源来自两方面,一方面是材料在大变形中聚合物网络分子链局部断裂的不断扩展使其机械强度下降;另一方面是 DE 材料在电场作用下局部电击穿裂纹的不断扩展使其电强度下降,即 DE 材料的动态疲劳断裂特性并非是单纯的力学断裂或极化疲劳,而是一种力电耦合的结果。因此,针对 DE 材料疲劳行为研究不仅需要考虑材料力学特性的变化,同时也要考虑介电极化行为。实际上,DE 材料中存在多种多样的复杂现象,现有的理论分析还不能完全对其进行阐明,对其理论的完善依然是研究的重点方向之一。

1.3　DE 材料的发展前景

　　DE 材料的研究涉及力学、材料学、物理学、化学、机械学、仿生学等诸多学科,是典型的交叉学科研究范畴。得益于学科知识之间的交叉,在过去 20 多年中,DE材料的研究突飞猛进,取得了丰硕的研究成果,不仅促进了诸多基础学科的发展,而且在不同领域展示了巨大的应用前景。图 1.12 是 Web of Science 关于近十五年与 DE 材料相关的 SCI 收录论文的检索报告分析。由图 1.12(a)可见,关于 DE材料的 SCI 论文引文数呈指数增长趋势,表明其发展前景非常可观;由图 1.12(c)

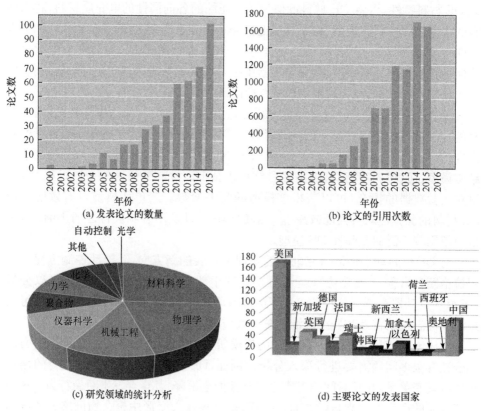

图 1.12　Web of Science 关于近 15 年 DE 材料相关的 SCI 收录论文的检索报告分析

可见,其研究涉及材料科学、工程领域、仪器科学等多个领域,表明其应用领域涉及面极其广泛;由图 1.12(d)可见,发达国家对其关注度很高,表明 DE 材料是科学及工程研究者广泛关注的研究领域。

关于 DE 材料的应用研究将在第 12～第 14 章进行介绍,此处仅举例说明其应用前景。

由于 DE 材料具有质量轻、柔性好、可产生大变形等特点,在太空探索领域有着广泛的应用前景。20 世纪末,美国国家航空航天局(NASA)为开发新型太空探索装备提出研究轻质、低能耗且高效的小型驱动器,由于 EAP 材料的优良品质很好地适应了这些苛刻要求,在研发太空探测设备上展现了其独特的魅力,从而获得了喷气推进实验室(JPL)以及约翰逊航天中心(JSC)众多科学家的青睐。NASA 科学家提出了一种不需要任何传统机械传动装置,将能量产生与储存、推进及控制集成为一体的"固态飞机"(solid-state aircraft)概念,对传统飞行器提出了"革命性"的挑战。与此同时,欧盟、美国、日本、韩国等国家或组织纷纷成立了专门机构对其开展研究[55-57]。国内的西安交通大学、哈尔滨工业大学、中国科学技术大学、南京航空航天大学、东北大学等高校也在近年相继开始了相关的研究工作。毫无疑问,DE 材料的研究必将大大推动先进功能材料的发展,扩展人类对于软物质的认识,同时,将在我国应对未来挑战、增强国防力量、提高科学技术水平等发展战略中贡献重要力量。

在光学研究领域,传统的光学系统多由刚性元件组成,通过机械机构的组合实现变焦等功能,一般来讲,刚性光学元件加工精度高,成本高,整体结构的体积和质量大。众所周知,人的眼球是天然的柔性光学系统,柔韧性好,寿命长,变焦速度快。由于 DE 材料具有类生物肌肉的功能,且易于成型、体积小、质量轻,因此,基于 DE 材料的柔性光学元件的开发是未来光学系统发展的一个重要方向。目前,美国、韩国、意大利[58-59]等国的研究机构已经分别开发设计了基于 DE 材料的光学系统。当然,真正开发出基于 DE 材料的柔性光学系统也存在一些问题亟待解决。例如,DE 材料本身是一种电介质,光波作为一种电磁波,其在电介质中会发生传播行为,而光波的运动与 DE 材料的大变形之间的耦合关系并不清楚。此外,有些电介质材料本身具有光敏属性,在光照下会发生变形,产生内力,这种光力转换的特性也有待研究。

在能量回收领域,由于 DE 材料具有双向的力电换能功能,因此可逆向工作在所谓发电模式下,即拉伸并极化后的 DE 材料薄膜,在弹性恢复的过程中会将机械能转换为电能。如果能对这种转换得到的电能加以收集及必要的调理,则可望替代有线电源或电池,为一些微小型系统或设备提供动力。因此,基于 DE 材料的能量收集是一种绿色、灵活和低成本的电能获取和再生方式。近年来,不少学者对基于 DE 材料的能量回收系统开展了大量的研究,在基础性问题逐步解决之后,未来

DE 能量收集的研究必将面向具体的应用背景。如何基于某种特定应用需求，对系统加以整体优化，提高其工作性能，或将成为今后该领域研究的一大热点。目前已有基于人体运动的鞋跟发电机、膝盖运动能量收集器，基于海浪运动的洋流发电机，乃至风能收集装置等，每种应用的载荷特性、变形规模、结构形式、电路设计等都不尽相同甚至相差很大，因此面向具体应用背景开展实验及理论研究是很有必要的，这也是一种新兴技术在基础理论趋于成熟后必将经历的发展阶段。

　　总体来看，DE 材料未来将会与其他学科有更多的交叉融合，相互促进，协同发展。随着 DE 材料的性能被不断地挖掘和创新，未来 DE 材料的应用将会涉及航天航空、医疗器械、消费电子、生物医学等多个领域。不管尖端的高科技产物，还是现实中的生活用品，在未来的应用中，DE 材料将越来越广泛地走入工业和生活领域，成为大家亲切熟悉的材料。

参 考 文 献

[1] Chidsey C E D, Murray R W. Electroactive polymers and macromolecular electronics[J]. Science, 1986, 231(4733):25-31.

[2] Pelrine R, Kornbluh R, Pei Q, et al. High-speed electrically actuated elastomers with strain greater than 100%[J]. Science, 2000, 287(5454):836-839.

[3] Carpi F, Smela E. Dielectric Elastomers as Electromechanical Transducers: Fundamentals, Materials, Devices, Models and Applications of an Emerging Electroactive Polymer Technology[M]. Amsterdam: Elsevier, 2011.

[4] Pelrine R, Kornbluh R D, Pei Q, et al. Dielectric elastomer artificial muscle actuators: Toward biomimetic motion[C]. Proceedings of SPIE, 2002, 4695:126-137.

[5] An L, Wang F, Cheng S, et al. Experimental investigation of the electromechanical phase transition in a dielectric elastomer tube [J]. Smart Materials and Structures, 2015, 24(3):035006.

[6] Kornbluh R D, Pelrine R, Pei Q, et al. Electroelastomers: Applications of dielectric elastomer transducers for actuation, generation, and smart structures[C]. Proceedings of SPIE, 2002, 4695:254-270.

[7] Kunanuruksapong R, Sirivat A. Electrical properties and electromechanical responses of acrylic elastomers and styrene copolymers: Effect of temperature[J]. Applied Physics A, 2008, 92(2):313-320.

[8] Chiba S. Dielectric Elastomers[M]. Tokyo: Springer Japan, 2014:183-195.

[9] Romasanta L J, Lopez-Manchado M A, Verdejo R. Increasing the performance of dielectric elastomer actuators: A review from the materials perspective[J]. Progress in Polymer Science, 2015, 51:188-211.

[10] Biddiss E, Chau T. Dielectric elastomers as actuators for upper limb prosthetics: Challenges and opportunities[J]. Medical Engineering & Physics, 2008, 30(4):403-418.

[11] Bozlar M, Punckt C, Korkut S, et al. Dielectric elastomer actuators with elastomeric electrodes[J]. Applied Physics Letters, 2012, 101(9): 091907.

[12] Aschwanden M, Stemmer A. Polymeric, electrically tunable diffraction grating based on artificial muscles[J]. Optics Letters, 2006, 31(17): 2610-2612.

[13] Chen B, Lu J J, Yang C H, et al. Highly stretchable and transparent ionogels as nonvolatile conductors for dielectric elastomer transducers[J]. ACS Applied Materials & Interfaces, 2014, 6(10): 7840-7845.

[14] Keplinger C, Sun J Y, Foo C C, et al. Stretchable, transparent, ionic conductors[J]. Science, 2013, 341(6149): 984-987.

[15] Bai Y, Jiang Y, Chen B, et al. Cyclic performance of viscoelastic dielectric elastomers with solid hydrogel electrodes[J]. Applied Physics Letters, 2014, 104(6): 062902.

[16] Carpi F, Bauer S, De Rossi D. Stretching dielectric elastomer performance[J]. Science, 2010, 330(6012): 1759-1761.

[17] Keplinger C, Kaltenbrunner M, Arnold N, et al. Röntgen's electrode-free elastomer actuators without electromechanical pull-in instability[J]. Proceedings of the National Academy of Sciences, 2010, 107(10): 4505-4510.

[18] Stark K H, Garton C G. Electric strength of irradiated polythene[J]. Nature, 1955, 176: 1225-1226.

[19] Kaltseis R, Keplinger C, Koh S J A, et al. Natural rubber for sustainable high-power electrical energy generation[J]. RSC Advances, 2014, 4(53): 27905-27913.

[20] Amjadi M, Yoon Y J, Park I. Ultra-stretchable and skin-mountable strain sensors using carbon nanotubes? Ecoflex nanocomposites[J]. Nanotechnology, 2015, 26(37): 375501.

[21] Ha S M, Yuan W, Pei Q, et al. Interpenetrating polymer networks for high-performance electroelastomer artificial muscles[J]. Advanced Materials, 2006, 18(7): 887-891.

[22] Ha S M, Yuan W, Pei Q, et al. Interpenetrating networks of elastomers exhibiting 300% electrically-induced area strain[J]. Smart Materials and Structures, 2007, 16(2): S280-S287.

[23] Zhao X. A theory for large deformation and damage of interpenetrating polymer networks[J]. Journal of the Mechanics and Physics of Solids, 2012, 60(2): 319-332.

[24] Sun J Y, Zhao X, Illeperuma W R K, et al. Highly stretchable and tough hydrogels[J]. Nature, 2012, 489(7414): 133-136.

[25] Carpi F, Gallone G, Galantini F, et al. Silicone-poly(hexylthiophene) blends as elastomers with enhanced electromechanical transduction properties[J]. Advanced Functional Materials, 2008, 18(2): 235-241.

[26] Carpi F, Rossi D D. Improvement of electromechanical actuating performances of a silicone dielectric elastomer by dispersion of titanium dioxide powder[J]. IEEE Transactions on Dielectrics and Electrical Insulation, 2005, 12(4): 835-843.

[27] Zhang Z. New silicone dielectric elastomers with a high dielectric constant[C]. Proceedings of SPIE, 2008, 6926: 692610.

[28] Peter L. Dielectric elastomer actuators using improved thin film processing and nanosized particles[C]. Proceedings of SPIE,2008,6927:692723.

[29] Szabo J. Elastomeric composites with high dielectric constant for use in Maxwell stress actuators[C]. Proceedings of SPIE,2003,5051:180-190.

[30] Razzaghi-Kashani M,Gharavi N,Javadi S. The effect of organo-clay on the dielectric properties of silicone rubber[J]. Smart Materials and Structures,2008,17:065035.

[31] Wissler M,Mazza E. Modeling of a pre-strained circular actuator made of dielectric elastomers[J]. Sensors and Actuators A:Physical,2005,120(1):184-192.

[32] Wolf K,Röglin T,Haase F,et al. An electroactive polymer based concept for vibration reduction via adaptive supports[C]. Proceedings of SPIE,2008,6927:69271F.

[33] Christian B,James B,Mandayam S,Flexible dielectric elastomer actuators for wearable human-machine interfaces[C]. Proceedings of SPIE,2006,6168:616804.

[34] Rosset S,Niklaus M,Dubois P,et al. Large-stroke dielectric elastomer actuators with ion-implanted electrodes [J]. Journal of Microelectromechanical Systems, 2009, 18 (6): 1300-1308.

[35] Liu L,Chen H,Sheng J,et al. Experimental study on the dynamic response of in-plane deformation of dielectric elastomer under alternating electric load[J]. Smart Materials and Structures,2014,23(2):025037.

[36] Fox J W,Goulbourne N C. Nonlinear dynamic characteristics of dielectric elastomer membranes[C]. Proceedings of SPIE,2008,6927:69271P.

[37] Keplinger C,Kaltenbrunner M,Arnold N,et al. Capacitive extensometry for transient strain analysis of dielectric elastomer actuators[J]. Applied Physics Letters,2008,92(19):192903.

[38] Sheng J,Chen H,Li B,et al. Nonlinear dynamic characteristics of a dielectric elastomer membrane undergoing in-plane deformation[J]. Smart Materials and Structures, 2014, 23(4):045010.

[39] Plante J S,Dubowsky S. Large-scale failure modes of dielectric elastomer actuators[J]. International Journal of Solids and Structures,2006,43(25):7727-7751.

[40] Qiang J,Chen H,Li B. Experimental study on the dielectric properties of polyacrylate dielectric elastomer[J]. Smart Materials and Structures,2012,21(2):025006.

[41] Li B,Chen H,Qiang J,et al. Effect of mechanical pre-stretch on the stabilization of dielectric elastomer actuation[J]. Journal of Physics D:Applied Physics,2011,44(15):155301.

[42] Jiang L,Betts A,Kennedy D,et al. Investigation into the electromechanical properties of dielectric elastomers subjected to pre-stressing[J]. Materials Science and Engineering:C,2015, 49:754-760.

[43] Pelrine R E,Kornbluh R D,Joseph J P. Electrostriction of polymer dielectrics with compliant electrodes as a means of actuation[J]. Sensors and Actuators A:Physical,1998,64(1): 77-85.

[44] Davies G R,Yamwong T,Voice A M. Electrostrictive response of an ideal polar rubber:

Comparison with experiment[C]. Proceedings of SPIE,2002,4695:111-119.

[45] Pramanik B,Sahu R K,Bhaumik S,et al. Experimental study on permittivity of acrylic dielectric elastomer[C]. IEEE 10th International Conference on the Properties and Applications of Dielectric Materials,2012:1-4.

[46] Goulbourne N C,Mockensturm E M,Frecker M I. Electro-elastomers:Large deformation analysis of silicone membranes[J]. International Journal of Solids and Structures, 2007, 44(9):2609-2626.

[47] Liu Y,Liu L,Zhang Z,et al. Dielectric elastomer film actuators:Characterization,experiment and analysis[J]. Smart Materials and Structures,2009,18(9):095024.

[48] Suo Z. Theory of dielectric elastomers[J]. Acta Mechanica Solida Sinica, 2010, 23(6): 549-578.

[49] Foo C C,Cai S,Koh S J A,et al. Model of dissipative dielectric elastomers[J]. Journal of Applied Physics,2012,111(3):034102.

[50] Foo C C,Koh S J A,Keplinger C,et al. Performance of dissipative dielectric elastomer generators[J]. Journal of Applied Physics,2012,111(9):094107.

[51] Hong W. Modeling viscoelastic dielectrics[J]. Journal of the Mechanics and Physics of Solids,2011,59(3):637-650.

[52] Sheng J,Chen H,Liu L,et al. Dynamic electromechanical performance of viscoelastic dielectric elastomers[J]. Journal of Applied Physics,2013,114(13):134101.

[53] Sheng J, Chen H, Li B, et al. Nonlinear dynamic characteristics of a dielectric elastomer membrane undergoing in-plane deformation[J]. Smart Materials and Structures, 2014, 23(4):045010.

[54] Li B,Zhang J,Liu L,et al. Modeling of dielectric elastomer as electromechanical resonator [J]. Journal of Applied Physics,2014,116(12):124509.

[55] Rodriguez A R. Morphing aircraft technology survey[C]. 45th AIAA Aerospace Sciences Meeting and Exhibit,2007:1258.

[56] Lau G K,Lim H T,Teo J Y,et al. Lightweight mechanical amplifiers for rolled dielectric elastomer actuators and their integration with bio-inspired wing flappers[J]. Smart Materials and Structures,2014,23(2):025021.

[57] Bartlett N W,Tolley M T,Overvelde J T B,et al. A 3D-printed,functionally graded soft robot powered by combustion[J]. Science,2015,349(6244):161-165.

[58] Son S,Pugal D,Hwang T,et al. Electromechanically driven variable-focus lens based on transparent dielectric elastomer[J]. Applied Optics,2012,51(15):2987-2996.

[59] Shian S,Diebold R M,Clarke D R. High-speed,compact,adaptive lenses using in-line transparent dielectric elastomer actuator membranes[C]. Proceedings of SPIE,2013,8687:86872D.

第 2 章　DE 材料电致变形力电耦合模型及稳定性

本章将以一种广泛研究的 DE 材料平面驱动器为对象,介绍 DE 材料的力电耦合机理及理论模型。首先简单介绍 DE 材料力电特性理论模型的发展历程,然后依据经典热力学理论、非线性连续介质力学理论和电介质物理学理论,构建一种能够全面表述 DE 材料力电耦合特性的理论模型。在此基础上,讨论 DE 材料变形过程中的失稳现象及其利用。

2.1　DE 材料力电耦合模型发展历程

DE 材料在力电耦合下的理论分析是多场耦合下的经典力学问题。由于 DE 材料变形涉及多学科,对 DE 材料的理论分析不仅需要深厚的理论基础,同时需要对多学科融会贯通的知识技能。因此 DE 材料理论模型研究的进展比实验研究要缓慢。

理论分析的进展可以分成两个时间段。第一个时间段在 20 世纪五六十年代。1956 年,Toupin 分析了弹性电介质中的电应力问题[1],并针对静力学和动力学分别展开了分析。接着,Eringen 也从对电磁介质的研究中推导得到了其弹性应力的产生和弹性波的传递关系[2],Tiersten[3] 则从数学角度对电磁力多场耦合进行了分析。与此同时,针对 DE 材料中存在电场引起的断裂问题,Stark 等[4] 也提出了耦合场应力强度的公式。然而这些研究都是基于当时的实验结果,由于大变形的 VHB 材料尚未出现,实验得到的 DE 变形行为均处在小变形的范围领域,其变形的性能也逊于压电或者形状记忆材料,因此 DE 材料的研究并非学术界的主流方向。

从 21 世纪初开始,随着 VHB 材料的出现,实验报道不断刷新 DE 材料的变形尺度,从初期的 10% 突破到 100%,甚至 1000%。因此,相对应的理论模型的研究再次成为学术界的热点问题之一。由于之前的模型均是基于小变形的行为,其结果难以解释大变形下诸多非线性特性。因此,学术界对 DE 材料的理论建模研究进入第二个发展的高峰期。

针对 VHB 材料的电致大变形特征,在这个阶段的理论研究中,Wissler 等[5] 首先用宏观的方法,从平板电容器的结构入手建立其力电耦合模型。对于电容为 C 的平板电容器,当施加的电压为 U 时,其存储的静电能 W_{el} 为

$$W_{el} = \frac{1}{2}CU^2 \tag{2-1}$$

当电容器发生变形后,静电能 W_{el} 转换成变形能 W_m,此时,对于整体厚度为 Z 的薄膜电容器,其材料单位厚度 z 的能量变化即为电压产生的力 P,因此有

$$P = \frac{dW_m}{dz} = \frac{dW_{el}}{dz} \tag{2-2}$$

将此力除以电容器的面积 A 之后,得到应力为

$$p_z = \frac{dW_m}{dz}\frac{1}{A} = \varepsilon_0 \varepsilon_r \left(\frac{U}{Z}\right)^2 \tag{2-3}$$

式中, ε_0 为真空介电率, $\varepsilon_0 = 8.89 \times 10^{-12} \text{F/m}$; ε_r 为材料的相对介电常数。该表达式就是 Maxwell 应力表达式。

由于 DE 材料的物理属性,变形后内部应力由多个来源组成[6],可将 DE 材料应力组成写成

$$\sigma = \sigma_E + \sigma_M \tag{2-4}$$

式中, σ_E 是局部的弹性应力; σ_M 是 Maxwell 应力。

在建模中,假设 DE 材料为超弹性材料,即材料的应力-应变关系不遵循传统的胡克定律,但在载荷撤掉后材料变形可恢复到初始形状;此外,假设其为各向同性的均匀介质,则 σ_E 的表达式可以通过变形梯度张量表示,则总应力为

$$\sigma = \frac{\rho_m}{\rho_0}\frac{\partial \Sigma}{\partial F}\boldsymbol{F} + p_M \boldsymbol{I} + \sigma_M \tag{2-5}$$

式中, ρ_m 是变形后的密度; ρ_0 是变形前的密度。当 DE 材料为不可压缩材料时, $\rho_m = \rho_0$,此时存在约束应力 p_M;当 DE 材料为可压缩材料时, $\rho_m \neq \rho_0$, p_M 消失。$\boldsymbol{F}$ 是变形梯度张量, $\boldsymbol{I}$ 是单位张量, Σ 是单位体积的材料内能。

此外,为了考虑 DE 材料变形中的非线性因素,能对其性能进行全面表征,Dorfmann 等[7]从非线性弹性张量理论出发,研究了 DE 材料大变形中的力学问题,他们通过柯西-格林变形张量的形式,设计了一种多弹性模量的表达式,力求能准确地预测变形尺度。

这些理论建模的思路是将超弹性大变形理论和静电学理论进行结合,在非线性应力基础上叠加 Maxwell 静电力,可得到其本构关系。得益于现有多种多样的超弹性应变能模型,可以针对不同的 DE 材料进行表征,然后预测电致变形的应变效果。表 2.1 列举了常用的超弹性应变能模型,其中, $\mu_k(k=0,1,2,3,\cdots,n)$ 为剪切模量, $\lambda_i(i=1,2,3)$ 是材料在三个主应变方向上的变形量。

表 2.1   适用于 DE 材料的超弹性应变能模型[8]

模型名称	表达式
Neo-hookean 模型	$W_{\text{Neo}} = \dfrac{1}{2}\mu_0(\lambda_1^2 + \lambda_2^2 + \lambda_3^2 - 3)$
Mooney-Rivlin 模型	$W_{\text{M-R}} = \mu_1(\lambda_1^2 + \lambda_2^2 + \lambda_3^2 - 3) + \mu_2(\lambda_1^2\lambda_2^2 + \lambda_2^2\lambda_3^2 + \lambda_1^2\lambda_3^2 - 3)$
Ogden 模型	$W_{\text{Ogden}} = \displaystyle\sum_{p=1}^{N} \dfrac{\mu_p}{\alpha_p}(\lambda_1^{\alpha_p} + \lambda_2^{\alpha_p} + \lambda_3^{\alpha_p} - 3)$
Gent 模型	$W_{\text{Gent}} = -\dfrac{1}{2}\mu_0 J_{\text{m}} \ln\left(1 - \dfrac{\lambda_1^2 + \lambda_2^2 + \lambda_3^2 - 3}{J_{\text{m}}}\right)$, 式中，$J_{\text{m}}$ 为变形极限参数
Arruda-Boyce 模型	$W_{\text{A-B}} = \mu_0\sqrt{n}\left[\beta\lambda_{\text{chain}} - \sqrt{n}\ln\left(\dfrac{\sinh\beta}{\beta}\right)\right]$, 式中，$n$ 为单个分子链的嵌段数，$\lambda_{\text{chain}} = \dfrac{1}{3}(\lambda_1^2 + \lambda_2^2 + \lambda_3^2)$ $\beta = L^{-1}(\lambda_{\text{chain}}/\sqrt{n})$，$L^{-1}$ 为朗之万函数的反函数

2008 年 Suo 等根据经典热力学理论，利用自由能方法，通过分析 DE 材料在力电耦合过程中静电能与弹性应变能的转化过程，得到了系统的本构方程组[9]。这种方法为 DE 材料的建模提供了一种新的思路，即将 DE 材料视为一个热力学系统，而不是单独的材料自身，通过分析系统内部做功和能量转化的关系，建立了一个宏观到微观的模型。这种方法具有明确的物理意义，普适性好，在学术界得到广泛认同。因此本章以这种方法为基础，介绍 DE 材料的力电耦合理论模型的建立过程，并以该模型为基础，引入 DE 材料的稳定性概念并对其进行分析。

2.2   基于热力学理论的 DE 材料电致变形力电耦合模型

2.2.1   基于 DE 材料的平面驱动器热力学模型

图 2.1 示意了一种最基本的 DE 材料驱动器结构，这种驱动器是一种三层平面结构，中间是 DE 材料聚合物薄膜，上下表面均匀涂覆了导电的柔性电极，该结构的原始尺寸是 $L_1 \times L_2 \times L_3$。当施加了电压 Φ 和三个方向的机械力 P_1、P_2、P_3 后，DE 材料的上下表面由于极化积累了正负电荷 $\pm Q$，正负电荷相互吸引产生静电库仑力。在外力载荷和电压载荷同时作用下，材料在厚度方向变小，平面面积扩张变形，变形后结构尺寸为 $l_1 \times l_2 \times l_3$。

根据图 2.1 所示的 DE 材料变形过程，将建立其力电耦合模型。本章先介绍一个最基础的热力学理论框架，认为 DE 材料变形前后的温度相同，不存在与外界的热量交换，同时仅考虑 DE 材料的弹性变形，不考虑黏弹性的影响以及极化松弛对时间的依赖关系。关于温度的影响以及黏弹性的影响将在后续章节分别介绍。

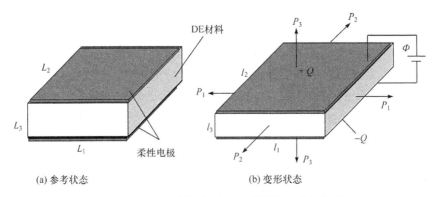

图 2.1　基于 DE 材料的平面驱动器的电致变形过程

在图 2.1 中,DE 材料驱动器、三个方向机械力和电压构成了一个热力学系统。定义 DE 材料的亥姆霍兹自由能为 Ψ,在变形过程中,三个方向上应力产生的势能为 $-P_1 l_1 - P_2 l_2 - P_3 l_3$,电压产生的势能为 $-\Phi Q$,因此该热力学系统的自由能为

$$F = \Psi - P_1 l_1 - P_2 l_2 - P_3 l_3 - \Phi Q \qquad (2\text{-}6)$$

在本书的介绍中,由于柔性电极对材料的变形约束较小,所以不考虑电极对 DE 材料变形的影响。在式(2-6)中,当系统的应力载荷和电压载荷固定的时候,DE 材料力电耦合过程中的变量为(l_1, l_2, l_3, Q),因此令系统的自由能 F 最小,即可得到材料在平衡状态时的变形尺寸和极化电荷。

在本书中,认为 DE 材料是各向同性的,其变形也是均匀的。此时,定义 DE 材料的自由能密度为

$$W = \frac{\Psi}{L_1 L_2 L_3} \qquad (2\text{-}7)$$

三个方向上的变形率 λ_1、λ_2 和 λ_3 分别为

$$\lambda_1 = \frac{l_1}{L_1}, \lambda_2 = \frac{l_2}{L_2}, \lambda_3 = \frac{l_3}{L_3} \qquad (2\text{-}8)$$

则 DE 材料的真实应力 σ_1、σ_2 和 σ_3 分别为

$$\sigma_1 = \frac{P_1}{l_2 l_3}, \sigma_2 = \frac{P_2}{l_1 l_3}, \sigma_3 = \frac{P_3}{l_1 l_2} \qquad (2\text{-}9)$$

DE 材料的真实电场为

$$E = \frac{\Phi}{l_3} \qquad (2\text{-}10)$$

真实电位移为

$$D = \frac{Q}{l_1 l_2} \qquad (2\text{-}11)$$

因此,通过式(2-7)～式(2-11)就可以得到建模中需要的单位体积 DE 材料的基本变量。

对于橡胶态的高分子聚合物,其材料的变形很大,而体积变化较小,基本可以认为是不可压缩的。DE 材料中的 VHB 聚丙烯酸酯和硅橡胶材料的泊松比为0.49,非常接近不可压缩条件中要求的泊松比 0.5。因此认为 DE 材料是不可压缩的,可以得到

$$\lambda_1\lambda_2\lambda_3=1 \tag{2-12}$$

式(2-12)表明 DE 材料在力电耦合中的三个变形 λ_1、λ_2、λ_3 并不是完全独立的。考虑到主要分析材料的平面扩张变形,因此将 λ_3 由 λ_1 和 λ_2 表示,即

$$\lambda_3=\frac{1}{\lambda_1\lambda_2} \tag{2-13}$$

这样,DE 材料的自由能密度函数 W 可以通过三个独立的变量进行表征,即

$$W=W(\lambda_1,\lambda_2,D) \tag{2-14}$$

因此,系统的自由能可表示为

$$F(\lambda_1,\lambda_2,D)=L_1L_2L_3W(\lambda_1,\lambda_2,D)-P_1\lambda_1L_1-P_2\lambda_2L_2-P_3L_3\lambda_1^{-1}\lambda_2^{-1}-\Phi L_1L_2\lambda_1\lambda_2D \tag{2-15}$$

当热力学系统处于平衡态时,其自由能是最小的,因此对式(2-15)求偏导,并令偏导数为零:

$$\frac{\partial F(\lambda_1,\lambda_2,D)}{\partial\lambda_1}=0,\frac{\partial F(\lambda_1,\lambda_2,D)}{\partial\lambda_2}=0,\frac{\partial F(\lambda_1,\lambda_2,D)}{\partial D}=0 \tag{2-16}$$

便可以得到 DE 材料在力电耦合下的平衡状态方程组:

$$\sigma_1-\sigma_3+ED=\lambda_1\frac{\partial W(\lambda_1,\lambda_2,D)}{\partial\lambda_1} \tag{2-17}$$

$$\sigma_2-\sigma_3+ED=\lambda_2\frac{\partial W(\lambda_1,\lambda_2,D)}{\partial\lambda_2} \tag{2-18}$$

$$E=\frac{\partial W(\lambda_1,\lambda_2,D)}{\partial D} \tag{2-19}$$

由式(2-17)～式(2-19)可以看出,只要 DE 材料的自由能密度函数 $W(\lambda_1,\lambda_2,D)$ 给定了具体的表达式,就可以得到其力电耦合过程的状态方程。

根据高分子物理中对橡胶类材料极化的研究,材料在电场作用下的极化与电位移具有一定的函数关系,即

$$E=f(D) \tag{2-20}$$

对于线性极化的电介质聚合物材料,一般认为其极化特性基本是线性的,因此式(2-20)通常可表示为

$$E=\frac{D}{\varepsilon_0\varepsilon_r} \tag{2-21}$$

对式(2-19)进行积分,可以得到材料的自由能表达式为

$$W(\lambda_1,\lambda_2,D) = W_S(\lambda_1,\lambda_2) + \int_0^D f(D)\mathrm{d}D \tag{2-22}$$

式中,$W_S(\lambda_1,\lambda_2)$ 为材料的弹性应变能。将式(2-22)代入式(2-17)和式(2-18),可以得到平衡态的本构关系为

$$\sigma_1 - \sigma_3 = \lambda_1 \frac{\partial W_S(\lambda_1,\lambda_2)}{\partial \lambda_1} - ED \tag{2-23}$$

$$\sigma_2 - \sigma_3 = \lambda_2 \frac{\partial W_S(\lambda_1,\lambda_2)}{\partial \lambda_2} - ED \tag{2-24}$$

从式(2-23)和式(2-24)中可以看到,应变能函数 $W_S(\lambda_1,\lambda_2)$ 直接影响模型的构建。下面对其进行分析。

2.2.2　DE 材料应变能模型

对于大变形的橡胶类材料,往往采用超弹性理论中的应变能函数表征其变形中的应力-应变状态。目前表征 DE 材料应变能函数 $W_S(\lambda_1,\lambda_2)$ 的模型可以分成两类:基于高斯分布的和基于非高斯分布的超弹性应变能模型。基于高斯分布的模型包括 Neo-Hookean 模型、Yeoh 模型、Mooney-Rivlin 模型、Ogden 模型等,这些模型的共同点是认为超弹性材料在变形的过程中,其应变远远没有到达材料的拉伸强度极限,因此材料中高分子链之间的端距可以用高斯统计分布的方法得到,其中以 Neo-Hookean 模型为典型代表;而基于非高斯分布模型则认为超弹性材料的变形范围较大,完全可能接近材料的最大拉伸极限,所以用非高斯统计的方法进行研究,包括了 Arruda-Boyce 模型。在这两种模型基础上,研究人员[10]提出了混合的 Gent 模型。表 2.2 中列出了这三个典型模型的表达式。

表 2.2　三种超弹性模型[11]

模型名称	表达式
Neo-Hookean 模型	$W_{\mathrm{Neo}}(\lambda_1,\lambda_2) = \dfrac{1}{2}\mu(\lambda_1^2 + \lambda_2^2 + \lambda_1^{-2}\lambda_2^{-2} - 3)$
Gent 模型	$W_{\mathrm{Gent}}(\lambda_1,\lambda_2) = -\dfrac{1}{2}\mu J_{\mathrm{m}}\ln\left(1 - \dfrac{\lambda_1^2 + \lambda_2^2 + \lambda_1^{-2}\lambda_2^{-2} - 3}{J_{\mathrm{m}}}\right)$
Arruda-Boyce 模型	$W_{\mathrm{A\text{-}B}}(\lambda_1,\lambda_2) = \mu\sqrt{n}\left[\beta\lambda_{\mathrm{chain}} - \sqrt{n}\ln\left(\dfrac{\sinh\beta}{\beta}\right)\right]$

注:μ 为超弹性材料的剪切模量,MPa;J_{m} 为超弹性材料分子链最大变形极限。

从表 2.2 可以看到,Neo-Hookean 模型参数最少,形式最简单;Gent 模型的数学表达式多了 J_{m} 参数变量;Arruda-Boyce 模型的形式最复杂,参数最多。根据 Boyce 的分析[12],Arruda-Boyce 模型和 Gent 模型在对材料宏观变形的表征上是

等效的。Arruda-Boyce 模型的优势在于引入了分子链段参数,因此可以对三维分子链进行微观尺度上的统计建模。对 DE 材料的研究主要集中在宏观变形行为,因此研究人员主要采用构成简单但功能相当的 Gent 模型或者 Neo-Hookean 模型。因此,本书主要集中对这两个模型进行介绍。

如果令式(2-23)和式(2-24)中施加的应力为 $\sigma_1=\sigma_2=\sigma$ 和 $\sigma_3=0$,并且不施加电压载荷,即 $D=E=0$,此时材料的变形模式为等双轴变形 $\lambda_1=\lambda_2=\lambda$,将其代入表 2.2 中的两种超弹性模型,可以得到材料的力学本构关系为

$$\sigma_{\text{Neo}}=\mu(\lambda_{\text{Neo}}^2-\lambda_{\text{Neo}}^{-4}) \tag{2-25}$$

$$\sigma_{\text{Gent}}=\mu\,\frac{\lambda_{\text{Gent}}^2-\lambda_{\text{Gent}}^{-4}}{1-\dfrac{2\lambda_{\text{Gent}}^2+\lambda_{\text{Gent}}^{-4}-3}{J_{\text{m}}}} \tag{2-26}$$

假设两个模型的剪切模量 μ 相同,图 2.2 绘制了无量纲化的应力 σ_{Neo}/μ、σ_{Gent}/μ 与变形的关系,其中在 Gent 模型中,选择 $J_{\text{m}}=100$ 作为典型的橡胶类材料的拉伸极限。

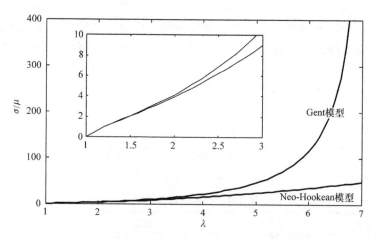

图 2.2　Neo-Hookean 模型和 Gent 模型的应力-变形关系比较

从图 2.2 可以看到,在中等尺度变形状态下($\lambda<3$),两种模型对应的应力基本是相同的;随着变形的增大,利用 Neo-Hookean 模型得到应力的增长速度较缓慢,而利用 Gent 模型得到的材料应力迅速增大。这是由超弹性材料中高分子聚合物网络的构型决定的,即在小变形的情况下,只需很小的外界应力便可以克服摩擦力将分子链从卷曲状态展开,产生变形;随着变形的增大,分子链基本被展开,在接近其变形极限的时候,外界应力需要打开和破坏分子链中的化学键才能进一步产生变形,此时所需的应力值较大,而超弹性材料也表现出在大变形情况下的刚化现象(strain-stiffening)。Gent 模型中考虑了分子链的拉伸极限情况,因此比 Neo-Hookean 模型的覆盖面更广,更适合用于 DE 材料的应变能模型,分析其非线性的

力学特性。

Kofod 曾经测量了聚丙烯酸酯材料 VHB4910 在单轴变形下的应力和变形的关系[13]，依据 Kofod 的实验数据，用 Gent 模型拟合了 VHB 材料在力学拉伸下单轴变形（$\lambda_1 = \lambda$，$\lambda_2 = \lambda^{-1/2}$，$\sigma_1 = \sigma$，$\sigma_2 = \sigma_3 = 0$）的应力-应变关系。根据该数据，拟合出的剪切模型为 $\mu = 0.097\mathrm{MPa}$，变形极限为 $J_\mathrm{m} = 70$，如图 2.3 所示。从图中可以看到，Gent 模型与实验数据的吻合度很好，完全可以反映 VHB 聚丙烯酸酯的超弹性应力-应变关系，因此本书以下的介绍中，都将采用 Gent 模型作为 VHB 材料超弹性应变能模型。

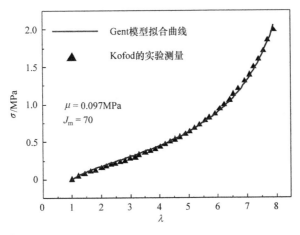

图 2.3　Gent 模型对实验数据的拟合

由于 VHB 材料是商用的黏合胶带，受生产工艺和储藏使用条件的影响，其材料属性难以保持完全的一致性，不同批次的产品其性能也不完全相同，主要反映在材料的黏性系数、剪切模量、拉伸变形极限的数值有所差异。在相关文献报道中，发现 J_m 的取值范围为 70～100。因此，本书也会根据具体实验数据，选择相应的材料参数。

2.3　DE 材料力电耦合变形的稳定性

2.3.1　DE 材料的失稳现象

大量的实验研究表明，DE 材料驱动器力电耦合变形过程中存在多种失稳行为，包括材料撕裂、电击穿、褶皱、张力损失、吸合失稳现象等。

材料撕裂（rupture）是材料的一个基本力学行为。由大分子链交联形成的高分子聚合物虽然可以产生大变形行为，但是其变形受到分子链段长度的制约，存在一个变形极限，该极限值可通过 Gent 模型中的 J_m 或者 Arruda-Boyce 模型中的 n

来体现,当 DE 材料的变形达到其极限时就会发生撕裂现象,如图 2.4 所示。根据实验测试结果可知,对于不同的驱动器设计构型,DE 材料的最大变形极限也不相同。例如,在等双轴变形中,VHB 材料在两个平面方向的最大变形可达原始尺度的 6 倍;而在纯剪切的拉伸变形模式中,其变形尺度可达原始尺度的 10 倍。可见变形模式的改变对 DE 材料的性能也有影响,关于不同变形模式对性能影响的问题,将在第 9 章进行详细介绍。在未拉伸的 VHB 材料上做一个断裂切口,然后进行拉伸测量,记录断面的扩展速度可以得到 VHB 材料的断裂能。实验证明,其断裂能和拉伸速率有关,在低速拉伸时,断裂能为 $1500 \mathrm{J}/\mathrm{m}^2$,在高速拉伸时,断裂能为 $5000 \mathrm{J}/\mathrm{m}^2$。

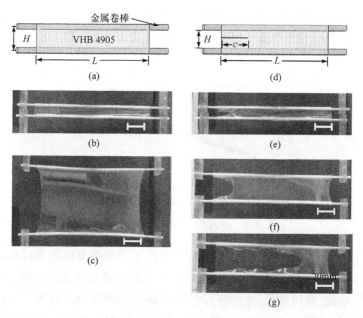

图 2.4 VHB 材料薄膜的力学拉伸强度测试[14]

(a)~(c)拉伸变形极限测试;(d)~(g)断裂能测试

电击穿(intrinsic electrical breakdown)是表征电介质材料强度的重要指标之一。对于刚性的电介质材料,如对陶瓷材料而言,其绝缘特性与材料承受的电场极限有关,当施加的电场达到该极限时,电介质材料内部会出现大量可自由移动的电荷,形成导电通路,此时电介质从绝缘体变成电导体,发生电击穿。作为聚合物类电介质材料,DE 材料也有其击穿电场,表 2.3 是几种典型的 DE 材料在没有预拉伸情况下,其电击穿的场强。传统的介电材料变形小,因此均假设其电击穿强度是常数。然而,随着研究的深入,人们发现 DE 材料在承受大变形过程中,击穿场强与变形的尺度有关,且关系是强非线性的。因此对 DE 材料电场强度的研究也一直是研究者关注的研究方向之一。

表 2.3　几种 DE 材料在未预拉伸情况下的击穿电场[15]

DE 材料	VHB 材料	Ecoflex 硅橡胶	Sylgard 橡胶
击穿电场强度/(MV/m)	25	13.78	15

局部褶皱(local wrinkling)是实验中发现的一种现象,此时 DE 材料在电压作用下一部分区域会发生褶皱,一部分区域是平坦的。褶皱发生的原因有多种,一个原因是 DE 材料在电压作用下的变形特性导致变形不均匀,一部分变形小、一部分变形大,由于变形较大区域受到变形较小区域的约束而产生局部褶皱。这种情况引起的褶皱也被称为突跳失稳(snap-through instability),即 DE 材料在某个电压下能够从小变形状态跳至大变形状态,不同的变形尺度在一个电压下能够共存,如图 2.5 所示。学术界借用物理学中的相变特性来研究突跳失稳,发现 DE 材料的这种突跳相变行为也遵循经典的热力学定律[16,17],因此基于热力学理论可对其性能的稳定性进行预测和改进。

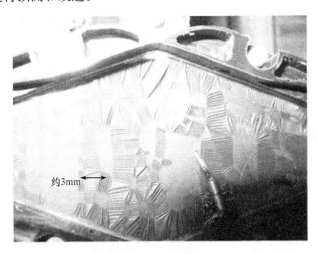

约3mm

图 2.5　实验观测到的 DE 材料的局部褶皱现象[16]

另外一个发生局部褶皱的原因是边界的受力约束条件,如图 2.6 所示。图 2.6(a)是 DE 材料发生单轴变形时发生的褶皱情况,其中间部分没有受到边框的约束,因此形成规律性的褶皱波形,类似情况在双轴变形中也会出现。图 2.6(b)是环状 DE 驱动器变形时发生的褶皱情况,中心区域没有电极不发生变形,环状 DE 材料内外边界受力不均匀,发生了张力损失,因而产生辐射状褶皱图形。

吸合失稳(pull-in instability)是 DE 材料的电致变形导致厚度变小,当两个电极间距小于某一临界值时,弹性应力不足以抵抗电应力,此时正负两电极吸合到一起的失稳现象。吸合失稳是 DE 材料作为驱动器使用中典型的失稳形式,也是影

<table>
</table>

(a) 单轴变形的条纹褶皱[18]　　　　　　　　　(b) 平面变形的辐射状褶皱[19]

图 2.6　DE 材料由于边界受力变化引起的褶皱

响其性能的最大障碍之一。从实验观测角度讲,吸合失稳和电击穿的宏观表现相同,都存在电火花、穿孔等现象,然而这两者在机理上有本质的区别。在机理上,电击穿不涉及变形问题,而吸合失稳与变形的过程有关。这一区别可以从两者的微观形貌得到验证。图 2.7 为典型的 DE 聚合物材料在电场作用下发生的电击穿和吸合失稳的比较图。

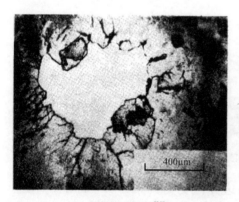
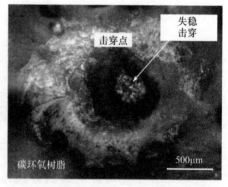

(a) 直接电击穿破坏[20]　　　　　　　　(b) 经由吸合失稳后发生击穿破坏形貌[15]

图 2.7　DE 聚合物材料破坏的两种断口形貌

除了上述失稳现象,由于生产工艺和材料的不均匀性,DE 材料的表面和内部会不可避免地存在一些缺陷。在电压作用下 DE 材料发生大变形的过程中,这些缺陷也会诱导材料变形发生失稳。

此外,在 DE 材料底面受到约束的情况下,电场作用下其面内的扩张变形会受到限制,会使其表面受到挤压作用产生凹坑(cratering)失稳现象[20],如图 2.8 所示。当材料发生凹坑现象后,材料局部厚度变薄,导致局部电场强度变大,电应力的增大会使凹坑继续扩展形成裂纹,最终导致电击穿破坏现象。

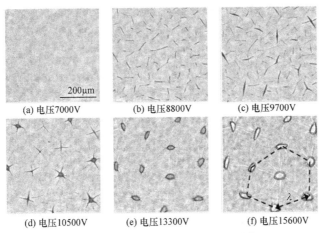

(a) 电压7000V　　　(b) 电压8800V　　　(c) 电压9700V

(d) 电压10500V　　　(e) 电压13300V　　　(f) 电压15600V

图 2.8　DE 材料的凹坑失稳现象[21]

当 DE 材料内部存在空穴(cavity)时,其力电耦合变形过程会导致空穴的非线性变形。多个空穴之间的变形存在一定的制约关系,当电压继续增大时,空穴之间会互相导通,形成导电通路,最终引起电击穿,如图 2.9 所示,因此空穴也是诱发DE 材料破坏失效的原因之一[22]。

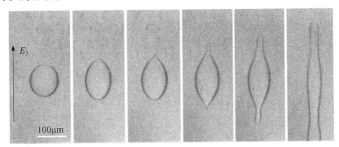

图 2.9　DE 材料的空穴失稳[22]

一般来讲,材料缺陷及其引起的失稳或失效现象是可以通过材料的制造工艺而避免的。此外,材料撕裂和电击穿在材料力学和电介质物理中已经有非常成熟的理论和研究成果。相对来讲,DE 材料的突跳失稳以及吸合失稳行为由于影响因素比较复杂,涉及力电耦合变形,对其机理的研究及控制方法的研究远不成熟,因此下面将对其进行重点介绍。

2.3.2　DE 材料失稳机理

1. 材料的变形分类

DE 材料的失稳常与电击穿紧密相连,因此一些学者在 DE 材料大变形下的失稳问题中,多采用传统的电击穿模型进行研究。这种模型主要基于铁电薄膜材料的介电特性,集中研究材料的电学行为。实际上,DE 材料与铁电薄膜材料相比具有显著不同的力学特性,如 DE 材料的弹性模量为 0.1MPa 左右,而铁电薄膜材料的弹性模量为 100MPa,这种数量级的差异导致材料的力电耦合变形行为具有显著的区别。

以等双轴变形为例,铁电薄膜的弹性模量较高,需要很高的电压 Φ 才能产生变形,且变形的幅度较小。为了提高变形则需要大幅增大电压,直到材料达到其介电强度的击穿电压 Φ_B,如图 2.10(a)所示。而在相同的电压下,DE 材料由于其弹性模量低的优势,可以产生很大的变形,变形过程中可能发生如图 2.10(b)所示的吸合失稳行为,以及如图 2.10(c)所示的突跳失稳行为。实际应用中,人们往往希望材料具有如图 2.10(d)所示的稳定且变形大的特性。为了本章后续分析方便,将图 2.10(a)、(b)、(c)中对应的失稳现象分别定义为 A 类型失稳、B_I 类型失稳、B_{II} 类型失稳,而将图 2.10(d)对应的这种稳定变形定义为 C 类型变形。

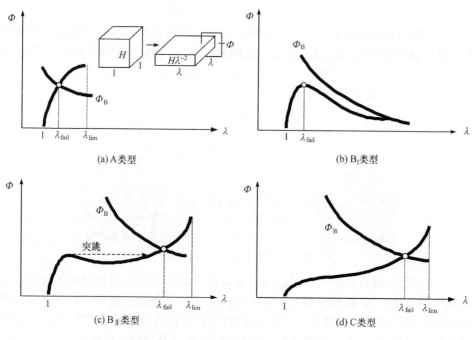

图 2.10　四种介电材料的电致变形曲线

2. DE 材料大变形下的突跳失稳机理

平面内等双轴变形是 DE 材料驱动器的一种常用变形模式,因此以等双轴的变形为例分析其突跳变形机理。令 $\sigma_1 = \sigma_2 = \sigma$ 和 $\sigma_3 = 0$,此时 $\lambda_1 = \lambda_2 = \lambda$,然后将

Gent 模型与线性极化的模型代入式(2-23)和式(2-24),可以得到其电致变形的本构关系为

$$\sigma = \mu \frac{\lambda^2 - \lambda^{-4}}{1 - \dfrac{2\lambda^2 + \lambda^{-4} - 3}{J_{\mathrm{m}}}} - \varepsilon_0 \varepsilon_{\mathrm{r}} E^2 \qquad (2\text{-}27)$$

假设没有外界的力载荷($\sigma = 0$),只有电载荷,可以求出无量纲化的真实电场和变形的关系为

$$\frac{E}{\sqrt{\mu / \varepsilon_0 \varepsilon_{\mathrm{r}}}} = \sqrt{\frac{\lambda^2 - \lambda^{-4}}{1 - \dfrac{2\lambda^2 + \lambda^{-4} - 3}{J_{\mathrm{m}}}}} \qquad (2\text{-}28)$$

同时依据真实电场和施加电压的关系

$$E = \frac{\Phi}{\lambda^{-2} H} \qquad (2\text{-}29)$$

可以得到施加的无量纲化电压与变形的关系

$$\frac{\Phi}{H \sqrt{\mu / \varepsilon_0 \varepsilon_{\mathrm{r}}}} = \sqrt{\frac{\lambda^{-2} - \lambda^{-8}}{1 - \dfrac{2\lambda^2 + \lambda^{-4} - 3}{J_{\mathrm{m}}}}} \qquad (2\text{-}30)$$

根据式(2-30),可以绘制 DE 材料在电压作用下的等双轴变形曲线如图 2.11 所示,其中取 $J_{\mathrm{m}} = 100$。从图中可以看到,随着电压的升高,DE 材料的变形有所增大但幅度不大,到达一个临界变形 $\lambda_{\mathrm{c}} = 1.26$ 后,DE 材料的变形明显增大,电压却在减小,即 DE 材料此时能够在小电压下产生大的变形行为。可见,驱动器的稳定变形被限制在 $\lambda_{\mathrm{c}} = 1.26$ 之前的区域内,对应的厚度应变为 30% 左右,这一理论分析结果与实验观测数据是吻合的[23]。

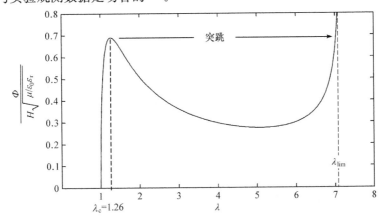

图 2.11　DE 材料施加的电压和变形的关系

在图 2.11 中，DE 材料电压-变形关系在电压下降到一定值后又迅速上升，此时 DE 材料的变形随着电压的增大而单调递增。产生这个现象的原因是 DE 材料的应变刚化效应，即随着变形的增大，DE 材料的弹性模量会增大，弹性模量的提高引起材料弹性应力明显提高。此时 DE 材料的电应力和弹性应力相平衡，电致变形又回到稳定的单调增的变化趋势，即电压的增大引起材料的变形增大，直到其发生电击穿或者撕裂失稳。从图 2.11 可以看到，由于电压随变形存在上升-下降-上升的关系，在 λ_c 对应的电压下，DE 材料可能有两个变形尺度，一个变形较小，在 λ_c 附近；一个变形较大，几乎达到了材料的变形极限 λ_{lim}。即同一个电压下，DE 材料可以从小变形状态跳至大变形状态，而不需经历中间的变形阶段，这种行为即为前面介绍的突跳失稳。此时，如果材料受力不均匀，变薄的区域受到其他区域的边界限制，就会产生如图 2.5 所示的褶皱失稳。

3. DE 材料大变形下的吸合失稳机理

图 2.12 中绘制了 DE 材料的真实电场与变形的关系。从图中可以看到，DE 材料的真实电场是随着变形增大而持续增大的。基于此图可以分析 DE 材料的吸合失稳机理，即对 DE 材料施加电压之后材料会产生变形，当电场应力与材料弹性应力相等时，DE 材料的变形会达到平衡状态。如果施加的电压继续增大，在电压作用下材料继续变形导致厚度继续变薄，厚度的减小会导致材料承受的电场强度增大，而增大的电场强度进一步引起电应力增大，导致 DE 材料进一步被压缩，厚度进一步减小。如此的正反馈过程引起 DE 材料承受的电场强度在不断增大，而此时由于 DE 材料的弹性模量较低，其产生的弹性应力不足以抵抗电应力，无法与 DE 材料承受的真实电场的电应力相平衡，结果就会发生正负两电极吸合到一起的失稳现象，继而发生电击穿破坏行为。

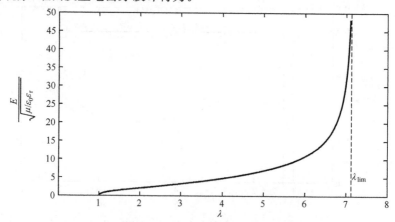

图 2.12　DE 材料在变形中的真实电场和变形的关系

从上面的理论分析可以看到,制约 DE 材料性能的失效模式主要为吸合失稳和突跳失稳,对于没有应变刚化效应的 DE 材料,其主要发生吸合失稳,而能产生应变刚化的 DE 材料,如 VHB 聚丙烯酸酯,其突跳失稳为主要的性能制约因素。这两种失稳行为都将影响基于 DE 材料的驱动器及换能器的应用和开发,因此如何消除或克服这种不稳定性,实现图 2.10(d)所示的理想大变形行为是 DE 驱动器研究的一个重要方向。

2.3.3　非线性极化对突跳失稳的影响

1. DE 材料的极化特征

作为电介质的 DE 材料,在电场作用下会发生极化现象。图 2.13 示意了电介质材料的三种不同极化模式:线性极化(linear polarization)、饱和极化(saturated polarization)和制约取向极化(conditional polarization)。在没有电场的情况下,介电材料内部的分子偶极子是无规则分布的,呈现电中性的状态。在施加了电场之后,偶极子发生偏转,产生取向极化。对于理想的电介质,如电介质液体,其极化形式往往是饱和极化的模式,即所有的偶极子都会规则地取向,达到饱和的电位移值 D_s。

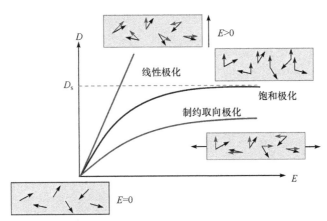

图 2.13　电介质材料的三种极化类型

事实上,不是所有的电介质材料的极化都是饱和极化的模式,对于聚合物类的电介质,其偶极子的偏转受到各种分子链的阻力约束,只能偏转一定的角度,只有在非常高的电场或者非常低的温度下才能达到饱和状态。而受到其介电强度的限制,随着电压升高,在达到饱和之前,电介质材料已经发生击穿,此时极化曲线依然处于线性的区域。所以早期的研究多采用线性的极化模式来描述这种极化特性,在此基础上推导得到了 Maxwell 应力的表达式。

实验研究表明,某些介电弹性材料的介电率和变形有密切的关系。随着平面拉伸的增大,介电率有 50% 的减小[24]。这种现象是因为材料内部的偶极子一部分是分布在分子主链上的,当主链被拉伸时偶极子的旋转运动受到限制,因而无法产生取向极化,导致介电率减小,把这种极化行为定义为制约取向极化。

对于线性极化,电位移与电场强度的关系为线性关系,而对于饱和极化的电介质,电位移与电场强度的关系为

$$D = D_s \tanh(\varepsilon_0 \varepsilon E / D_s) \tag{2-31}$$

结合式(2-23)和式(2-24)可知,当介质的极化模式不同的时候,其最后一项的电应力的数值大小也不相同,图 2.14 比较了基于线性极化理论得到的 Maxwell 电应力与基于饱和极化理论得到的饱和极化电应力的两条曲线。从图中可以看到,电场值进行无量纲化处理后,在小于 0.5 的情况下,两者之间的电应力差非常小,两条曲线几乎是重合的,此时用线性极化理论是可取的,但当其值大于 0.5 之后,两者之间差异逐渐增大,因此,当电场强度较大时,必须考虑饱和极化的非线性特征。

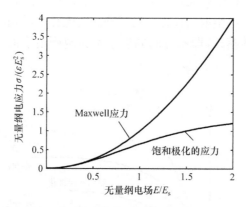

图 2.14　不同极化条件下电应力的比较

2. DE 材料的极化对突跳失稳的影响

本小节将采用数值分析方法分析前文"DE 材料的极化特征"介绍的三种极化模式对突跳失稳行为的影响。

数值分析利用 2.2 节建立的 DE 材料力电耦合模型,假设材料经受等双轴变形,其中采用 Gent 模型表征材料的超弹性行为。为了计算方便,材料的变形极限 $J_{\lim}$ 取为 100。图 2.15 给出了饱和极化对稳定性的影响。图中,$D_s / \sqrt{\mu\varepsilon}$ 表示无量纲的饱和电位移。在计算中,选择了具有不同饱和电位移的四种电介质材料,可以看到,对于具有不同饱和电位移的材料,DE 材料的等双轴变形规律是不同的,其电致变形可以从 B_{II} 类型的突跳失稳变至 C 类型稳定变形,即材料的属性决定了其变形的稳定性特征。

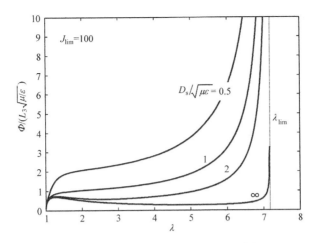

图 2.15　饱和极化对稳定性的影响[25]

　　为了深入分析稳定性随饱和电位移值的变化规律,图 2.16 给出了不同极化模式下稳定性的演变关系。图中,横坐标 $\overline{D}_s$ 表示无量纲的饱和电位移值,纵坐标表示变形量。图 2.16(a)和(d)为线性极化的计算结果,图 2.16(b)和(e)为饱和极化的计算结果,图 2.16(c)和(f)为制约取向极化的计算结果。每个图中的曲线分为两个区域:稳定区域和不稳定区域,曲线上的每个点为失稳时的最大变形。图 2.16(a)~(c)给出了具有极低介电强度($\overline{E}_B=0.1$)的材料在三种极化模式下的最大变形。此种情况下,材料受到介电强度的限制,其变形的值很小(<5%),失效属于 A 类型失稳。由图 2.16(b)可见,饱和极化虽有助于提高最大变形,然而改善效果却受到电击穿的限制。对于图 2.16(c)中制约取向极化模式下的变形,材料的变形先是在厚度上伸长($\lambda<1$),然后过渡到平面的扩张($\lambda>1$)。这种厚度上的伸长变形定义为电致伸缩效应,它在各种压电和铁电聚合物中广泛存在。对于介电弹性材料,其变形中虽也存在一定的电致伸缩效应,但由于其材料的弹性模量很低,Maxwell 压缩应力占了主导地位,最终的变形形态以平面的扩张变形为主。

　　对于大多数电介质材料的介电强度,可以取 $\overline{E}_B=1$,则三种不同极化模式对应的最大变形如图 2.16(d)~(f)所示。图 2.16(d)表示没有预拉伸的情况,线性极化的介电弹性材料的电致变形主要受吸合失效的影响,最大的变形 $\lambda_{fail}=1.26$,其失效模式为 B_I 类型。然而,在其他两种极化模式下,具有不同 $\overline{D}_s$ 的 DE 材料,其失稳模式是不同的,会存在 B_I 类型、B_{II} 类型的失稳或 C 类型的稳定变形。由图 2.16(e)可以看出,在饱和极化条件下,对于具有较大饱和电位移的 DE 材料,有可能克服 B_I 和 B_{II} 两种力电耦合失效行为,实现稳定的大变形。图 2.16(f)表明,在制约取向极化条件下也能通过增大 $\overline{D}_s$ 的方法,使得材料的变形模式从发生 B_I 和 B_{II} 类型的

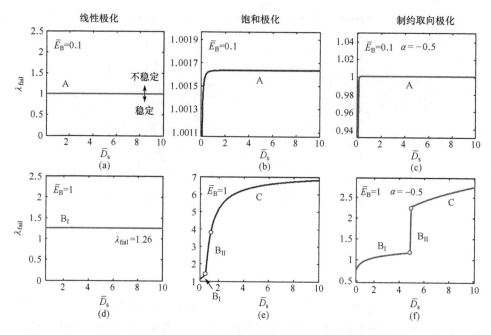

图 2.16　不同极化模式下介电弹性材料的最大变形图[26]

失稳变形转变成 C 类型的稳定大变形,但是其机理与图 2.16(e)不同。制约取向极化的电介质材料的变形是厚度伸长和平面扩张两种变形的综合。从微观角度来说,此时的电介质内部,一部分偶极子产生电致伸缩效应,将材料增厚,并抵消了材料在平面的部分扩张变形,从而阻止了吸合效应;另一部分偶极子则可以自由地拉伸变形。这两部分偶极子的相互作用抑制了失稳行为,能够产生>100%的变形。值得注意的是,此时不是所有的偶极子都在平面上扩张变形,因此材料的最大变形限度 J_{lim} 有所减小。

　　在 DE 材料的研究中,为了提高其介电常数而降低其驱动电压,有学者提出可以在聚合物类的 DE 材料中添加陶瓷颗粒。对于这种类型的 DE 复合材料,陶瓷颗粒的介电常数远远高于聚合物材料,因此得到的 DE 复合材料的介电常数会有明显的提高,从而实现降低驱动电压的效果。但是,陶瓷的弹性模量高于聚合物材料,掺杂陶瓷颗粒后的复合材料的弹性模量会有所提高,因此其电致变形效果也会有所减弱。图 2.17 给出了这种复合材料的微结构示意图,图 2.17(a)中的线条表示高分子聚合物网络,圆点表示陶瓷颗粒材料。聚合物材料与陶瓷材料的极化特性是不同的,聚合物材料的极化是线性极化,而陶瓷的极化是饱和极化,如图 2.17(b)所示。

　　根据上面关于极化模式对介电弹性材料最大变形影响的分析结果,显然,可以利用这种极化性质的差异来改善复合材料在电致变形过程中的性能[27]。复合材

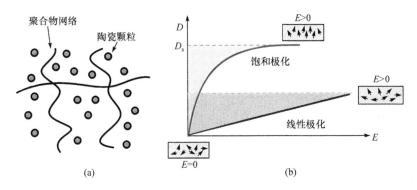

图 2.17　DE 复合材料中陶瓷的饱和极化及聚合物的线性极化

料掺杂工艺中涉及的参数较多,包括陶瓷/聚合物的弹性模量之比、介电常数之比、体积之比等。由于两种材料具有不同的极化特征,可以通过优化这些参数实现材料稳定变形。图 2.18 给出了在掺杂具有不同饱和极化值陶瓷的情况下,DE 复合材料的变形特性。由图可见,过高的饱和极化值和过低的饱和极化值都会引起 B_{II} 类型的突跳失稳,而只有选择具有适当的饱和极化特性的陶瓷材料,才能实现稳定的 C 类型变形。

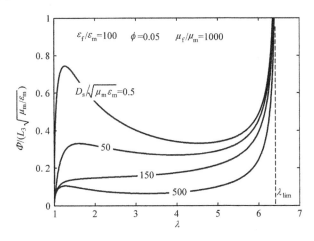

图 2.18　不同陶瓷掺杂后 DE 复合材料的变形曲线[27]

图 2.19 给出了一系列数值分析结果,据此可以估计不同掺杂条件下复合材料的稳定性。即如果曲线位于稳定线之上,说明是稳定的材料,而在稳定线之下则是不稳定的材料。通过这种方法可以有效地指导复合材料的参数取值,指导 DE 复合材料的制备,从而抑制突跳失稳的发生。

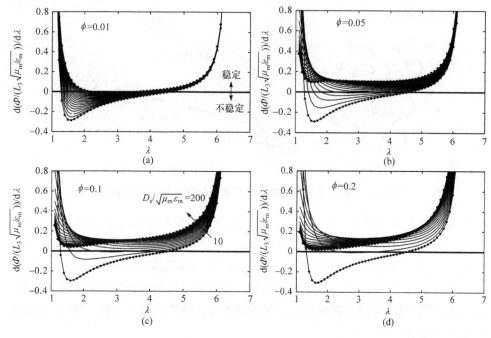

图 2.19　不同掺杂条件下复合材料的稳定性

2.4　DE 材料力电耦合失稳现象的利用

一般来讲,2.3 节介绍的 DE 材料失稳现象是人们不希望产生的现象。但从另一个角度来看,有时候人们可以利用 DE 材料的失稳现象,并将其应用于不同的工程领域[28]。

2.4.1　突跳失稳的利用

在突跳失稳中,DE 材料从小变形状态跳至大变形状态,它是一种非连续的变形过程。此时 DE 材料在小/大变形中快速切换,类似于开关特性,这种特征又称为双稳态(bi-stable)特征。利用这一点可将其作为一种新型的机电开关,实现控制功能;又或者作为驱动单元,实现离散的跳跃式运动。

新加坡的研究人员提出一种水下机器人,将 DE 膜和柔性结构相结合,利用 DE 膜的扩张变形模拟水母身体的运动收缩。当 DE 材料发生突跳变形时,其体积迅速变化,利用自身浮力改变产生浮向水面的运动[29]。图 2.20 给出了两个利用突跳失稳形成非连续大变形的例子。图 2.20(a)是一个球形 DE 气囊,给 DE 气囊充气的同时施加电压,通过调整气压和电压的关系,可以诱导 DE 材料发生突跳变形行为,发生从小变形跳至大变形的状态,形成不连续的变形过程,这种方法可实现的最大面积应变为 1600%[30]。借助于这种思想,研究人员改进了气囊的形状,采用圆柱形的构型,同时进一步优化了电压和气压的协调关系,将最大变形提高至 2200%[31],如图 2.20(b) 所示。类似地,用恒定的液体压力代替气压,也可以实现大变形突跳行为。文献[32]的实验结果表明,在恒定水压下 DE 材料的最大变形可达到 1165%,如图 2.21 所示。

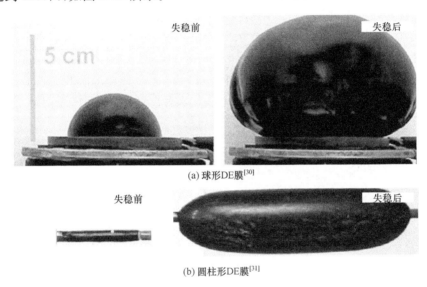

(a) 球形DE膜[30]

(b) 圆柱形DE膜[31]

图 2.20　利用突跳失稳形成非连续大变形的过程

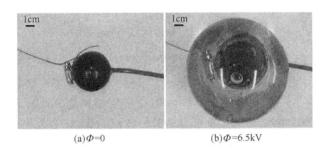

(a)$\Phi=0$　　　(b)$\Phi=6.5\mathrm{kV}$

图 2.21　恒定水压下 DE 材料的大变形过程[32]

2.4.2　凹坑失稳的利用

研究发现,在凹坑失稳的情况下,DE 材料能产生规则的微尺度形貌,而规则的微尺度形貌具有多种功能和应用潜力,如仿荷叶的超疏水性、可调控的黏附力、光栅开关等。

　　为了利用 DE 材料的凹坑失稳现象,可在 DE 材料的下层采用刚性的不可变形的电极,而上层采用柔性的电极,这样得到的 DE 材料会发生凹坑失稳行为。通过调整 DE 材料的厚度、预拉伸的方向,可以控制凹坑的形貌,使其从凹坑转变成褶皱(wrinkling)或者条纹(aligned line)的形貌,如图 2.22 所示。具有表面微结构形貌的材料是一种典型的功能界面,可用于光学折射开关、疏水/亲水表面和黏性功能器件上,因此,这种电致微尺度规则形貌的产生和控制为 DE 材料在功能材料领域提供了先进的制造技术。传统的制造工艺是在材料表面采用光学/化学加工的技术形成固定的永久的形貌结构,如果想改变形貌,必须重新选择材料、重新构建形貌结构。而利用 DE 材料的凹坑失稳,可以通过调整 DE 材料的电压、厚度、弹性模量、底层的拉伸等,控制 DE 材料在尺度和多种形貌的微结构之间进行切换[33],与传统技术相比具有成本低、效率高的优点,是一种清洁高效的智能制造技术。

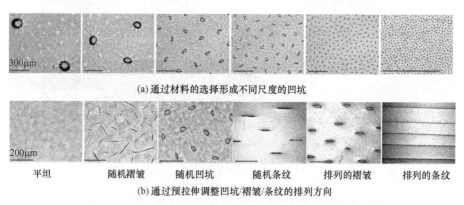

(a) 通过材料的选择形成不同尺度的凹坑

　平坦　　　　随机褶皱　　　随机凹坑　　　随机条纹　　排列的褶皱　　排列的条纹

(b) 通过预拉伸调整凹坑/褶皱/条纹的排列方向

图 2.22　利用凹坑失稳形成规则的表面形貌[33]

　　同样的凹坑行为还可用于实现抗生物淤积的功能。在生物学或者医学手术中,移植后的器官表面会淤积一些生物分子、细胞及组织,这些材料堆积后形成的淤积成分不仅阻碍了器官生长过程,同时容易滋生细菌造成器官恶化。为了抵抗这些淤积,传统的方法包括通过手术定期清扫,或者通过化学方法释放抗淤积的药品。而对于自然界的生物个体,其通过自身的微小运动即可去除这些淤积材料。借助于这种生物运动的思想,利用 DE 材料的凹坑失稳,可以有效通过表面变形去除淤积。如图 2.23 所示,DE 材料在加电后的电致变形中会形成凹坑,电压去除后又会恢复光滑表面的现象,研究人员在 DE 材料表面沉积了一些淤积的材料,通过电源的开关控制 DE 变形,使 DE 表面在光滑/凹坑之间的形貌切换,从而有效地将附着于表面的淤积材料剥离,实现了抗淤积的功能[34]。

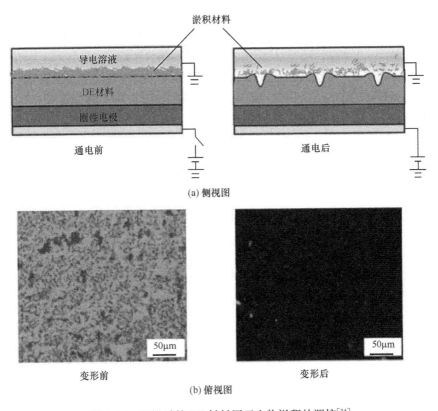

(a) 侧视图

变形前　　　　　　　　　　　　　　变形后

(b) 俯视图

图 2.23　凹坑后的 DE 材料用于生物淤积的调控[34]

2.5　本章小结

　　本章首先介绍了 DE 材料在力电耦合过程中静电能-应变能的转化机理,分析归纳了早期的 DE 材料力电耦合模型建模思路及发展历程。然后详细介绍了利用热力学中的自由能理论建立 DE 材料力电耦合模型的方法,对超弹性应变能的具体表达式进行了讨论,指出 Gent 模型能够表征超弹性材料的应变刚化行为,与 DE 材料的实验数据比较吻合。因此采用 Gent 模型描述 DE 材料在力电耦合过程中的应变能是最常用的方法。在此基础上,得到了 DE 材料在电致变形中的本构关系和状态方程。

　　DE 驱动器在力电耦合过程中的稳定性是其非常重要的特性,因此本章介绍了常见的 DE 材料失稳现象,然后重点分析了吸合失稳及突跳失稳机理。指出在 DE 材料的力电耦合过程中,材料的大变形与电场场强的正反馈关系会导致吸合失稳,在吸合过程中内部电场迅速增大,超过其电击穿强度,因此会发生电击穿的破坏行为；DE 材料的应变刚化特性可以产生突跳的非连续失稳变形，引起褶皱现象。由于材料的极化模式对其稳定性具有显著的影响，通过选择具有不同极化模式的材料和对 DE 材料掺杂的优化可以改善材料的失稳现象。

　　除此之外，凹坑和空穴也是 DE 材料中存在的失稳行为。这些失稳特性一方面限制了 DE 材料的应用，另一方面也可以通过结构的合理设计来利用 DE 材料的失稳现象，为 DE 材料的应用提供了新契机。

参 考 文 献

[1] Toupin R. The elastic dielectric[J]. Journal of Rational Mechanics and Analysis,1956,5(6)：849-915.

[2] Eringen A C. On the foundations of electroelastostatics[J]. International Journal of Engineering Science,1963,1(1):127-153.

[3] Tiersten H F. Coupled magnetomechanical equations for magnetically saturated insulators[J]. Journal of Mathematical Physics,1964,5(9):1298-1318.

[4] Stark K H,Garton C G. Electric strength of irradiated polythene[J]. Nature,1955,176:1225-1226.

[5] Wissler M,Mazza E. Electromechanical coupling in dielectric elastomer actuators[J]. Sensors and Actuators A:Physical,2007,138(2):384-393.

[6] Goulbourne N C,Mockensturm E M,Frecker M I. Electro-elastomers:large deformation analysis of silicone membranes[J]. International Journal of Solids and Structures, 2007, 44(9):2609-2626.

[7] Dorfmann A,Ogden R W. Nonlinear electroelasticity[J]. Acta Mechanica,2005,174(3-4):167-183.

[8] Boyce M C,Arruda E M. Constitutive models of rubber elasticity:A review[J]. Rubber Chemistry and Technology,2000,73(3):504-523.

[9] Suo Z. Theory of dielectric elastomers[J]. Acta Mechanica Solida Sinica, 2010, 23(6):549-578.

[10] Gent A N. A new constitutive relation for rubber[J]. Rubber Chemistry and Technology,1996,69(1):59-61.

[11] Arruda E M,Boyce M C. A three-dimensional constitutive model for the large stretch behavior of rubber elastic materials[J]. Journal of the Mechanics and Physics of Solids,1993,4(2):389-412.

[12] Boyce M C. Direct comparison of the Gent and the Arruda-Boyce constitutive models of rubber elasticity[J]. Rubber Chemistry and Technology,1996,69(5):781-785.

[13] Kofod G. Dielectric elastomer actuators[D]. Denmark:Risø National Laboratory,2001.

[14] Pharr M,Sun J Y,Suo Z. Rupture of a highly stretchable acrylic dielectric elastomer[J]. Journal of Applied Physics,2012,111(10):104-114.

[15] Zhang L,Wang Q,Zhao X. Mechanical constraints enhance electrical energy densities of

softdielectrics[J]. Applied Physics Letters,2011,99(17):171906.

[16] Plante J S,Dubowsky S. Large-scale failure modes of dielectric elastomer actuators[J]. International Journal of Solids and Structures,2006,43(25):7727-7751.

[17] Lu T,An L,Li J,et al. Electro-mechanical coupling bifurcation and bulging propagation in a cylindrical dielectric elastomer tube[J]. Journal of the Mechanics and Physics of Solids, 2015,85:160-175.

[18] Zheng L. Wrinkling of dielectric elastomer membranes[D]. Pasadena:California Institute of Technology,2009.

[19] Conn A T,Rossiter J. Harnessing electromechanical membrane wrinkling for actuation[J]. Applied Physics Letters,2012,101(17):171906.

[20] Blok J,LeGrand D G. Dielectric breakdown of polymer films[J]. Journal of Applied Physics,1969,40(1):288-293.

[21] Wang Q,Tahir M,Zhang L,et al. Electro-creasing instability in deformed polymers:experiment and theory[J]. Soft Matter,2011,7(14):6583-6589.

[22] Wang Q,Suo Z,Zhao X. Bursting drops in solid dielectrics caused by high voltages[J]. Nature Communications,2012,3:1157.

[23] Pelrine R E,Kornbluh R D,Joseph J P. Electrostriction of polymer dielectrics with compliant electrodes as a means of actuation[J]. Sensors and Actuators A:Physical,1998,64(1): 77-85.

[24] Qiang J,Chen H,Li B. Experimental study on the dielectric properties of polyacrylate dielectric elastomer[J]. Smart Materials and Structures,2012,21(2):025006.

[25] Li B,Liu L,Suo Z. Extension limit,polarization saturation,and snap-through instability of dielectric elastomers[J]. International Journal of Smart and Nano Materials,2011,2(2): 59-67.

[26] Li B,Chen H,Zhou J,et al. Polarization-modified instability and actuation transition of deformable dielectric[J]. Europhysics Letters,2011,95(3):37006.

[27] Li B,Chen H,Zhou J. Electromechanical stability of dielectric elastomer composites with enhanced permittivity[J]. Composites Part A:Applied Science and Manufacturing,2013,52: 55-61.

[28] Zhao X,Wang Q. Harnessing large deformation and instabilities of soft dielectrics:Theory, experiment,and application[J]. Applied Physics Reviews,2014,1(2):021304.

[29] Rus D,Tolley M T. Design,fabrication and control of soft robots[J]. Nature,2015,521 (7553):467-475.

[30] Li T,Keplinger C,Baumgartner R,et al. Giant voltage-induced deformation in dielectric elastomers near the verge of snap-through instability[J]. Journal of the Mechanics and Physics of Solids,2013,61(2):611-628.

[31] An L,Wang F,Cheng S,et al. Experimental investigation of the electromechanical phase transition in a dielectric elastomer tube [J]. Smart Materials and Structures, 2015,

24(3):035006.

[32] Godaba H, Foo C C, Zhang Z Q, et al. Giant voltage-induced deformation of a dielectric elastomer under a constant pressure[J]. Applied Physics Letters, 2014, 105(11):112901.

[33] Wang Q, Tahir M, Zang J, et al. Dynamic electrostatic lithography: Multiscale on-demand patterning on large-area curved surfaces[J]. Advanced Materials, 2012, 24(15):1947-1951.

[34] Shivapooja P, Wang Q, Orihuela B, et al. Bioinspired surfaces with dynamic topography for active control of biofouling[J]. Advanced Materials, 2013, 25(10):1430-1434.

第 3 章　DE 材料的基本力电性能

DE 材料是在电场作用下发生大变形的材料[1,2]。由前面章节的介绍可知,其力电耦合变形性能与其电学及力学基本性能密切相关。电学性能主要指材料的介电常数,而力学性能主要指弹性及黏弹性。为了从理论上分析 DE 材料的力电耦合特性以及在实际中合理应用 DE 材料,必须掌握该材料的基本力电性能。DE 材料属于典型的高分子材料,其基本性能受温度、频率和预拉伸的影响很大,因此,本章重点介绍频率、温度和预拉伸对 DE 材料的介电性能和力学性能的影响,在此基础上分析 DE 材料的力电耦合效率。

3.1　DE 材料的力电性能实验方法概述

如前所述,在众多的 DE 材料中,3M 公司生产的聚丙烯酸酯材料 VHB 系列由于响应速度快、变形大、价格低等特点已被广泛使用和研究[3-6]。因此,本章将以 VHB4910 型 DE 材料为对象开展实验研究。

在对 DE 材料认识的初期,大多数研究者将其介电常数视为常值。随着对 DE 材料研究的深入,研究者发现 DE 材料的介电常数是变化的,且不同研究者得到的介电常数变化范围很宽。同样,不同学者对 DE 材料的应力-应变行为进行的实验研究所给出的结论也会存在较大的差异。通过进一步的研究,研究者逐渐意识到该类材料的介电常数、弹性模量及其黏弹性等参数是受到频率、温度、预拉伸倍数等多种外界因素影响的[7-16],其取值大小与测试方法有关。为此,在介绍 DE 材料的电学性能及力学性能变化规律之前,本节首先介绍 DE 材料电学性能及力学性能测试的仪器及方法。

3.1.1　DE 材料介电性能测试的实验仪器及方法

1. 实验仪器

本章给出的 DE 材料介电特性采用德国 Novocontrol 公司的宽频带介电谱测试仪(BDS Concept 80)进行测试,温度测量范围为 $-100 \sim 100$℃,频率范围为 $10^{-2} \sim 10^{7}$ Hz。

实验中样品放置在密闭腔体内,为了尽可能降低静电应力的影响,在测定介电常数时所施加的电场强度是很低的。实验过程中,DE 材料的两侧用 BDS 仪器所

自带的金电极作为电极,U 为施加的交变电压,其有效值是 3V。其中电压和电流的关系可以表示为

$$I^* = i\omega\varepsilon^* C_0 U \tag{3-1}$$

式中,i 为虚数单位,$\sqrt{-1}$;ω 为交流电压的角频率,rad/s;ε^* 为复介电常数;C_0 为空试样单元电容,F。

2. 试件准备

DE 是一种透明胶带状材料,其初始宽度为 24.5mm,厚度为 1mm,如图 3.1 所示,其中,在 DE 材料各层之间夹持一层隔离保护层。

图 3.1　DE 材料

实际使用中,DE 材料必须进行预拉伸以提高其力电性能。为了测试预拉伸下材料的力电性能,实验设计了不同的预拉伸工况。但因材料本身具有弹性,为了防止材料发生预拉伸后由于弹性而恢复到原始状态,实验中可设计硬质框架(塑料板或双色板)对预拉伸后的 DE 进行固定。对于硬质框架的要求主要是:能与 VHB 材料很好地黏合不分离,从而保证材料不发生恢复变形;外部尺寸不能超过测试仪器固定框架的尺寸要求。根据上述要求,可采用如图 3.2 所示的固定框架。图 3.2(a)和(c)框架材料均是塑料板,图 3.2(b)框架则是双色板。实验时可选三种框架中的任一种对预拉伸后的材料予以固定。

(a) 方形塑料板　　　　　　(b) 圆形双色板　　　　　　(c) 圆形塑料板

图 3.2　固定框架

3. 预拉伸

本章实验中对 DE 材料的预拉伸步骤如图 3.3 所示。

（1）从 DE 胶带上切下适当尺寸和形状的材料，在其上下表面的四边粘贴上与材料黏合性很好的硬质塑料板。

（2）将步骤（1）中制备的试样放入四周具有拉伸装置的固定夹具内夹紧。

（3）分别旋转拉伸装置的四个蝴蝶阀使被拉伸材料到达预定尺寸后，在其上下表面对称粘贴内外径分别为 20mm 和 30mm 的固定框架保证材料不发生回复。

（4）将制备好的试件从拉伸框架上剪下，试件制备完成。

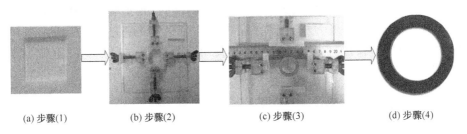

(a) 步骤(1)　　　　(b) 步骤(2)　　　　　(c) 步骤(3)　　　　　(d) 步骤(4)

图 3.3　VHB 材料预拉伸过程

对材料的预拉伸有两种不同方法：双向等倍预拉伸和双向不等倍预拉伸。当平面两个方向上的拉伸倍数相等时，称为对材料进行了双向等倍预拉伸；反之则称为双向不等倍预拉伸。

3.1.2　DE 材料力学性能测试的实验仪器及方法

1. 弹性模量测试仪器

本章选用美国 TA 公司的 Q800 型 DMA（Dynamic Mechanical Analysis，动态力学分析仪器）对 DE 材料进行动态力学性能测试。该仪器如图 3.4 所示，可测量的温度范围为 $-150\sim600℃$，温度控制精度在 $\pm0.01℃$，适用于高分子材料在升温或者恒温过程力学性能的测试。Q800 型 DMA 针对不同类型的材料，在性能测试

升温炉　　　操作界面　　　　拉伸夹具

图 3.4　Q800 型 DMA（动态力学分析仪器）

中分单悬臂、双悬臂、三点弯曲、拉伸、剪切、压缩等多种测量模式。本章对于 DE 材料拉伸模量和应力松弛的研究均使用拉伸模式,该模式适用于薄膜、纤维及薄板等类型的材料。在仪器内置程序控制下可以对被测试材料进行单轴拉伸位移和拉伸速率的控制。

2. 黏弹性实验仪器

在测定 DE 材料应力-应变关系、研究其黏弹性时,鉴于该材料在产生大应变的过程中内部力很小,采用力分辨率为 0.001N、位移分辨率为 0.0001mm、对材料的拉伸速率可控制的微小力试验机。本章使用美国 MTS 的 Tytron 250 微小力拉伸机,如图 3.5 所示。

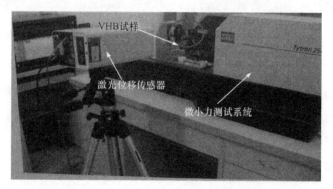

图 3.5　Tytron 250 微小力试验机

实验时,选用试验机自带的 0～50N 传感器以保证测量精度。通过软件控制电机转速以保证被测试材料在不同的拉伸速率下变形,使用激光位移传感器测量拉伸过程中材料尺寸的变化,从而获得不同应变速率下的应力-应变曲线[17-19]。

由于目前对 VHB 材料的拉伸试样并没有特定形状的要求,因此,本章参照文献[20]和[21],将其制备为矩形试样。拉伸试件的尺寸及夹持方式如图 3.6 所示,其中图 3.6(a)是本实验中所使用试样的尺寸,图 3.6(b)是测试试样在微小力试验机中的夹持方式。

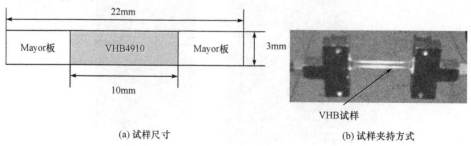

(a) 试样尺寸　　　　　　　　　　　(b) 试样夹持方式

图 3.6　拉伸试件

3.2　频率对 DE 材料力电特性的影响

3.2.1　频率对 DE 材料介电性能的影响

作为电介质材料,DE 材料的介电性能包含介电常数和介电损耗,它们分别表征在外界电场作用下,由分子极化所引起的电能储存和电能损耗能力。本节首先分别给出未预拉伸以及预拉伸后 DE 材料的介电谱;然后根据 DE 材料在实际应用中人们只关心其介电常数的现状,基于实际测试数据给出介电常数的拟合公式,以便在理论分析中引入介电常数随频率的变化;最后专门讨论预拉伸对 DE 材料介电性能的影响规律。

1. 频率对未拉伸的 DE 材料介电性能的影响

图 3.7 为 35℃温度下,宽频带介电谱测试仪(BDS)所测定的 DE 材料的介电常数和介电损耗频谱图。从图可以得出,低频($10^{-1}\sim10^2$ Hz)下,DE 材料的介电常数基本稳定在 4.8 左右,而在 100 Hz 以上,介电常数开始随着频率增大逐渐减小,并且越趋于高频减小的幅度越大。这是因为在高频下,偶极子转向极化逐渐跟不上电场的变化,导致转向极化率降低,从而降低了总体分子极化率,表现出随着频率增加介电常数逐渐减小的现象。

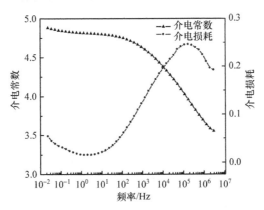

图 3.7　VHB 4910 材料的复介电常数

介电损耗随频率变化的曲线比较复杂。首先,在非常低的频率下,介电损耗随频率的升高而降低;在 $10\sim10^5$ Hz 频率范围内,介电损耗随频率的升高而升高;在 $10^5\sim10^6$ Hz 高频范围内存在一个比较明显的峰值,说明在这个范围内能量损耗比较大[10]。其机理可解释为:在取向极化过程中,电场施加的频率越高,偶极子转向时克服介质内黏阻滞力所需的能量越多,表现为介电损耗增大越明显。

2. 频率对预拉伸后 DE 材料介电性能的影响

图 3.8 分别给出 1×1(未拉伸)、2×2、3×3、4×4 倍预拉伸后 DE 材料的介电常数及介电损耗频谱图。由图 3.8(a)可见,当预拉伸倍数不同时,介电常数随频率增大而减小程度不同,也就是说,频率对介电常数的影响受预拉伸的制约。当预拉伸倍数由 1×1 增大到 4×4 时,介电常数随频率变化的趋势基本一致,即在低频范围内,介电常数随频率变化不大,而在频率大于 10^2 Hz 时,介电损耗随着频率增大而逐渐减小。总体来看,介电常数随预拉伸倍数增大是下降的,且随频率增长的变化率逐渐减小。由图 3.8(b)可见,在 $10^{-1}\sim10^2$ Hz 的低频范围内,材料的介电损耗受预拉伸倍数变化的影响不大,但在 $10^2\sim10^7$ Hz 的高频范围内,材料的介电损耗受预拉伸倍数变化的影响较大,预拉伸倍数越大,介电损耗越小。

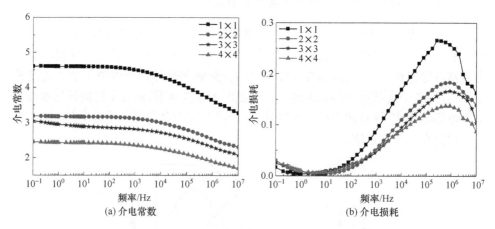

(a) 介电常数　　　　　　　　　　　(b) 介电损耗

图 3.8　不同预拉伸 DE 材料介电谱

材料预拉伸后介电性能的变化说明,当外电场频率变化时,DE 材料的取向极化不同程度地受到预拉伸的影响。这种现象可以解释为:当分子链被拉伸的程度增大时,分子侧链上的极性基团将受到拉力的作用失去原有的较大的活动性,使其随频率发生取向极化的概率减小,宏观上表现为介电常数减小。另外,大倍数的预拉伸又会使偶极子转向时所需要克服的黏性力相对减小,从而使介电损耗减小。显然,材料受到越大的预拉伸,频率对介电常数的影响作用就越小。

对于像 DE 材料这种具有弛豫时间分布体系的介电常数,可以用 Cole-Cole 方程来描述[22,23],即复介电常数与频率之间的关系可描述为

$$\varepsilon^* = \varepsilon_\infty + \frac{\varepsilon_s - \varepsilon_\infty}{1 + (i\omega\tau)^{1-\alpha}} \tag{3-2}$$

其实部和虚部分别为

$$\varepsilon' = \varepsilon_\infty + (\varepsilon_s - \varepsilon_\infty) \frac{1 + (\omega\tau)^{1-\alpha} \sin\dfrac{\pi\alpha}{2}}{1 + 2(\omega\tau)^{1-\alpha} \sin\dfrac{\pi\alpha}{2} + (\omega\tau)^{2(1-\alpha)}} \tag{3-3}$$

$$\varepsilon'' = (\varepsilon_s - \varepsilon_\infty) \frac{(\omega\tau)^{1-\alpha} \cos\dfrac{\pi\alpha}{2}}{1 + 2(\omega\tau)^{1-\alpha} \sin\dfrac{\pi\alpha}{2} + (\omega\tau)^{2(1-\alpha)}} \tag{3-4}$$

式中,ω 为交变电场的角频率;ε_∞ 为电场频率趋于无穷大时电介质的介电常数,$\varepsilon_\infty = \varepsilon(\infty)$;$\varepsilon_s$ 为静态介电常数,$\varepsilon_s = \varepsilon(0)$;$\tau$ 为偶极转向的松弛时间;α 为常数,$0 < \alpha < 1$。

利用 Cole-Cole 方程拟合不同预拉伸倍数的 DE 材料介电常数与频率之间关系的结果如图 3.9 所示,可见 Cole-Cole 方程能够很好地描述 DE 材料的介电性能。

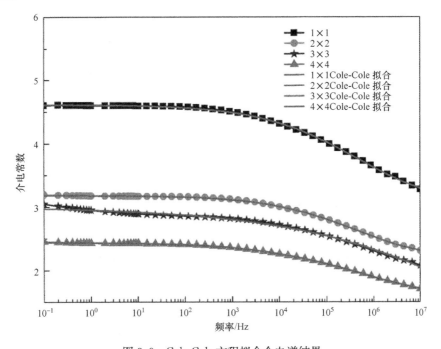

图 3.9　Cole-Cole 方程拟合介电谱结果

在不同预拉伸倍数下,数值拟合获得的式(3-2)中的 ε_∞、ε_s、τ、α 值,见表 3.1,据此可定量分析预拉伸对介电常数与频率的关系。

表 3.1　预拉伸和频率对介电常数的影响(10⁻¹~10⁷ Hz 频率范围内)

| 预拉伸倍数 | 介电常数 | | τ | α | 介电常数相对变化 |
	ε_s	ε_∞			$\Delta\varepsilon=\varepsilon_s-\varepsilon_\infty$
1×1	4.62	2.97	4.19×10^{-7}	0.61	1.65
2×2	3.20	1.71	4.42×10^{-7}	0.59	1.49
3×3	3.01	1.75	7.13×10^{-8}	0.71	1.26
4×4	2.57	1.59	3.0×10^{-7}	0.65	0.98

由上述实验结果可以获得 DE 材料在给定条件下的介电常数随频率的变化关系,同时也发现预拉伸对此关系影响很大,因此,3.2.2 节专门讨论预拉伸对 DE 材料介电性能的影响。

3.2.2　频率对 DE 材料力学性能的影响

材料的模量也根据其存储能量的能力以及消耗能量的能力分为弹性模量及损耗模量,图 3.10 给出了频率对 DE 材料的弹性模量和损耗模量的影响。其中,图 3.10(a)为实验测定的 35℃下 DE 材料的弹性模量和损耗模量频率谱。由图可以看出,当频率从 0.1Hz 变化到 70Hz 时,随着频率的增大,材料的弹性模量也在增大,从 0.2MPa 增加到 1.5MPa。这是因为当频率很低时,DE 材料的分子链段能够自由地随外力的变化而重排,这时材料表现出高弹性,即弹性模量很低。而当外界频率增高时,DE 材料的链段逐渐跟不上外力的变化,这时材料表现为刚硬的状态,即弹性模量增大;DE 材料的损耗模量随着频率的升高而增大,从 0.2MPa 增加到 1.5MPa。

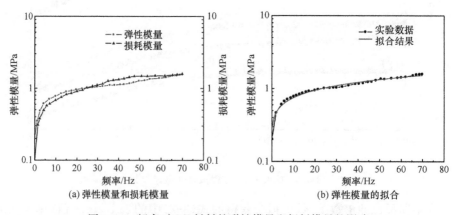

(a) 弹性模量和损耗模量　　　　　　(b) 弹性模量的拟合

图 3.10　频率对 DE 材料的弹性模量和损耗模量的影响

由图 3.10(a)可见,DE 材料的弹性模量随着频率的增加呈指数上升,为此,可以利用指数函数拟合该曲线。图 3.10(b)为通过曲线拟合获得的拟合结果,单位

为 Pa,拟合结果为

$$Y = 20786 + 19011 f^{0.45373} \tag{3-5}$$

3.3 　温度对 DE 材料力电特性的影响

3.3.1 　温度对 DE 材料介电性能的影响

图 3.11 给出了 DE 材料介电常数随温度及频率的变化关系,其中,图 3.11(a)是 DE 材料的介电常数随温度及频率变化的介电谱。由图可以看出,当温度低于 213K 时,温度和频率对材料介电常数的影响非常小,此时 DE 材料的介电常数几乎不变,约为 3。此外,在高于 313K 的高温下,介电常数随温度和频率的变化也不明显。高于 213K 及低于 313K 时,首先随着温度的升高,材料的介电常数逐渐增大,到达一个峰值点后,介电常数随温度的升高几乎线性地降低。在此温度范围内,当频率增高时,介电常数会降低,且介电常数的峰值会向高温移动。因此,降低频率和升高温度对于 DE 偶极子转向极化影响是等效的。

为了更清楚地看到不同频率下 DE 材料的介电常数随温度和频率的变化规律,图 3.11(b)给出了 DE 材料的介电常数随频率及温度变化的等高线。由图可见,当温度在 253~293K 以及频率低于 10Hz 时,介电常数最大;在 213~253K 时,介电常数变化非常剧烈,处于温度转变区。

综上可知,DE 材料介电常数随温度的变化是首先随温度升高而增大,到达一个最大值后又降低。因此,温度对 DE 材料偶极子的转向极化有两种相反的作用,一方面温度升高,极化粒子的热运动能量增加,弛豫时间减少,使偶极子转向极化可以很好地建立,极化加强,介电常数增大;另一方面,过高的温度由于加剧了极化粒子的热运动,反而不利于沿电场方向偶极子的排列,降低偶极子转向极化率,引起介电常数下降[23]。

令式(3-3)中 $1-\alpha$ 变换为 β,可得出 Cole-Cole 弛豫方程的介电常数实部表达式为

$$\varepsilon' = \varepsilon_\infty + (\varepsilon_s - \varepsilon_\infty) \frac{1 + (\omega\tau)^\beta \cos\dfrac{\beta\pi}{2}}{1 + 2(\omega\tau)^\beta \cos\dfrac{\beta\pi}{2} + (\omega\tau)^{2\beta}} \tag{3-6}$$

式中,偶极转向的松弛时间 τ 与温度的关系可用 Arrhenius 公式表达[24,25]:

$$\tau = \tau_0 \exp\left(\frac{E_a}{RT}\right) \tag{3-7}$$

式中,τ_0 为前置因子,s;E_a 为极化松弛的活化能,J/mol;R 为摩尔气体常数,8.314J/(mol·K);T 为热力学温度,K。

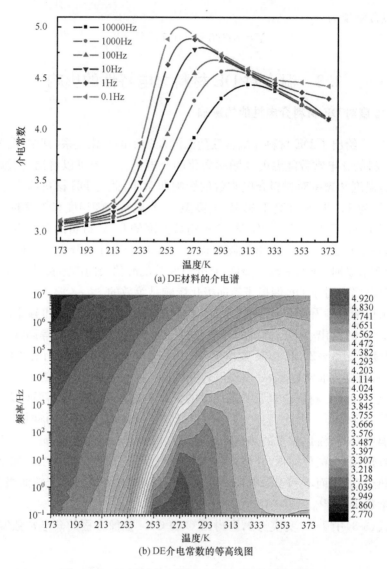

(a) DE材料的介电谱

(b) DE介电常数的等高线图

图 3.11　DE 材料介电常数随温度及频率的变化关系

　　结合式(3-6)和式(3-7)可知,当频率固定时,松弛时间 $\tau = \tau_0 \exp[E_a/(KT)]$ 是温度的函数,在低温区($\omega\tau \gg 1$)时,极化粒子几乎处于"冻结"状态,极化过程建立得非常慢,导致偶极子极化完全跟不上电场的变化,只有瞬时极化,$(\varepsilon' - \varepsilon_\infty)/(\varepsilon_s - \varepsilon_\infty)$ 趋近于 0,介电常数 ε' 趋近于最小值 ε_∞;当温度升高($\omega\tau \approx 1$)时,极化粒子热运动能量增加,弛豫时间减少,偶极转向跟随电场变化而转向,介电常数增大;当 $\omega\tau \ll 1$ 时,$(\varepsilon' - \varepsilon_\infty)/(\varepsilon_s - \varepsilon_\infty)$ 趋近于 1,此时介电常数 ε' 达到最大值 ε_s。当温度进一步升高时,介质的分子热运动加剧,对偶极取向的干扰增大,反而不利于偶极极化,此时介电常数开始随温度的升高而减小,这与简单 Debye 理论相符[25,26]。简单 Debye 理论是不依赖于频率的,即

$$\varepsilon_r = 1 + \frac{N\alpha}{\varepsilon_0} + \frac{N\mu^2}{3\varepsilon_0 KT} \tag{3-8}$$

式中,N 为单位体积内的偶极子数量,m^{-3};α 为变形极化率,$C \cdot m^2/V$;μ 为材料偶极矩,Debye。

通过上述实验数据和介电弛豫理论分析可知,DE 材料的介电常数在低温时的变化规律符合 Cole-Cole 理论,而高温时介电常数的变化规律符合简单 Debye 理论。因此,下面将按照低温与高温两个温度区间,分别通过数值拟合来获取描述 DE 材料介电常数的数学模型。

首先通过数据拟合获得 DE 材料在低温下($<$273K)的介电常数表达式。通过 Cole-Cole 方程(3-6)对测得的实验数据进行拟合,拟合结果为 $\varepsilon_\infty = 3.094$,$\varepsilon_s - \varepsilon_\infty = 1.965$,$\beta = 0.288$,$\tau_0 = 1.70 \times 10^{-31}$ s,$E_a = 137.799$kJ/mol,非线性拟合相关系数 $R^2 > 0.992$。图 3.12(a)为 DE 在低温下介电常数的三维 Cole-Cole 拟合图,图 3.12(b)是 Cole-Cole 拟合结果和实验数据的误差分析,可见其误差非常小。

将拟合的参数代入 Cole-Cole 方程(3-6),可以得到描述 DE 材料的介电常数在低温下($<$273 K)随频率变化的数学模型,化简得

$$\varepsilon' = 3.094 + \frac{1.965 + 4.126 \times 10^{-9} f^{0.288} \exp(4773/T)}{1 + 8.253 \times 10^{-9} f^{0.288} \exp(4773/T) + 5.451 \times 10^{-18} f^{0.576} \exp(9546/T)} \tag{3-9}$$

通过上述对实验数据的三维 Cole-Cole 方程拟合发现,Cole-Cole 理论可以很好地描述 DE 材料在低温下的介电弛豫所表现出来的多个松弛过程的叠加,而 Debye 方程并不能完全反映其介电松弛。

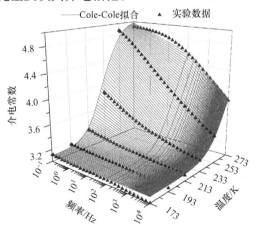

(a) 三维Cole-Cole拟合

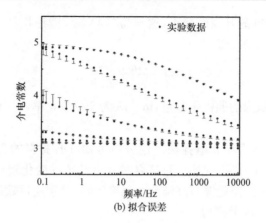

(b) 拟合误差

图 3.12　DE 材料介电常数的三维 Cole-Cole 拟合

在大于 273K 的温度范围内，可以利用简单 Debye 理论拟合其介电常数，图 3.13 给出了 DE 材料介电常数的拟合结果，其参数为：$1+N\alpha/\varepsilon_0=2.18, N\mu^2/(3\varepsilon_0 K)=740$。将这些参数代入式（3-8），可以得到描述高温下 DE 材料介电常数的方程为

$$\varepsilon_r=2.18+\frac{740}{T} \tag{3-10}$$

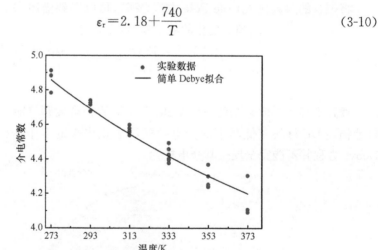

图 3.13　DE 材料在高温下介电常数的简单 Debye 拟合

由此得到了可以描述 DE 材料的介电弛豫随温度和频率变化的数学模型（3-9）和模型（3-10），可以用来分析温度和频率对材料力电耦合性能稳定性的影响。

3.3.2　温度对 DE 材料力学性能的影响

1. 温度对 DE 材料弹性模量的影响

温度对 DE 材料力学性能影响较大是高分子聚合物材料具有的固有属性。

图 3.14 为温度对 DE 材料弹性模量和损耗模量的影响。由图可以清楚地看出,在所研究的温度范围内,DE 材料发生了玻璃态转变,引起 DE 材料聚合物的模量急剧下降[27]。由图 3.14(a)可见,DE 材料从 −40℃升高到 100℃时,其弹性模量约从 1200MPa 降低到 0.1MPa,也就是说,DE 材料从 −40℃开始发生从玻璃态向橡胶态的转变;在转变过程的温度范围内,损耗模量从 200MPa 下降到 0.03MPa,弹性模量和损耗模量均发生了四个数量级的改变。实验中还发现,当温度超过 100℃时,VHB 材料变得非常软而成为黏性流体,将无法精确地测量材料的弹性模量。

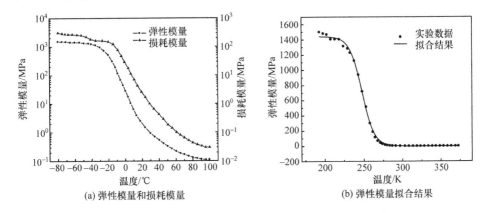

图 3.14　温度对 DE 材料的弹性模量和损耗模量的影响

（a）弹性模量和损耗模量　　　　　（b）弹性模量拟合结果

同样,为了理论分析方便,对测量数据进行曲线拟合。图 3.14(b)给出了弹性模量 $Y(T)$ 的拟合结果,单位为 Pa,拟合公式如下:

$$Y(T) = \frac{1.4396 \times 10^6}{1 + \exp[0.1304 \times (T - 247.68)]} \tag{3-11}$$

2. 温度对应力松弛的影响

由于目前最流行的 VHB 型 DE 材料是一种黏弹性材料,其黏性性能对 DE 材料的力电耦合性能影响很大,最典型的现象就是在恒定外力作用下会发生应力松弛,显然,温度对这种黏性性能的影响不能忽略。为此,本小节专门讨论温度对应力松弛性能的影响,图 3.15 是分别在 0℃、20℃、40℃、60℃、100℃条件下,施加 100%的恒定应变时,材料的应力松弛过程。

由图可见,温度由 0℃升高到 100℃的过程中,对材料施加阶跃应变时,其内部的最大应力是逐渐减小的;应力的衰减程度随温度升高而加快,即温度越高应力松弛的时间越短。在 0℃时松弛时间还可观测,达到 100℃时整个应力松弛时间短得几乎难以观测。

DE 材料产生应力松弛的机理可以解释为,在外力作用下,分子链段在外力的方向被迫舒展,因而会产生内部应力。但通过链段热运动调整分子构象使缠结点

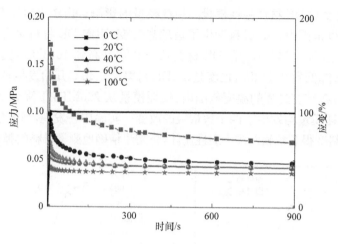

图 3.15　温度对应力松弛的影响

散开,分子链之间产生相对滑移,逐渐恢复其蜷曲的原状,内应力也逐渐消除。聚合物材料的应力松弛过程实质上是试样所承受的应力逐渐消耗于克服链段及分子链运动的内摩擦阻力上。测试温度处在玻璃化转变温度以上时,随着温度逐渐升高,分子活性增强,分子间距离增大,链段运动时受到的内摩擦力减小,内应力随之减小,应力衰减所用时间就越短。

　　由于 DE 材料的使用温度范围较宽,其各项性能在不同温度范围内变化较大,数值分析和建模过程中必然要考虑温度因素的影响。为保证在机电耦合模型中引入黏弹性影响时也能体现温度的影响,以及更宽的温度范围内对该材料的应力松弛予以准确预估,应该在对应力松弛过程的分析中考虑温度的影响。

3.4　预拉伸对 DE 材料力电特性的影响

3.4.1　预拉伸对 DE 材料介电性能的影响

　　如前所述,对 DE 材料的预拉伸可以分为两个方向具有相同倍数的预拉伸以及两个方向具有不相等倍数的预拉伸。为了对比,实验中使其平面面积预拉伸倍数相同,即将试件面积预拉伸分为 4、9、16 三组。在各组内则比较双向等倍预拉伸与双向不等倍预拉伸的介电常数。图 3.16(a)、(b)、(c)分别是面积预拉伸倍数为 4、9、16 的双向等倍和双向不等倍预拉伸材料的介电谱,而图 3.16(d)是 10Hz 时三种预拉伸面积下测试结果的比较。

　　由图 3.16 可知,介电常数随着拉伸倍数的增大而降低;双向等倍预拉伸的材料会比双向不等倍预拉伸的材料具有更高的介电常数,对于给定面积预拉伸倍数,两个方向上拉伸程度的差距越大,介电常数减小得越明显。以 9 倍的面积预拉伸

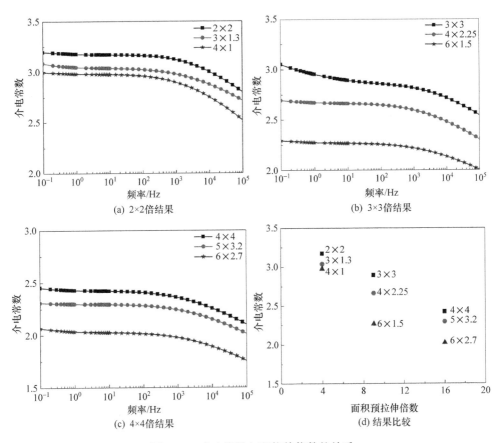

图 3.16 介电常数与预拉伸倍数的关系

为例,3×3 倍预拉伸的介电常数大于其余两种不等倍预拉伸下的介电常数,而 6×1.5 倍预拉伸与 4×2.25 相比,在平面两个方向上拉伸程度的差异较大,其介电常数比后者在数值上小了 0.4。

聚合物的偶极子分为三类:平行分布在分子主链上的偶极子、垂直分布在分子主链上的偶极子以及位于相对自由的侧链上的偶极子。对于分布在分子主链上的两类偶极子,由电场引起的偶极子取向极化需要分子框架的运动。

介电常数随拉伸倍数增大而减小的机理可以解释为:当拉伸倍数较小时,分子主链首先因外力作用而发生变化,直接影响位于其上的两类偶极子,这两类偶极子会沿力的作用方向取向一致而失去部分自由转动的能力使电极化程度减小,表现为介电常数减小。随着拉伸倍数的增大,自由蜷曲的侧链也会被迫拉伸,此时位于其上的偶极子也会受到影响而失去部分自由转向的能力,使介电常数进一步减小。对于不等倍预拉伸所引起介电常数减小的原因,可能源于不对称的预拉伸导致材料内部结构产生不均匀的变化。单方向上拉伸过大使偶极子极化受到限制,拉伸倍数差异越大偶极子随着外界影响而产生取向极化的可能性越小,宏观表现为介电常数越小。

3.4.2　预拉伸对 DE 材料力学性能的影响

本节测试 VHB4910 在给定的预拉伸倍数下的应力随时间的松弛特性。实验分别测量了四种预拉伸倍数 $\lambda_p=1.5$、2、3、5 下的应力松弛曲线,结果如图 3.17 所示。由图可以看到,在预拉伸应变恒定的前提下,DE 材料内部机械应力会发生应力松弛现象;预拉伸倍数越大,DE 材料的应力松弛现象越明显。这说明 DE 材料具有明显的非线性黏弹性行为。

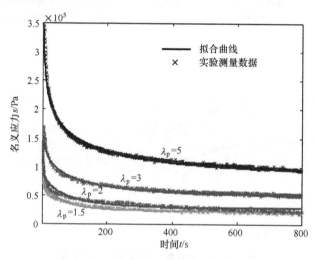

图 3.17　应力松弛实验曲线与拟合曲线

3.5　DE 材料的力电耦合效率

DE 材料是在电场作用下发生变形的柔性智能材料,其变形大小不仅受其力学性能影响,也受其电学性能影响。前面几节分别给出了 DE 材料力学性能及电学性能随外界使用条件的变化关系,本节重点分析其力电耦合效率。

3.5.1　DE 材料的应变系数

为了分析 DE 材料力学和电学参数之间的耦合作用,本节提出采用应变系数表示介电性能和力学性能的耦合效应,然后结合实验数据研究温度和频率对 DE 材料应变系数的影响规律。

由前面的实验结果可以知道,温度和频率对 DE 材料的弹性模量和介电常数

都有很大的影响,则可以定义应变系数如下:

$$\Lambda = \frac{\varepsilon_0 \varepsilon_r}{Y} \tag{3-12}$$

式中,Y 为 DE 材料的弹性模量,Pa;ε_0 为 DE 材料真空介电常数,8.85×10^{-12} F/m;ε_r 为 DE 材料的相对介电常数。

DE 材料在电场作用下是厚度减小而面积扩张,其厚度方向上的应变 s_z 可以写为

$$s_z = -P/Y = -\frac{\varepsilon_0 \varepsilon_r E^2}{Y} = -\Lambda E^2 \tag{3-13}$$

式中,P 为厚度伸缩引起的应力;E 为电场强度。

很明显,应变系数 Λ 反映了材料的力学性能和介电性能对 DE 材料厚度方向力电耦合变形的综合影响。

借助式(3-5)、式(3-9)和式(3-12),并结合材料的弹性模量和介电常数随频率的变化关系,能够得到频率对 DE 材料应变系数的影响关系如图 3.18 所示。

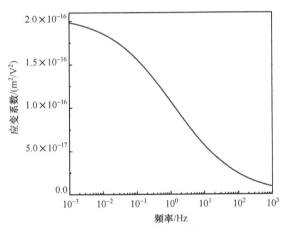

图 3.18　频率对 VHB 4910 材料应变系数的影响

由图 3.18 可见,随着频率的增加,DE 材料应变系数迅速减小。由前面的实验结果可知,在 $10^{-2} \sim 10^2$ Hz 频率范围内,介电常数的改变相对较小,而弹性模量在这个频率范围内的变化达到一个数量级,也就是说,随频率变化较大的弹性模量对 DE 材料应变系数的变化起着主要作用,可见 DE 材料的弹性模量对材料的致动过程起着主导作用。由图 3.18 还可以看出,DE 材料的应变系数在高频时是非常低的,表明 DE 材料在低频时的致动性能更好。

表 3.2 给出了 DE 材料在 0.1Hz 频率时,不同温度下测量的弹性模量和介电常数,根据式(3-12)可以得到温度对 DE 材料应变系数的影响曲线如图 3.19 所示。

表 3.2　DE 材料在不同温度下的弹性模量和介电常数（0.1Hz）

温度/℃	−80	−60	−40	−20	0	20	40	60	80	100
弹性模量/MPa	1500	1373	1200	526	29	2	0.54	0.22	0.13	0.1
介电常数	3.16	3.30	3.87	4.89	4.91	4.74	4.60	4.49	4.46	4.53

从图 3.19 可以看出，温度越高，DE 材料的应变系数越大，当温度低于玻璃化转变温度（−40℃）时，材料的应变系数总体是非常低的，约为 10^{-20}；温度大于 0℃时，材料的应变系数迅速增加。当温度从 −80℃ 增大到 100℃ 时，VHB 4910 材料的应变系数变化了 4 个数量级。由表 3.2 可知，在这个温度范围内，DE 材料介电常数的最大值为 4.91，最小值为 3.16；而 DE 材料的弹性模量最大值是在 −80℃时的 1500MPa，最小值是在 100℃时的 0.1MPa。因而，DE 材料受温度影响很大的弹性模量对其致动性能具有决定性影响。

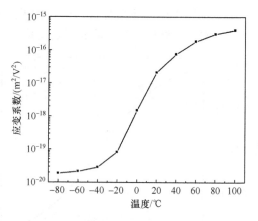

图 3.19　VHB 4910 的应变系数与温度的关系

由上面的分析可知，在关注的温度和频率范围内，DE 材料弹性模量的变化是数量级的变化，而介电常数的变化相对于弹性模量的变化非常小。在低频下，DE 材料具有很好的电致动性能，而在高频下，DE 材料的电致动性能很低。在温度较高时，DE 材料同样具有很好的电致动性能，而当 DE 材料处于玻璃态转化区附近时，其致动性能也非常低。相对来说，依赖于频率和温度的力学性能是影响 DE 材料电致动性能的主要因素，而依赖于频率和温度的电学性能是影响 DE 材料电致动性能的次要因素。

3.5.2　DE 材料的机械效率

1. 温度的影响

DE 材料是一种黏弹性材料，在黏弹性力学中，材料的损耗因子 $\tan\delta_m$（力学损

耗角的正切)反映其内耗的大小,定义为 $\tan\delta_m$＝损耗模量/弹性模量。因此,DE
材料的机械效率 η_m 可以用 $\tan\delta_m$ 来表达[2]

$$\eta_m = \frac{1}{1+\pi\tan\delta_m} \tag{3-14}$$

式中,π 为圆周率。图 3.20(a)是根据实验测得的 0.1Hz 下 DE 材料的损耗因子,
而图 3.20(b)是根据式(3-14)计算得到的温度对机械效率的影响曲线。

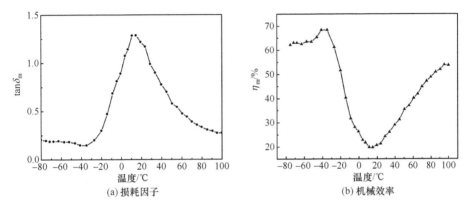

图 3.20　温度对 DE 材料的损耗因子和机械效率的影响

从图 3.20(a)可以看出,当温度从−80℃升高的过程中,DE 材料的损耗因子
$\tan\delta_m$ 初期变化不大;大约从−40℃开始随着温度升高而单调增大,直到 10℃出现
峰值;超过此温度后,随着温度继续升高损耗又迅速下降,如同所有聚合物材料一
样,DE 材料损耗因子在一个给定温度下存在一个最大值。图 3.20(b)是 DE 材料
的机械效率随温度的变化关系,从玻璃态开始转变的温度以上,DE 材料处于弹性
态,其机械效率随着温度的升高先降低,−40℃时出现最大值 68%;在 10℃时机械
效率降到最低值 20%,即在损耗因子最大处机械效率最低;当温度超过 10℃时,机
械效率随着温度的升高几乎线性增加,在 100℃时达到 50%。

2. 频率的影响

图 3.21(a)是 35℃下测得的 DE 材料损耗因子随频率的变化曲线,图 3.21(b)
是根据该测量数据按照式(3-14)计算得到的频率与其机械效率的关系。

由图 3.21(a)可见,随着频率的增加,损耗因子逐渐增加,到 45Hz 时达到最大
值 1.23,然后随着频率的增加而降低,在 70Hz 下减小到 1。也就是说,DE 材料损
耗因子在给定频率下也存在一个最大峰值。由图 3.21(b)可见,随着频率的增加,
机械效率先降低后增加,在 45Hz 的时候达到最小值 20.5%,同样在损耗因子最大
处机械效率为最低。

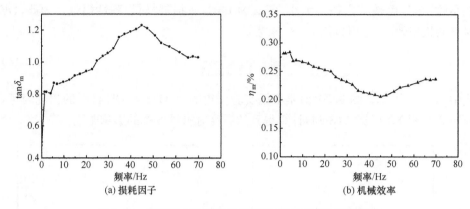

图 3.21　频率对 DE 材料的损耗因子和机械效率的影响

3.5.3　DE 材料的电效率

类似于机械损耗,介电材料的介电损耗角的正切 $\tan\delta_e$ 代表材料介电损耗的大小,定义为每个周期内介质损耗的能量与储存能量之比。DE 材料用做驱动器的电效率可以借助介电损耗 $\tan\delta_e$ 来获得[2]:

$$\eta_e = \frac{1}{1+\pi\tan\delta_e} \tag{3-15}$$

图 3.22 为通过 BDS 实验测量得到的不同温度下 DE 材料的介电损耗因子 $\tan\delta_e$ 和电效率 η_e。由图 3.22(a)可见,当温度为 40℃、20℃、0℃、−20℃时,在 $10^{-1}\sim10^{7}$ 频率范围内,$\tan\delta_e$ 出现松弛峰。随着温度的升高,$\tan\delta_e$ 的峰值向高频移动,这再次说明升高温度与降低频率对于 DE 材料的偶极子转向极化的影响是等效的。在温度从 −100℃ 变化到 0℃ 时,$\tan\delta_e$ 很小,这是由于温度很低时,DE 材料内部的分子链运动比较困难,极化过程形成得太慢,引起偶极子转向极化完全跟不上电场频率的变化;随着温度的进一步升高,DE 材料的黏度减小,偶极子转向极化可以跟随电场频率变化而转向,但是其转向极化又不能完全跟上电场变化,即产生了滞后于电场变化的偶极子转向松弛极化的过程,结果引起 DE 材料的 $\tan\delta_e$ 增大。当温度在 0℃ 以上时,材料的分子热运动加剧,导致 $\tan\delta_e$ 增加。

图 3.22(b)为根据 DE 材料介电损耗的实测结果,按照式(3-15)计算的 DE 材料电效率在不同温度下的变化曲线,可见整个温度范围内电效率都是比较高的,在室温 20℃ 时,低频下(<10Hz),最大电效率可达到 98%。

对比图 3.21 和图 3.22 可以看出,DE 材料的电效率比它的机械效率要高得多。也就是说,在 DE 材料力电耦合变形过程中,材料的机械效率对其性能的影响作用更大,而在能量的转换过程中,相比于电损耗,机械损耗非常大。

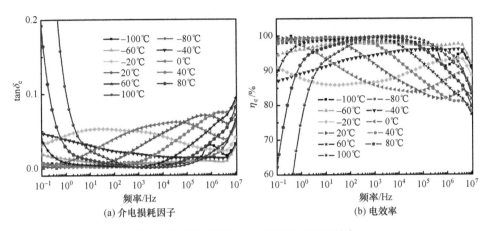

(a) 介电损耗因子　　　　　　　　　(b) 电效率

图 3.22　DE 材料的介电损耗因子和电效率

3.5.4　DE 材料的力电耦合效率

DE 材料的力电耦合效率是一个周期内电能转换成机械能的效率,由于力电耦合效率很难直接测量,文献[28]提出利用静电模型来估算 DE 材料驱动器的力电耦合效率 k^2,其大小与 DE 材料的厚度应变 s_z 相关,即

$$k^2 = -2s_z - s_z^2 \tag{3-16}$$

据此,可以得出力电耦合效率与电场强度 E 以及应变系数 Λ 的关系式[27]:

$$k^2 = 2\Lambda E^2 - \Lambda^2 E^4 = 1 - (1 - \Lambda E^2)^2 \tag{3-17}$$

由式(3-17)可知,力电耦合效率随着电场强度的增加而提高。图 3.23 给出了不同频率和电场强度下材料的力电耦合效率。由图可以清楚地看出,k^2 随着频率的增加而减小,随着电场强度的增加而变大。

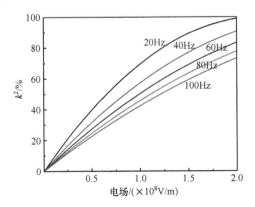

图 3.23　频率和电场强度对 DE 材料力电耦合效率的影响

　　图 3.24 为不同温度下,电场强度对 DE 材料力电耦合效率的影响,当温度低于 0℃时,力电耦合效率非常低。当温度在 0～60℃变化时,力电耦合效率 k^2 随着温度的上升越来越高。与此同时,随着电场强度的增加呈指数上升。

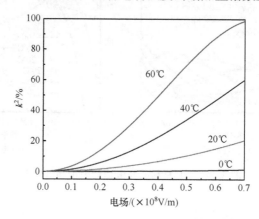

图 3.24　不同温度下 DE 材料的力电耦合效率

　　频率与温度对 DE 材料的影响是通过应变系数体现的,由于 DE 材料在电场作用下发生的是厚度压缩而面积扩张的变形,可知 $\Lambda E^2 \leqslant 1$。由于 DE 材料的应变系数随着频率的增加而降低,随着温度的升高而增加,导致 DE 材料的力电耦合效率随着频率的增加而降低,随着温度的增加而提高。

3.6　DE 材料的电荷泄漏性能

　　DE 材料作为一种电介质材料,并非完全的绝缘体。也就是说,DE 材料在加载电压后会在其厚度方向上发生电荷泄漏现象。电荷泄漏会导致 DE 材料薄膜内部形成漏电电流,随着时间的延长,漏电电流会产生热量,一方面会增加 DE 材料在驱动或能量回收过程中的能量消耗,从而降低其力电转化效率;另一方面,由于漏电电流产生的热量会加快 DE 材料薄膜发生击穿破坏行为,从而影响 DE 材料薄膜的寿命。本节重点介绍实验中发现的 DE 材料在不同电压和不同边界下的漏电特性。

　　Keplinger 等[29]将一个预拉伸的 VHB4905 薄膜固定在一个平面圆形刚性框架上,在 DE 材料薄膜的上下两面涂抹炭黑电极,然后向 DE 材料薄膜施加阶梯直流电压,随着 DE 材料薄膜的变形,可以测试从电源流出的总电流,如图 3.25(a)所示。由图可以看出,当电压发生阶跃升高时,电流也会迅速增大,之后伴随一个缓慢增大的过程。这是因为当电压突然增大会引起 DE 材料薄膜应变也迅速增大,如图 3.25(c)所示,从而导致 DE 材料薄膜电容器的电容发生突然变化,因此需要给电容器充电。另外一个原因是 DE 材料薄膜变形的突然增大会引起其电阻发生突变,如图 3.25(d)所示,因而 DE 材料的漏电电流也会相应发生变化。

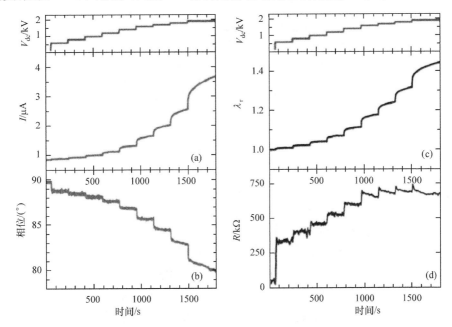

图 3.25 圆形 DE 材料驱动器在阶梯直流电压作用下的驱动性能

Keplinger 等测试的是由电源流出的总电流,虽然在此次实验中没有直接测试漏电电流,但是发现漏电电流确实是存在的。在后续的研究中,他们采用电晕喷洒电荷的方式设计了电荷驱动的 DE 材料驱动器[30],首先证明了电荷驱动的 DE 材料驱动器不会发生力电不稳定现象。同时在实验中还发现,当移走电晕后,电荷引起的变形会在一段时间后逐渐消失。这说明之前喷洒的电荷通过 DE 材料薄膜逐渐泄漏殆尽,该实验进一步证实了 DE 材料薄膜的漏电电流现象。

2010 年,新西兰奥克兰大学的 Gisby 等[31]也通过实验证明了 DE 材料薄膜在电压作用下会产生漏电电流。Gisby 等将一个预拉伸倍数为 4×4 的 VHB4905 薄膜固定在一个刚性框架上,如图 3.26 所示,并设计了如图 3.27 所示的漏电电流测试实验装置。

与之前 Keplinger 的测试方法类似,Gisby 等设计的方法同样测试的是由电源流出的总电流。总电流包括两部分:电容器的充放电电流和漏电电流,即

$$i = \dot{C}V + C\dot{V} + i_{\text{leakage}} \tag{3-18}$$

式中,i 为由电源流出的总电流;C 为电容;V 为驱动电压;i_{leakage} 为漏电电流。

利用如图 3.27 的反馈循环电路,可以得到该 DE 驱动器的电容值以及电容的变化率;而电压以及电压的变化率则可以由预先设计的 LabVIEW 记录的数据得

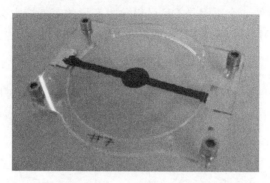

图 3.26　预拉伸倍数为 4×4 的圆形 DE 材料驱动器

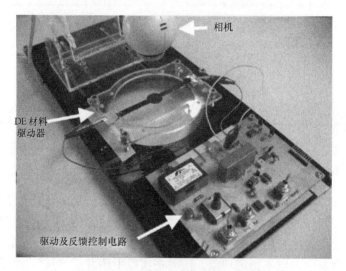

图 3.27　漏电电流实验测试装置

到。利用该方法,就可以得到真实的由 DE 材料薄膜厚度方向漏电的电流。图 3.28 所示为 DE 材料驱动器的漏电电流与施加电场之间的变化关系,图中给出了相同条件下的九组对比实验结果。由图可知,虽然实验结果有略微差别,但总体趋势显示 DE 材料薄膜的漏电电流随着电场的增大呈指数形式增大。

　　2012 年,苏黎世联邦理工学院的 Di Lillo 等[32]也对 DE 材料的漏电电流进行了相关研究。与之前研究不同的是,Di Lillo 等选用 VHB4910 作为 DE 材料薄膜,并对其进行 4×4 的预拉伸。此外,他不再选用传统的柔性电极,而是利用铜片作为 DE 材料驱动器的电极,如图 3.29 所示。由于铜片属于硬质材料,要使其发生变形需要较大的外力,而 DE 材料薄膜的驱动力远小于此作用力,因此铜片电极会制约 DE 材料薄膜的变形,这就保证了在 DE 材料薄膜加载过程中不会发生变形,也就使 DE 材料的电容不会发生变化。

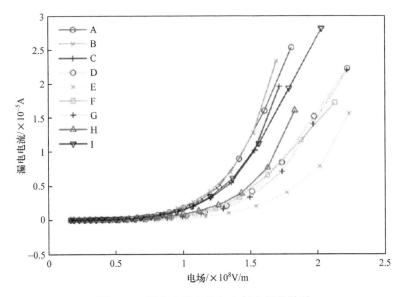

图 3.28　漏电电流与施加电场之间的关系

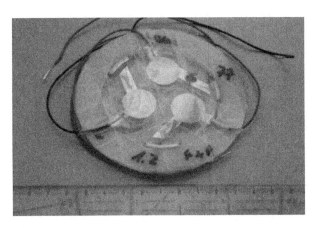

图 3.29　4×4 预拉伸的 VHB4910,并在其上下表面包裹铜片电极

Di Lillo 等的实验中采用如图 3.30(a)所示的斜坡电压,该电压信号的斜率为 $\dot{V}$。不考虑漏电电流时总电流计算公式及考虑漏电电流的总电流计算公式分别见式(3-19)及式(3-20)。

$$I=C\dot{V}=\varepsilon_r\frac{\varepsilon_0 A}{d}\dot{V} \tag{3-19}$$

$$I=C\dot{V}+\frac{V}{R}=\varepsilon_r\varepsilon_0\frac{A}{d}\dot{V}+\rho\frac{A}{d}V \tag{3-20}$$

式中，A 为 DE 材料面积；d 为厚度；V 为电压。

　　图 3.30(b)所示为对应的总电流示意图，其中实线表示不考虑漏电电流时的理想总电流曲线，虚线表示考虑漏电电流时的总电流示意图。由式(3-19)可知，图 3.30(b)中的实线表示充电电流，由于 DE 的电容不变，而电压变化率为常数，因此在充电过程中 DE 的充电电流保持不变。当考虑漏电电流时，由电源流出的总电流应等于充电电流和漏电电流之和。由式(3-20)可知，在 DE 尺寸不发生变化的条件下，漏电电流与电压呈正比关系。

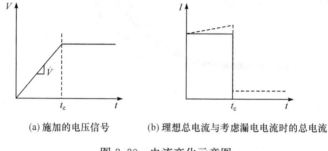

(a) 施加的电压信号　　　　(b) 理想总电流与考虑漏电电流时的总电流

图 3.30　电流变化示意图

　　图 3.31 为 5×5 倍预拉伸的 VHB4910 薄膜的电流响应实验结果，施加电压的斜率均为 200V/s，电压最大值为 1kV 和 3kV 时，分别如图 3.31(a)与图 3.30(b)所示。由图 3.31(a)可见，当施加电压的最大值为 1kV 时，所得到的漏电电流现象并不明显，且漏电电流与电压之间近似呈正比关系，这一现象反映了 DE 材料的欧姆特性。当施加电压的最大值为 3kV 时，在电压逐渐增大过程中电流的变化基本遵循图 3.30(b)中预测的趋势，而当电压稳定在 3kV 期间，电流的变化不再遵循图 3.30(b)中预测的趋势，也存在逐渐上升的趋势。此外，多次测量之后的电流值与第一次的测试结果之间也会存在一定差异，这是因为聚合物薄膜的厚度略微减小而导致电容增大。

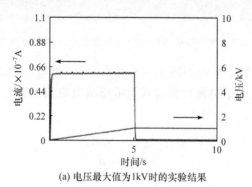

(a) 电压最大值为1kV时的实验结果

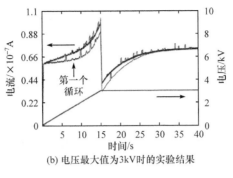

(b) 电压最大值为3kV时的实验结果

图 3.31　漏电实验结果

图 3.32 为 DE 材料漏电电流与施加电场之间的关系,图 3.32(a)、(b)、(c)分别是 3×3、3.6×3.6 以及 5×5 倍预拉伸的实验结果,而 A、B、C 分别表示三组实验结果的对比。由图可知,漏电电流与电场之间具有指数变化关系,因此,Di Lillo 利用指数模型对该实验结果进行了拟合,图中实线是实验结果,可见指数模型能够很好地描述这一漏电行为。

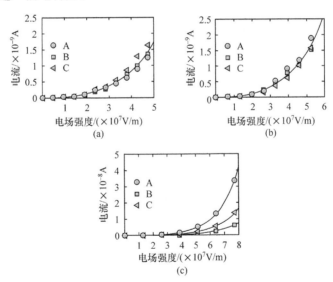

图 3.32　不同预拉伸倍数下的漏电电流与电场的关系

综上所述,DE 材料作为一种高分子聚合物,并非是理想的电介质。在电压加载的条件下会存在漏电电流,其变化规律是随着电场的增强,DE 材料的漏电电流与电场之间不再遵循欧姆定律,而是呈现一种指数增大规律。

3.7　本章小结

鉴于 DE 材料基本力电性能对于分析其力电耦合特性具有重要的作用,本章重点介绍了利用实验方法获得的目前最常用的 VHB 型 DE 材料的力电性能的方法及其随频率、温度及预拉伸的变化关系,并给出了该材料的力电耦合效率以及漏电现象。

通过 DMA 方法获得了温度和频率对 DE 材料的弹性模量及损耗模量的影响规律。结果表明,DE 材料的弹性模量和损耗模量随着温度的升高逐渐降低,在 $-80\sim100℃$,弹性模量的变化可达四个数量级,在玻璃化转变温度点的变化是最剧烈的。DE 材料的弹性模量随着频率的增加呈指数上升趋势,在高频时增加很大,材料表现为刚硬状态;当频率很低时,DE 材料弹性模量很低,这时材料表现高弹性特征。因此,DE 材料的弹性模量在高频时的属性与其在低温时属性相当,而低频时属性与高温时属性相当。

通过 BDS 实验测定了 DE 材料的介电常数与温度和频率的关系。结果表明,DE 材料的介电常数和温度与频率是密切相关的。DE 材料在电场作用下的介电松弛过程中,随着电场频率增高,偶极子转向极化就会越来越跟不上电场强度的变化,从而降低偶极子转向极化率并降低总体分子极化率,宏观上表现为随着频率的增加,DE 材料的介电常数减小;低温时 DE 材料的介电谱遵循 Cole-Cole 弛豫,可以用 Cole-Cole 理论表征其介电特性;DE 材料高温时表现出类似于气体的介电松弛,可以用简单 Debye 理论进行表征。因此,依据实验数据可以得出 DE 材料的介电松弛数学模型。

为了表征 DE 材料力电耦合变形属性,可以利用 DE 材料的应变系数来表征。研究发现,应变系数随着温度的升高而逐渐变大,随着频率的增加而迅速减小。总体来看,DE 材料的弹性模量对温度和频率非常敏感,弹性模量对 DE 材料的致动性能起着决定性作用。

通过 BDS 测量还可发现,DE 材料的介电常数随着拉伸倍数的增大而降低;双向等倍预拉伸的材料会比双向不等倍预拉伸的材料具有更高的介电常数,对于给定面积预拉伸倍数,两个方向上拉伸程度的差距越大,介电常数减小得越明显。此外,在预拉伸应变恒定的前提下,DE 材料内部机械应力会发生应力松弛现象,预拉伸倍数越大,DE 材料的应力松弛现象越明显。

对 DE 材料机械效率分析表明,在 DE 材料的工作温度范围内,当温度升高时,机械效率先降低后增加;一般来讲,DE 材料的机械效率是很低的,在 $-40℃$ 时出现最大值 68%,而在 $-10℃$ 时,机械效率降到最低值 20%。机械效率随着频率的增加先降低后增大;在 45Hz 的时候,DE 材料机械效率急剧下降,出现最小值 20.5%。

　　对 DE 材料电效率分析表明,电效率受温度和频率的影响不明显。在整个温度和频率范围内电效率都是比较高的,最大可达 98%。也就是说,DE 材料在致动变形的过程中,电能转换成机械能的过程中,机械损耗占主要部分,所以说提高 DE 材料的机械效率能有效地提高 DE 的整体致动性能。

　　对 DE 材料的力电耦合效率研究结果表明,耦合效率 k^2 随着频率的增加而降低,随着电场强度的增大和温度的升高而变大。在低温下(≤0℃)DE 的力电耦合效率非常低。因此,通过选择合适的频率、电场强度以及温度条件,就可以得到比较理想的力电耦合效率。

　　对 DE 材料的电荷泄漏实验研究表明,DE 材料作为一种高分子聚合物,并非理想的电介质。在电压加载条件下会存在漏电电流,且随着电场的增强,DE 的漏电电流与电场之间不再遵循欧姆定律,而是呈现一种指数增大的变化趋势。

　　本章给出的 DE 材料力学和电学性能以及拟合的数学模型,可以为 DE 材料的力电耦合建模提供依据。

参 考 文 献

[1] Pelrine R, Kornbluh R, Pei B, et al. High-speed electrically actuated elastomers with strain greater than 100%[J]. Science, 2000, 287: 836-839.

[2] Kornbluh R, Peirine R, Pei Q, et al. Ultrahigh strain response of field-actuated elastomeric polymers[C]. Proceedings of SPIE, 2000, 3987: 51-64.

[3] Kofod G. The static actuation of dielectric elastomer actuators: How does pre-stretch improve actuation? [J]. Journal of Physics D: Applied Physics, 2008, 41: 215405.

[4] Goulbourne N, Mockensturm E, Frecker M. A nonlinear model for dielectric elastomer membranes[J]. Journal of Applied Mechanics, 2005, 72: 899-906.

[5] Lochmatter P, Michel S, Kovacs G. Electromechanical model for static and dynamic activation of elementary dielectric elastomer actuators[C]. Proceedings of SPIE, 2006, 6168: 61680F.

[6] Wissler M, Mazza E. Mechanical behavior of an acrylic elastomer used in dielectric elastomer actuators[J]. Sensors and Actuators A, 2007, 134: 494-504.

[7] Yang E, Frecker M, Mockenstur E. Viscoelastic model of dielectric elastomer membranes[C]. Proceedings of SPIE, 2005, 5759: 82-93.

[8] Kofod G, Kornbluh R, Pelrine R, et al. Actuation response of polyacrylate dielectric elastomers[C]. Proceedings of SPIE, 2001, 4329: 141-147.

[9] Plante J S, Dubowsky S. Large scale failure modes of dielectric elastomer actuators[J]. International Journal of Solids and Structures, 2006, 43: 7727-7751.

[10] Sommer-Larsen P, Kofod G, Shridhar M H, et al. Performance of dielectric elastomer actuators and materials[C]. Proceedings of SPIE, 2002, 4695: 158-166.

[11] Ma W, Cross L E. An experimental investigation of electromechanical response in a dielec-

tric acrylic elastomer[J]. Applied Physics A,2004,78:1201-1204.

[12] Choi H R,Jung K,Chuc N H,et al. Effects of prestrain on behavior of dielectric elastomer actuator[C]. Proceedings of SPIE,2005,5759:283-291.

[13] Wissler M,Mazza E. Electromechanical coupling in dielectric elastomer actuators[J]. Sensors and Actuators A,2007,138:384-393.

[14] Jean-Mistral C,Sylvestre A,Basrour S,et al. Dielectric properties of polyacrylate thick films used in sensors and actuators[J]. Smart Matererials and Structures,2010,19:075019.

[15] Molberg M,Leterrier Y,Plummer C J G,et al. Frequency dependent dielectric and mechanical behavior of elastomers for actuator applications [J]. Journal of Applied Physics,2009, 106:054112.

[16] Zhang X Q,Wissler M,Jaehne B,et al. Effects of crosslinking,prestrain and dielectric filler on the electromechanical response of a new silicone and comparison with acrylic elastomer[C]. Proceedings of SPIE,2004,5385:78-86.

[17] Michel S,Zhang X Q,Wissler M,et al. A comparison between silicone and acrylic elastomers as dielectric materials in electroactive polymer actuators[J]. Polymer International, 2010,59:391-399.

[18] Walder C,Molberg M,Opris D M. High k dielectric elastomeric materials for low voltage applications[C]. Proceedings of SPIE,2009,7287:72870Q.

[19] Kofod G. Dielectric elastomer actuators[D]. Copenhagen:The Technical University of Denmark,2001.

[20] Wissler M,Mazza E. Modeling and simulation of dielectric elastomer actuators[J]. Smart Materials and Structures,2005,14:1396-1402.

[21] Wissler M,Mazza E. Modeling of a pre-strained circular actuator made of dielectric elastomers [J]. Sensors and Actuators A,2005,120:184-192.

[22] Cole K S,Cole R H. Dispersion and absorption in dielectrics I. alternating current characteristics[J]. Journal of Chemical Physics,1941,9(4):341-351.

[23] 何曼君,张红东,陈维孝,等. 高分子物理[M]. 3 版. 上海:复旦大学出版社,2010:107-114.

[24] Kao K C. Dielectric Phenomena in Solids[M]. San Diego:Elsevier,2004:41-112.

[25] Sheng J J,Chen H L,Li B,et al. Temperature dependence of the dielectric constant of acrylic dielectric elastomer[J]. Applied Physics A,2013,110(2):511-515.

[26] Gonon P,Sylvestre A. Dielectric properties of fluorocarbon thin films deposited by radio frequency sputtering of polytetrafluoroethylene[J]. Journal of Applied Physics,2002,92(8): 4584-4589.

[27] Sheng J J,Chen H L,Qiang J H,et al. Thermal,mechanical,and dielectric properties of a dielectric elastomer for actuator applications[J]. Journal of Macromolecular Science,Part B: Physics,2012,51(10):2093-2104.

[28] Kornbluh R,Pelrine P,Joseph J,et al. High-field electrostriction of elastomeric polymer dielectrics for actuation[C]. Proceedings of SPIE,1999,3669:149-161.

[29] Keplinger C, Kaltenbrunner M, Arnold N, et al. Capacitive extensometry for transient strain analysis of dielectric elastomer actuators [J]. Applied Physics Letters, 2008, 92: 192903.

[30] Keplinger C, Kaltenbrunner M, Arnold N, et al. Röntgen's electrode-free elastomer actuators without electromechanical pull-in instability[J]. Proceedings of the National Academy of Sciences of the United States of America, 2010, 107: 4505-4510.

[31] Gisby T A, Xie S Q, Calius E P, et al. Leakage current as a predictor of failure in Dielectric Elastomer Actuators[C]. Proceedings of SPIE, 2010, 7642: 764213.

[32] Di Lillo L, Schmidt A, Carnelli D A, et al. Measurement of insulating and dielectric properties of acrylic elastomer membranes at high electric fields[J]. Journal of Applied Physics, 2012, 111: 024904.

第 4 章　预拉伸对 DE 材料力电耦合特性影响的分析

大量的研究表明,DE 材料在施加电场前先对其进行机械预拉伸,其力电耦合性能会发生显著变化,除了可以降低电致变形的电压,预拉伸后 DE 材料的稳定性有显著提高,在一定预拉伸条件下可以消除失稳现象从而产生稳定可靠的力电耦合变形。为此,本章将从最基本的材料力学和电学物理概念开始,讨论预拉伸与应力以及与极化的关系,分析预拉伸影响下的材料性能,阐明预拉伸对 DE 材料力学、介电、力电耦合过程的影响机理,建立预拉伸下的 DE 材料力电耦合模型,在此基础上对 DE 材料在预拉伸条件下的电致变形过程进行系统分析。

4.1　预拉伸对固体电介质极化的影响

4.1.1　极化的微观机理和表达

对于固体薄膜类的介电材料,在材料的上下表面施加电压后,材料内部会形成电场,在电场的诱发下,介电材料产生极化,宏观上来说就是有极化电荷的产生。对于电介质材料的极化,可以分成三类:电子极化、原子极化和取向极化[1]。

电子极化是指在外电场作用下电介质中原子内价电子云与原子核的相对位移。分子中各原子的价电子云在外电场作用下,向正极方向偏移,发生了电子相对于分子骨架的移动,使分子的正负电荷中心位置发生变化。电子云的这种移动是很小的,因为外电场比之于原子核作用在电子云上的原子内电场,一般是相当弱的。另外,由于电子运动速度很快,电子极化过程所需的时间极短,只有 $10^{-15} \sim 10^{-13} \, \mathrm{s}$。

原子极化是指在外电场作用下电介质中原子核之间的相对位移。原子极化的效果一般是相当小的,时常只有电子极化的 1/10,只有那些出现特殊形式的弯曲,导致分子中正负电荷中心发生较大分离的情况是例外。因为原子的质量较大,运动速度比电子慢。这种极化所需要的时间约在 $10^{-13} \, \mathrm{s}$ 以上。

电子极化和原子极化都是在外电场作用下,分子正负电荷中心位置发生位移或者分子变形引起的,这两类极化又称为变形极化或者诱导极化,由此引起的偶极矩称为诱导偶极矩 μ_1(μ 仅在本章中表示偶极矩),其大小与局部的微观电场强度 E_1 成正比,即

$$\mu_1 = \alpha_d E_1 \tag{4-1}$$

式中,比例系数 α_d 称为变形极化率,等于电子极化率 α_e 和原子极化率 α_a 之和,即

$$\alpha_d = \alpha_e + \alpha_a \tag{4-2}$$

α_e 和 α_a 都不随温度而变,仅取决于分子中电子云的分布情况。

　　具有偶极矩的分子被置于外电场时,除了发生诱导极化还能发生取向极化,即偶极子沿电场方向排列,这种现象又称为偶极极化。由于极性分子沿外电场方向的转动需要克服本身的惯性和旋转阻力,所以完成这种极化过程需要比位移极化更长的时间,一般约为 10^{-9} s,这一时间强烈地依赖于分子-分子间的相互作用。尽管取向极化的构建较慢,但是只要有足够的时间,对介质在外电场中总极化的贡献可能是最大的。

　　但是分子的热运动总是要破坏这种有序排列,因此取向极化的程度不仅与外电场强度有关,还与温度有关。两者共同作用的结果是,在中等强度的静电场中由取向极化产生的偶极矩 μ_2 与热力学温度 T(单位为 K) 成反比,与电场强度 E_0 成正比,与极性分子的偶极矩 μ_0 的平方成正比,即

$$\mu_2 = \frac{\mu_0^2 E_0}{3kT} = \alpha_0 E_0 \tag{4-3}$$

$$\alpha_0 = \frac{\mu_0^2}{3kT} \tag{4-4}$$

式中,α_0 称为取向极化率;k 为玻尔兹曼常量。

　　非极性分子在外电场作用下只产生诱导偶极矩,而极性分子在外电场作用下所产生的偶极矩是诱导偶极矩与取向偶极矩之和,即

$$\alpha = \alpha_e + \alpha_a + \alpha_0 = \alpha_e + \alpha_a + \frac{\mu_0^2}{3kT} \tag{4-5}$$

　　对于高分子聚合物,其偶极矩是整个分子链中所有偶极矩的矢量和,通常以统计平均值表示,如用均方偶极矩 $\overline{\mu^2}$ 表示。那么,在外电场作用下,极性高分子内偶极矩沿外场方向取向排列,其取向极化率 α_0 为

$$\alpha_0 = \frac{\overline{\mu^2}}{3kT} \tag{4-6}$$

　　以上讨论的是单个分子链产生的偶极矩。如果材料单位体积内有 N 个分子,每个分子产生的平均偶极矩为 $\langle \mu \rangle$,则单位体积内的偶极矩称为介质的极化电荷密度 P 为

$$P = N \langle \mu \rangle = N \alpha E_1 \tag{4-7}$$

因此有

$$\langle \mu \rangle = \alpha E_1 = \left(\alpha_e + \alpha_a + \frac{\overline{\mu^2}}{3kT} \right) E_1 \tag{4-8}$$

4.1.2　极化内微观电场和宏观电场的关系

　　由于高分子材料内部含有大量的分子链,每个分子链上也含有大量的分子主

链和侧链,这些链段都处于无定形(amorphous)的分布状态,因此对其极化行为的研究不适宜采用对规律性排列的介电类晶体的研究方法,而是采用统计的方法。下面利用统计力学的配分函数,通过极化中能量的转换关系,介绍高分子电介质中极化的数学表达。

在统计力学中,微观系统的 Helmholtz 自由能 w 往往由其系统的配分函数所决定,即

$$w = -\frac{\ln Z}{\beta} \tag{4-9}$$

式中,Z 为配分函数;$\beta = -1/(kT)$,其中,k 为玻尔兹曼常量,T 为温度。

对于高聚物分子链,其配分函数可表达为

$$Z = \sum_{j}^{j_{\max}} \exp(-\beta U_j) \tag{4-10}$$

式中,U_j 是分子链在 j 状态下的能量。

分子链的能量来源有很多,主要包括分子振动的能量、形态变化产生的能量、旋转产生的能量、变形产生的能量等。本章主要介绍极化产生的电能,因此忽略其他因素的影响。分子链在极化过程中主要有两个状态($j=2$):极化前 U_1 和极化后 U_2。取单位体积的体积元 dV,假设体积元通过外界电场 E 极化后产生了极化电荷,此时极化后的静电能 U_2 为

$$U_2 = \int (\mu \cdot E) dV = \frac{1}{2} N \bar{\mu} \cdot E = \frac{1}{2}(N\alpha E_1) \cdot E \tag{4-11}$$

而极化前的能量则可认为是在真空状态下(相对介电常数 $\varepsilon_r = 1$)的静电能量,即

$$U_1 = \frac{1}{2}\varepsilon_0 E^2 \tag{4-12}$$

式(4-11)中既包含微观电场 E_1,又包括宏观电场 E。实际上,在体积元内微观电场和宏观施加电场的关系为

$$E_1 = E_c + E_p + E_s + E_m = E + E_s + E_m \tag{4-13}$$

式中,E_c 是介电材料表面累积电荷产生的电场;E_p 是介电材料内部因为极化产生电荷而产生的电场;E_s 是介电材料内部体积元表面的电荷产生的电场;E_m 是体积元内的自由电荷产生的电场。

图 4.1 是极化中微观电场的示意图。根据其几何关系,可以求得 E_s 的表达式。假设微体积单元的表面积 dS 为

$$dS = 2\pi r_1 r d\theta = 2\pi r^2 \sin\theta d\theta \tag{4-14}$$

假设表面上积累了 dq 的电荷,则产生的电场为

$$dE = \frac{dq}{4\pi\varepsilon_0 r^2}\cos\theta \tag{4-15}$$

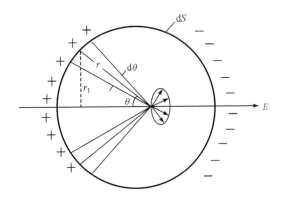

图 4.1　极化中的微观电场示意图

极化产生的电荷密度为 $\sigma_q = P\cos\theta$，因此 $dq = \sigma_p dS$

$$dq = 2\pi Pr^2 \cos\theta\sin\theta d\theta \tag{4-16}$$

得到的电场为

$$dE = \frac{1}{2\varepsilon_0}P\cos^2\theta\sin\theta d\theta \tag{4-17}$$

积分后得到电场值为

$$E_s = \int_0^\pi \frac{1}{2\varepsilon_0}P\cos^2\theta\sin\theta d\theta = \frac{P}{3\varepsilon_0} \tag{4-18}$$

根据相对介电常数 ε_r 的定义 $\varepsilon_r = 1 + P/E$，可以得到

$$E_s = \frac{\varepsilon_r - 1}{3}E \tag{4-19}$$

E_m 的计算需要知道球内各分子的确定位置、偶极矩的大小及方向，因此在计算上有困难。但是在大变形的弹性材料内，可以认为或近似认为 $E_m = 0$，因此得到

$$E_1 = \frac{\varepsilon_r + 2}{3}E \tag{4-20}$$

将上式和克劳修斯-莫索提（Clausius-Mosotti）方程 $\dfrac{\varepsilon_r - 1}{\varepsilon_r + 2} = \dfrac{N\alpha}{3\varepsilon_0}$ 进行联解后，可以得到

$$U_2 = \frac{1}{2}\varepsilon_0(\varepsilon_r - 1)E^2 \tag{4-21}$$

因此配分函数为

$$Z = \exp[-\beta(U_1 + U_2)] = \exp\left(-\beta\frac{1}{2}\varepsilon_0\varepsilon_r E^2\right) \tag{4-22}$$

从而得到经典极化的自由能为

$$w=\frac{1}{2}\varepsilon_0\varepsilon_r E^2 \tag{4-23}$$

这一结果与宏观静电学中通过平板电容器推导得到的表达式相同。

4.2　高分子聚合物材料的制约取向极化行为

对于大分子的聚合物材料,其分子链是由多个分子链段通过化学键结合成的三维网络结构,这些分子链段之间本身的正负电荷中心就不重合,即具有自发的偶极矩。当具有偶极矩的分子被置于外电场时,诱导极化的作用较小,而取向极化为主要的极化方式,即偶极子沿电场方向取向排列,偶极子的负电荷中心偏向电场的高电势方向,正电荷中心偏向电场的低电势方向,如图4.2所示。由于极性分子链段沿外电场方向的转动需要克服本身的惯性和旋转阻力,所以完成这种极化过程需要时间较长,一般约为10^{-9} s。这一时间的长短,强烈依赖于分子链段的化学结构和链段之间的相互作用。

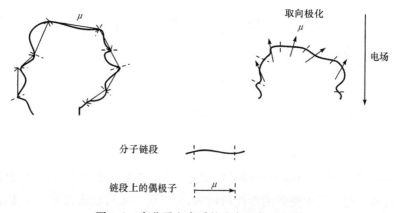

图4.2　高分子电介质的取向极化示意图

在式(4-7)中,通过统计平均的方式,采用平均偶极矩$\langle\mu\rangle$定义了单位体积内的偶极矩。下面将在式(4-7)基础上进行扩展,将预拉伸的影响考虑进去。

4.2.1　制约取向极化现象

第3章的实验结果表明,DE材料的介电常数随预拉伸倍数的增大是下降的。对于超弹性的VHB材料,其内部的分子链包括较长的主链及各种侧链,而分子链之间通过共价键结合在一起,形成高分子网络结构。如图4.3所示,对于一条分子链,整个分子的偶极距$\boldsymbol{\mu}$(矢量)是所有主链上的偶极距$\boldsymbol{\mu}_B$和侧链链段的偶极距$\boldsymbol{\mu}_S$的矢量和。在没有预变形的自由状态,当施加电场时,各个分子链段都可以自由地取向旋转,产生极化行为。如果对DE材料施加了平面预拉伸变形,此时材料的主链将沿着变形方向产生拉伸和延展,即先在应变方向发生了变形的取向。若在与平面垂直的方向施加电压,此时主链上的偶极子在电场作用下的旋转取向将受到预变形的限制,不可能完全旋转至与电场一致的方向,即主链的极化受到制约,致使整体极化电荷减小。这就是实验中观测到的预拉伸材料介电常数下降的微观机理。

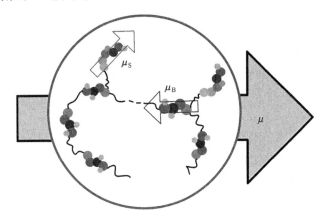

图 4.3　VHB 材料的分子链示意图

为了清晰,定义这种在变形条件下的极化为制约取向极化(conditional polarization)[2]。

4.2.2　DE 材料制约取向极化数学模型

对于一条 DE 材料分子链,假设其主链上有 n_B 个分子链段,其侧链上有 n_S 个分子链段,每个链段的偶极距分别为 $\boldsymbol{\mu}_B$ 和 $\boldsymbol{\mu}_S$。当 DE 材料发生变形的时候,其分子链段的化学结构不会发生明显的变化,因此将整个分子链的偶极距写成[2]

$$\boldsymbol{\mu}_M = \sum_{n_B} \boldsymbol{\mu}_B + \sum_{n_S} \boldsymbol{\mu}_S \tag{4-24}$$

其均方偶极距为

$$\langle \mu_M \rangle = \phi \langle \mu_B \rangle + (1-\phi) \langle \mu_S \rangle \tag{4-25}$$

式中,ϕ 为主链上的链段数目在整个分子链链段数目中的比例,即

$$\phi = \frac{n_B}{n_B + n_S} \tag{4-26}$$

在固体物理学中,通常采用布里渊函数 $B_\Lambda(x)$ 描述磁偶极子在磁场下的取向极化行为[3],即

$$\langle \omega \rangle = \omega B_\Lambda(x) = \omega \left[\frac{2\Lambda+1}{2\Lambda} \coth\left(\frac{2\Lambda+1}{2\Lambda} x \right) - \frac{1}{2\Lambda} \coth\left(\frac{1}{2\Lambda} x \right) \right] \tag{4-27}$$

式中,x 为磁偶极子的内能;Λ 为磁偶极子在极化前的分布状态,它可以理解为在磁场取向之前,磁偶极子发生的预取向过程;ω 为磁偶极子的偶极距绝对值;$\langle \omega \rangle$ 为

磁偶极子的偶极距平均值。

考虑磁偶极子和电偶极子的极化行为有相似之处,也采用布里渊函数表述 DE 材料中电偶极子的取向极化。此时,一个分子链的平均偶极距为

$$\langle\mu\rangle=\mu B_\Lambda\left(\frac{\mu E}{kT}\right)=\mu\left[\frac{2\Lambda+1}{2\Lambda}\coth\left(\frac{2\Lambda+1}{2\Lambda}\frac{\mu E}{kT}\right)-\frac{1}{2\Lambda}\coth\left(\frac{1}{2\Lambda}\frac{\mu E}{kT}\right)\right] \quad (4\text{-}28)$$

式中,E 为与 DE 材料薄膜平面垂直方向施加的电场;k 为玻尔兹曼常量,$k=1.38\times10^{-23}$J/K;T 为温度;Λ 为偶极子在电场极化之前的分布状态。

朗之万函数 $L(x)=\coth(x)-1/x$ 通常用来描述理想电介质材料在没有约束下的取向极化与其内能关系,当 Λ 为零时,布里渊函数和朗之万函数曲线重合。因此,在布里渊函数中令 $\Lambda=0$,则完全可以分析没有变形约束下的 DE 材料的取向极化。当 Λ 为负数的时候,两者不重合,如图 4.4 所示。该图表明,如果存在偶极子的预取向,电场作用下的极化现象会弱化,即材料的平面变形作用限制了材料中偶极子的取向极化,导致平均偶极矩下降。

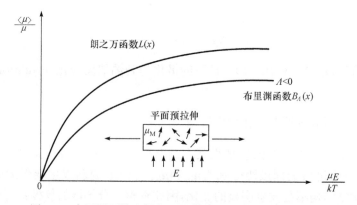

图 4.4　布里渊函数和朗之万函数表征 DE 材料的取向极化

对于预拉伸变形的制约,主链链段的取向受到限制,而侧链上的取向极化则不受影响,因此用布里渊函数描述主链链段的制约取向极化,而侧链的极化依然采用理想的朗之万函数:

$$\langle\mu_M\rangle=\phi\mu_B B_\Lambda\left(\frac{\mu_B E}{kT}\right)+(1-\phi)\mu_S L\left(\frac{\mu_S E}{kT}\right)$$
$$=\phi\mu_B\left[\frac{2\Lambda+1}{2\Lambda}\coth\left(\frac{2\Lambda+1}{2\Lambda}\frac{\mu_B E}{kT}\right)-\frac{1}{2\Lambda}\coth\left(\frac{1}{2\Lambda}\frac{\mu_B E}{kT}\right)\right]$$
$$+(1-\phi)\mu_S\left[\coth\left(\frac{\mu_S E}{kT}\right)-\left(\frac{\mu_B E}{kT}\right)^{-1}\right] \quad (4\text{-}29)$$

根据高分子物理中对材料参数的分析,聚合物材料中的内能 $\frac{\mu E}{kT}\ll1$,因此可对

布里渊函数和朗之万函数进行简化[3]，得到

$$B_\Lambda(x)=\frac{1}{3}\left(\frac{\Lambda+1}{\Lambda}\right)x \tag{4-30}$$

$$L(x)=\frac{1}{3}x \tag{4-31}$$

将式(4-30)和式(4-31)代入式(4-29)，可得

$$\langle\mu_{\mathrm{M}}\rangle=\phi\frac{\mu_{\mathrm{B}}^2E}{3kT}\frac{\Lambda+1}{\Lambda}+(1-\phi)\frac{\mu_{\mathrm{S}}^2E}{3kT} \tag{4-32}$$

DE 材料单位体积的电位移可以表示成真空极化的电位移和电介质材料极化的电位移之和，即

$$D=\varepsilon_0E+N\langle\mu_{\mathrm{M}}\rangle=\varepsilon_0E+N\phi\left(1+\frac{1}{\Lambda}\right)\frac{(\mu_{\mathrm{B}})^2E}{3kT}+N(1-\phi)\frac{(\mu_{\mathrm{S}})^2E}{3kT} \tag{4-33}$$

根据材料的介电常数定义，可以得到在制约取向极化下材料的介电常数表达式：

$$\varepsilon_{\mathrm{r}}=\frac{D}{\varepsilon_0E}=1+\phi\left(1+\frac{1}{\Lambda}\right)\frac{\mu_{\mathrm{B}}^2}{3\varepsilon_0kT/N}+(1-\phi)\frac{\mu_{\mathrm{S}}^2}{3\varepsilon_0kT/N} \tag{4-34}$$

式中，Λ 与材料的变形有关，具体取值可通过实验数据得到。

4.2.3　预拉伸对取向极化的影响

为了表征制约取向极化 Λ 与变形 λ 的关系，可以根据热力学中熵的定义对其进行分析。电介质材料在发生取向极化的时候，其内部的偶极子从原始的杂乱随机排列渐渐沿着电场的方向较规整地排列，此时材料内部的熵减小，能量增大，宏观的观测结果就是极化静电能的产生。类似地，当高分子聚合物发生平面扩展变形的时候，其分子链从原始的杂乱蜷曲的状态渐渐舒展，形成较规则的网络结构，也是熵减小的过程，而宏观的现象是应变能增大。

如前所述，根据热力学的熵变理论和统计方法建立起来的基于非高斯分布的应变能模型，如 Gent 模型可以充分地表征高分子材料的超弹性力学行为，且与实验数据吻合较好，同时考虑到取向极化与超弹性变形均是一种熵变的过程，特别是制约取向极化对变形的依赖关系明显，本章采用类似于 Gent 模型的数学表达形式来表征制约取向极化，因此，将 Λ 表示为

$$\Lambda=\alpha\ln\left(\frac{\lambda_1^2+\lambda_2^2+\lambda_1^{-2}\lambda_2^{-2}-3}{J_{\mathrm{m}}}\right)-1 \tag{4-35}$$

式中，α 的意义为材料的介电常数随着变形的衰减速率。

为了获得式(4-34)中的相关参数，可以利用第 3 章实验数据对其进行拟合。将式(4-35)代入式(4-34)，取温度为 $T=300\mathrm{K}$，$J_{\mathrm{m}}=70$。根据文献[4]～[6]，对聚

丙烯酸酯的主链和侧链的偶极矩选择为 $\bar{\mu}_S = \mu_S / \sqrt{\varepsilon_0 kT/N} = 3.012$ 和 $\bar{\mu}_B = \mu_B / \sqrt{\varepsilon_0 kT/N} = 3.464$，其中 $N = 10^{25}$。代入式（4-34）后，利用第 3 章的实验数据，拟合得到 $\alpha = 0.29$ 和 $\phi = 0.17$，结果如图 4.5 所示。

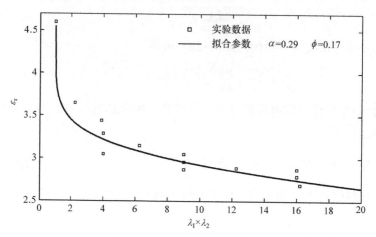

图 4.5　对 VHB 型 DE 材料预拉伸下的介电常数的拟合

获得上述参数后，就可以进一步从理论上分析预拉伸对 DE 材料力电耦合特性的影响规律。

4.3　预拉伸对力电耦合变形和稳定性的影响

4.3.1　考虑制约取向极化的 DE 材料本构关系

第 2 章建立了 DE 材料电致变形的基本理论模型，经过推导得到了其本构方程。但是之前对其力电耦合特性分析采用的是线性极化模式，且认为介电常数不受变形的影响，本章将引入制约取向极化的关系，求取其本构方程。

首先将材料的自由能表示为

$$W(\lambda_1, \lambda_2, \widetilde{D}) = -\frac{GJ_m}{2}\ln\left(1 - \frac{\lambda_1^2 + \lambda_2^2 + \lambda_1^{-2}\lambda_2^{-2} - 3}{J_m}\right) + \frac{\lambda_1^{-2}\lambda_2^{-2}}{2\varepsilon_0\varepsilon_r(\lambda_1, \lambda_2)}\widetilde{D}^2 \quad (4\text{-}36)$$

式中，G 为 Gent 模型中的剪切模量，单位为 MPa；$\widetilde{D}$ 为名义电位移，即极化电荷/变形前的面积。

假设 DE 材料变形前尺寸为 $L_1 \times L_2 \times L_3$，变形后尺寸为 $l_1 \times l_2 \times l_3$，变形为 $\lambda_1 = l_1/L_1$ 和 $\lambda_2 = l_2/L_2$，施加的电压为 Φ，真实的电场为 $E = \Phi/l_3$，结合式（4-34）和式（4-35），对式（4-36）求偏导后，得到平衡状态下本构关系为

$$\frac{P_1}{GL_2L_3}=\frac{\lambda_1-\lambda_1^{-3}\lambda_2^{-2}}{1-(\lambda_1^2+\lambda_2^2+\lambda_1^{-2}\lambda_1^{-2}-3)/J_{\mathrm{m}}}-\lambda_1^{-1}\frac{\varepsilon_0E^2}{G}$$
$$-\lambda_1^{-1}\phi\Big(1+\frac{1}{\Lambda}\Big)\frac{\mu_{\mathrm{B}}^2E^2}{3GkT/N}-\lambda_1^{-1}(1-\phi)\frac{\mu_{\mathrm{S}}^2E^2}{3GkT/N}-\frac{1}{2}\phi\frac{\mu_{\mathrm{B}}^2E^2}{3GkT/N}\Lambda^{-2}\frac{\partial\Lambda}{\partial\lambda_1}$$

$$(4\text{-}37)$$

$$\frac{P_2}{GL_1L_3}=\frac{\lambda_2-\lambda_2^{-3}\lambda_1^{-2}}{1-(\lambda_1^2+\lambda_2^2+\lambda_1^{-2}\lambda_1^{-2}-3)/J_{\mathrm{m}}}-\lambda_2^{-1}\frac{\varepsilon_0E^2}{G}$$
$$-\lambda_2^{-1}\phi\Big(1+\frac{1}{\Lambda}\Big)\frac{\mu_{\mathrm{B}}^2E^2}{3GkT/N}-\lambda_2^{-1}(1-\phi)\frac{\mu_{\mathrm{S}}^2E^2}{3GkT/N}-\frac{1}{2}\phi\frac{\mu_{\mathrm{B}}^2E^2}{3GkT/N}\Lambda^{-2}\frac{\partial\Lambda}{\partial\lambda_2^{-1}}$$

$$(4\text{-}38)$$

由于介电常数是变形的函数,所以式(4-37)和式(4-38)中包括了介电常数在变形中的变化产生的应力成分。对于该应力成分,下面将结合电致变形的具体过程进行深入讨论。

4.3.2　预拉伸对电致变形与稳定性的影响

为了清晰地表示电压引起的电致变形,首先对式(4-37)和式(4-38)中的变量进行无量纲化处理,且此处只讨论等双轴变形,即 $\lambda_1=\lambda_2=\lambda$。进行无量纲化处理之后,预拉伸力为 $\bar{P}=P_1/(GL_2L_3)=P_2/(GL_1L_3)$,电压为 $\bar{\Phi}=\Phi/L_3=\lambda^{-2}E$ $\sqrt{G/\varepsilon_0}$,电位移为 $\bar{D}=D/\sqrt{\mu\varepsilon_0}$,得到本构关系为

$$\bar{P}=\frac{\lambda-\lambda^{-5}}{1-(2\lambda^2+\lambda^{-4}-3)/J_{\mathrm{m}}}-\lambda^3\bar{\Phi}^2-\lambda^3\phi\Big\{1+\frac{1}{\alpha\ln[(2\lambda^2+\lambda^{-4}-3)/J_{\mathrm{m}}]-1}\Big\}\frac{(\bar{\mu}_{\mathrm{B}})^2}{3}\bar{\Phi}^2$$
$$-\lambda^3(1-\phi)\frac{(\bar{\mu}_{\mathrm{S}})^2}{3}\bar{\Phi}^2-\phi\alpha\frac{(\bar{\mu}_{\mathrm{B}})^2}{3}\bar{\Phi}^2\{\alpha\ln[(2\lambda^2+\lambda^{-4}-3)/J_{\mathrm{m}}]-1\}^{-2}\frac{\lambda^5-\lambda^{-1}}{(2\lambda^2+\lambda^{-4}-3)}$$

$$(4\text{-}39)$$

$$\bar{D}=\Big[1+\phi\Big(1+\frac{1}{\Lambda}\Big)\frac{\bar{\mu}_{\mathrm{B}}^2}{3}+(1-\phi)\frac{\bar{\mu}_{\mathrm{S}}^2}{3}\Big]\lambda^2\bar{\Phi} \qquad (4\text{-}40)$$

根据式(4-39)和式(4-40),图 4.6 中绘制了电压-变形的关系,其中施加的预拉伸力分别取为 $\bar{P}=0$ 和 $\bar{P}=3$。在对应的预拉伸下,分别给出了四种具有不同 ϕ 值的 DE 材料,其中,$\phi=0$ 为理想的电介质,主链的比例非常小,主要是自由状态的小分子侧链,可视为一种电介质凝胶(dielectric gel),而 $\phi=0.17$ 是 VHB 型 DE 材料。除此之外,为了比较,还分析了其他两种具有较大 ϕ 值的 DE 材料,ϕ 值大表示其分子链中主链链段占的比例较大。

图 4.6(a)所示的情况实际上就是没有预拉伸的情况,$\phi=0.17$、0.3、0.5 的三种 DE 材料薄膜变形曲线。由图可见,在电压激励下的变形曲线呈现出"N"形状,即电压随变形增大的变化关系是上升—下降—上升的趋势,变形会发生突跳失稳;而当 ϕ 增大到 0.5 时,却没有突跳失稳。此现象可以解释为,ϕ 为材料内部分子链

中主链链段的比例,当材料发生平面变形时,不管变形是由于电压引起的还是预拉伸引起的,其主链上链段偶极子的取向都会受到变形的影响,即发生制约取向极化,其影响程度不仅与变形大小有关,还与ϕ值有关。在没有预拉伸载荷只有电场引起的变形中,ϕ值越大,其制约取向极化的现象就越显著;而此时,侧链的极化与变形无关,因此 DE 材料极化的电能大部分来自于侧链的取向,这样侧链在厚度方向(电场方向)上产生显著取向排列,从内部支撑了材料,增大了材料的厚度,使其不会显著被无限制地压缩变形,进而阻止了失稳现象。这种厚度上的变形通常被定义为电致伸缩效应。因此,在电致伸缩变形的配合下,DE 材料能够消除失稳,达到稳定的大变形效果。其中,当$\phi=0$时,施加电压后,大多数的侧链分子虽然会沿电场方向取向,但是它是自由状态,会互相流动。因此,此时 DE 材料会迅速流动变形至拉伸极限位置。

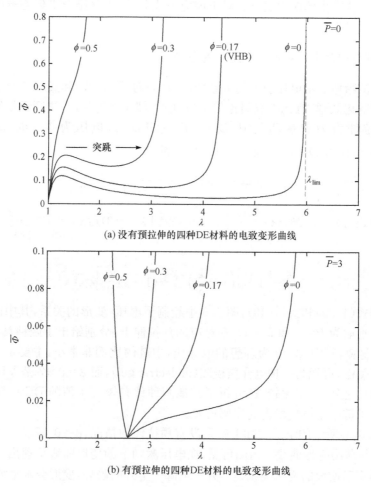

(a) 没有预拉伸的四种DE材料的电致变形曲线

(b) 有预拉伸的四种DE材料的电致变形曲线

图 4.6　DE 材料在不同预拉伸下的电致变形曲线

施加了预拉伸载荷的情况如图 4.6(b)所示。由图可见,对于没有取向极化的理想电介质($\phi=0$),得益于其在预拉伸变形下的刚化效应,增大了 DE 材料的弹性模量,从而能抵抗失稳中的电应力,实现稳定的变形效果。对于 VHB 材料,在预拉伸下既能够产生刚化效应,又能够产生制约取向极化的电致伸缩行为,这两种力电特性对其力电耦合的稳定性均有贡献。因此,与没有预拉伸情况相比,VHB 材料表现出的稳定性显著提高。

比较图 4.6(a)和(b)可发现,在同样的变形尺度下,预拉伸后 DE 材料的驱动电压比没有预拉伸的驱动电压减小了约一个数量级。这是由于预拉伸后材料变薄,其产生电致变形所需的电压也相应地减小。

此外还发现,对于制约取向极化比较明显的 DE 材料,如图 4.6(b)中的 $\phi=0.5$ 的曲线所示,材料在电压作用下的变形不是面积扩张,而是面积的缩小,即此时材料的变形特征是厚度的明显增长。这是由于制约取向极化产生的电致伸缩应力大于材料的压缩静电应力,从而产生了显著的电致伸缩效应。但对于 $\phi=0.17$ 的 VHB 型 DE 材料,预拉伸显著提高了材料的变形稳定性。

通过上面的介绍可以看到,对于固体的电介质聚合物和电介质凝胶,在施加了预拉伸之后都可消除突跳,实现稳定的变形。在 4.5 节,将针对具体的材料,介绍一些实现预拉伸的工程技术。

4.4 预拉伸对 DE 材料力学性能及力电耦合行为的影响

前面介绍了在预拉伸情况下,DE 材料由于制约取向极化的作用而提高了材料的稳定性,其中主要考虑了介电性能的影响。而对于理想的线性电介质 DE 材料,由于预拉伸下其力学性能也发生变化,会产生应变刚化作用,也可以消除突跳不稳定性。

DE 材料是一种典型的橡胶类超弹性材料,其力学性能中的应力-应变不是线性关系。在变形的初始阶段,DE 材料比较柔软,弹性模量低,应力稍许增加其应变就增大许多;而在变形的后期,特别是当材料的变形接近变形极限的时候,需要很大的应力才能产生应变,此时材料的弹性模量明显增大。对于这种弹性模量随变形显著增大的力学性能,科学家将其定义为应变刚化效应(strain-stiffening)。这种特性的机理可以通过材料的微观分子链结构进行理解。图 4.7 示意了一段 DE 材料的分子链结构,由于它是高分子材料,各个高分子链通过共价键互相交联,形成了稳定的三维空间分子链网络。

在未拉伸的状态下,分子链是收缩蜷曲在一起的,此时拉伸 DE 材料,只需克服分子链之间的滑动摩擦力即可产生变形。当变形增大,分子链被完全展开时,继续拉伸,需要克服分子链内部化学键的结合力,迫使分子链交联破坏才能产生进一

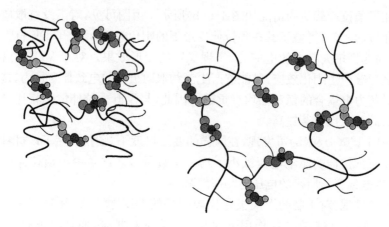

(a) 未受力时的自然状态　　　　　　(b) 受到拉伸后的状态

图 4.7　DE 材料的微观分子链状态

步的变形。分子交联的力明显要大于滑动摩擦力,因此其宏观的力学行为就表现为应变刚化的效果。

可以通过 Arruda-Boyce 的应变能模型和线性极化模型[7]构建 DE 材料的本构方程:

$$\frac{P}{\mu H} + \frac{\varepsilon}{\mu}\left(\frac{\Phi}{H}\right)^2 \lambda^3 = \beta\sqrt{n}\frac{\lambda - \lambda^5}{3\lambda_{chain}} \tag{4-41}$$

式中,P 是预拉伸力;μ 是材料的剪切模量;H 是材料的初始厚度;ε 是材料的介电率,$\varepsilon = \varepsilon_0\varepsilon_r$;$\Phi$ 是施加的电压;λ 是等双轴的变形;n、β 和 λ_{chain} 为对应的 Arruda-Boyce 模型中的参数。

在不施加预拉伸的情况下,DE 材料的电致变形过程存在突跳失稳现象,图 4.8是不同变形极限对未预拉伸 DE 材料电致变形过程的影响关系[7],λ_{lim} 是根据 Arruda-Boyce 模型计算得到的材料变形极限。由图 4.8 可以看出,由于引入了表征材料变形极限的参数,Arruda-Boyce 模型也能反映材料的应变刚化作用,其效果与 Gent 模型是相同的。

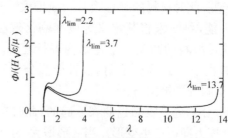

图 4.8　不同变形极限对未预拉伸 DE 材料电致变形过程的影响[7]

图 4.9 研究了在预拉伸下 DE 材料的电致变形过程。由图可见,DE 材料如果不进行预拉伸,材料的弹性模量较低,其弹性应力难以抵挡静电的 Maxwell 应力,因此会发生显著的突跳失稳现象。而在施加了不同程度的预拉伸之后,得益于应变刚化的作用,材料弹性模型增大,弹性应力与静电应力相匹配,可以消除失稳,实现稳定变形。在图 4.9(d)中,设定了 DE 材料的击穿场强为 $E_B = 5.0$(无量纲化),当 DE 材料发生失稳时,其突跳过程中遇到了电击穿,将直接发生击穿破坏,如果能仔细设计预拉伸和电压的协调关系,则可以实现突跳变形而不会电击穿。

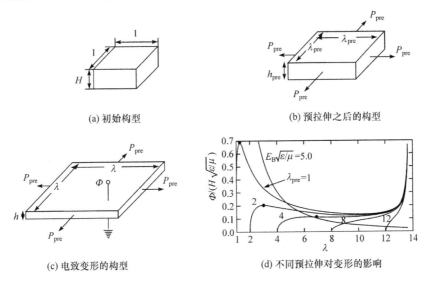

(a) 初始构型　　　　　　　　　　　　(b) 预拉伸之后的构型

(c) 电致变形的构型　　　　　　　　　(d) 不同预拉伸对变形的影响

图 4.9　预拉伸下线性极化的 DE 材料的电致变形过程[7]

4.5　预拉伸的实现技术

由于预拉伸能够消除 DE 材料的失稳行为,因此在已有的大部分研究中,DE 材料在施加电压前都需要经过预拉伸处理。本节简单介绍几种实现预拉伸的技术,希望对读者在实际应用中有所启示。

4.5.1　机械预拉伸技术

在早期研究中,最简单的方法就是利用机械方法实现预拉伸,图 4.10 是几种预拉伸机械装置,其中图 4.10(a)是蝶形螺栓双向预拉伸装置,图 4.10(b)是圆形径向预拉伸装置,图 4.10(c)是可折叠式双向预拉伸装置,可以根据实际需要进行单轴、双轴预拉伸。预拉伸之后,需要利用刚性框架将预拉伸后的 DE 材料固定住,如图 4.10(a)所示。

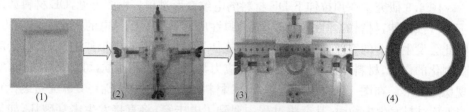

(1)　　　(2)　　　(3)　　　(4)

(a) 蝶形螺栓双向预拉伸装置

(b) 圆形径向预拉伸装置

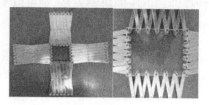

(c) 可折叠式双向预拉伸装置

图 4.10　几种预拉伸机械装置

　　这种方法虽然简单,但是刚性结构无疑对 DE 材料增大了额外的变形阻抗。美国的研究人员提出一种新的固定预拉伸的方法,将多层尼龙纤维等间距地铺在拉伸后的 DE 材料薄膜上,然后将纤维和 DE 材料薄膜同时卷起,形成圆筒形的结构,如图 4.11 所示。由于尼龙纤维的质量轻,可弯曲,但是不可伸长,这样就将一个方向的预拉伸固定下,而只产生单个方向的电致变形[8]。实验结果中发现,这种单方向的变形没有失稳现象,具有超过 35% 的电致应变。

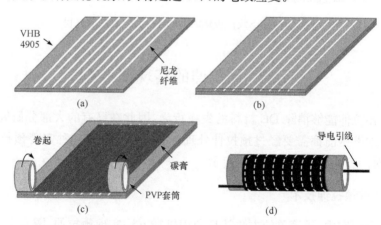

图 4.11　通过尼龙纤维将 DE 材料卷成筒状结构,固定预拉伸[8]

　　除了通过预拉伸产生预应变,通过对 DE 材料施加固定的重量载荷,也可以产生预拉伸的效果。这种方法被定义为预应力法,如图 4.12 所示。

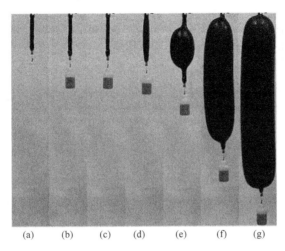

图 4.12　通过悬挂重物实现预拉伸[9]

在预应变法中,虽然预拉伸的变形是可控的,但是其内部拉伸应力的数值与静电应力有关,是一种力电耦合状态,在某些情况下甚至可能发展失去张力的行为(loss of tension);而在预应力法中,由于有恒定的载荷拉伸 DE 材料薄膜,材料将一直处于张紧的状态,不会发生失去张力的现象[10,11],而且在恒定力载荷下,由于机械力一直对 DE 材料做功,DE 材料的储能密度可提高到 560J/kg。这在能量回收器中有很大的应用价值[12]。

4.5.2　双网络互穿聚合物的预拉伸技术

机械预拉伸技术需要添加辅助结构,在实际使用中非常不方便。此外,机械拉伸技术虽可以保证较大的预拉伸倍数,但对 DE 材料的电致变形会产生较大的机械阻抗。为此,材料科学家提出了一种新的技术,即在需要预拉伸的 DE 材料中添加另一种热塑性高分子材料,从而形成了双网络结构的互穿聚合物(double interpenetrating network)。其原理和制备过程如图 4.13 所示。首先将需要预拉伸的 DE 材料在加热的同时进行预拉伸,如图 4.13(a)和(b)所示;然后加入熔融态的热塑形高分子材料形成混合物,如图 4.13(c)所示;最后将预拉伸释放,同时降低温度,如图 4.13(d)所示。由于在降温过程中热塑形材料固化成型,具有较强的弹性和支撑力,这样的双组分材料最后不会完全恢复到未预拉伸的 DE 材料原始尺寸,而是残余了一部分预拉伸变形。通过在加工过程中调整双网络的组分比例,最终形成的互穿聚合物可以实现在没有外界机械拉伸结构的情况下,材料内部保留一定的预拉伸变形。

实验分析证明,这种互穿聚合物的电致应变比传统的未预拉伸的单组分 DE 材料要大。得益于热塑形材料保存的预应变,互穿聚合物的最大电致面积应变为

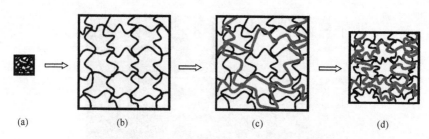

(a)　　　　　　　(b)　　　　　　　　(c)　　　　　　　(d)

图 4.13　双网络结构 DE 材料的制备示意图[13]

300%[13,14]。事实上,互穿网络的聚合物材料除了可以改善电致变形,还拥有其他优异的力学性能,如双重互穿网络的凝胶材料具有超强的韧性、低摩擦系数、自愈合等功能[15-18]。

4.6　本章小结

本章首先通过分析固体电介质的极化过程,定义了 DE 材料在预拉伸影响下产生的制约取向极化,在此基础上建立了制约取向极化的理论模型,并得到了其本构方程。

然后,借助本章建立的理论模型,通过数值方法分析了预拉伸对 DE 材料力电耦合特性的影响。结果表明,对于具有制约取向极化特征的 DE 材料,在同样的变形尺度下,预拉伸后 DE 材料的驱动电压比没有预拉伸的 DE 材料驱动电压会减小约一个数量级;制约取向极化会在电致变形中产生电致伸缩变形和电致伸缩应力,这种电致伸缩效应有利于克服失稳现象,保证 DE 材料不会被过度压缩,从而提高其稳定性。

接着,本章介绍了预拉伸对材料力学行为的影响,介绍了预拉伸下超弹性材料应变刚化的效应以及对力学稳定性的影响。结果表明,对于线性极化的电介质,预拉伸引起的材料刚化效应也会改变失稳状态,形成稳定的变形曲线。

最后,本章简单介绍了几种实现预拉伸的技术。并指出,机械预拉伸技术虽可以保证较大的预拉伸倍数,但对 DE 材料的电致变形会产生较大的机械阻抗,而采用物理化学方法可以保持一定的预拉伸,减少因机械预拉伸带来的机械阻抗。

参 考 文 献

[1] 何曼君. 高分子物理[M]. 上海:复旦大学出版社,2010.

[2] Li B,Chen H,Qiang J,et al. A model for conditional polarization of the actuation enhancement of a dielectric elastomer[J]. Soft Matter,2012,8(2):311-317.

[3] 黄昆. 固体物理学[M]. 北京:高等教育出版社,1998.

[4] John H,Van V. The Theory of Electric and Magnetic Susceptibilities[M]. Oxford:Oxford U-niversity Press,1959.

[5] Kofod G,Sommer-Larsen P,Kornbluh R,et al. Actuation response of polyacrylate dielectric elastomers[J]. Journal of Intelligent Material Systems and Structures,2003,14:787-793.

[6] Choi H R,Jung K,Chuc N H,et al. Effects of prestrain on behavior of dielectric elastomer actuator[C]. Proceedings of SPIE,2005,5759:283-291.

[7] Koh S J A,Li T,Zhou J,et al. Mechanisms of large actuation strain in dielectric elastomers [J]. Journal of Polymer Science Part B:Polymer Physics,2011,49(7):504-515.

[8] Huang J,Lu T,Zhu J,et al. Large,uni-directional actuation in dielectric elastomers achieved by fiber stiffening[J]. Applied Physics Letters,2012,100(21):211901.

[9] Lu T,An L,Li J,et al. Electro-mechanical coupling bifurcation and bulging propagation in a cylindrical dielectric elastomer tube[J]. Journal of the Mechanics and Physics of Solids,2015, 85:160-175.

[10] Li B,Zhao Z. Electromechanical deformation of dielectric elastomer in two types of pre-stretch[J]. Europhysics Letters,2014,106(6):67009.

[11] Wang Y,Chen B,Bai Y,et al. Actuating dielectric elastomers in pure shear deformation by elastomeric conductors[J]. Applied Physics Letters,2014,104(6):064101.

[12] Shian S,Huang J,Zhu S,et al. Optimizing the electrical energy conversion cycle of dielectric elastomer generators[J]. Advanced Materials,2014,26(38):6617-6621.

[13] Ha S M,Yuan W,Pei Q,et al. Interpenetrating polymer networks for high-performance electroelastomer artificial muscles[J]. Advanced Materials,2006,18(7):887-891.

[14] Suo Z,Zhu J. Dielectric elastomers of interpenetrating networks[J]. Applied Physics Letters,2009,95(23):232909.

[15] Gong J P,Katsuyama Y,Kurokawa T,et al. Double-network hydrogels with extremely high mechanical strength[J]. Advanced Materials,2003,15(14):1155-1158.

[16] Gong J P. Why are double network hydrogels so tough? [J]. Soft Matter,2010,6(12): 2583-2590.

[17] Zhao X. Multi-scale multi-mechanism design of tough hydrogels:building dissipation into stretchy networks[J]. Soft Matter,2014,10(5):672-687.

[18] Li J,Illeperuma W R K,Suo Z,et al. Hybrid hydrogels with extremely high stiffness and toughness[J]. Acs Macro Letters,2014,3(6):520-523.

第 5 章　温度对 DE 材料力电耦合特性影响分析

DE 材料是一类具有黏弹性的高分子材料,温度对其性能的影响是不言而喻的,因此 DE 材料的温度效应是一个值得研究的问题。基于此,本章首先通过实验给出温度对 DE 材料力电耦合特性的影响规律;然后在第 2 章建立的 DE 材料力电耦合基本模型基础上,一是引入温度参数,二是引入介电常数及杨氏弹性模量随温度的变化函数,从而建立基于 Gent 模型的非线性热-力-电耦合的自由能模型。在此基础上,分析温度对力电失稳(electromechanical instability,EMI)、电击穿失效(electrical breakdown,EB)、张力损失(loss of tension,$s=0$)、材料强度失效(rupture)的影响;最后讨论温度及预拉伸共同影响下 DE 材料的力电耦合稳定性,从而为 DE 材料的实际应用奠定基础。

5.1　温度对 DE 材料力电耦合特性的实验研究

为了直观了解温度对 DE 材料力电耦合特性的影响,本节首先介绍一个研究 DE 材料的热-力-电耦合实验平台,在此平台上,对 DE 材料在不同预拉伸倍数以及不同温度下的力电耦合变形特性进行实验,为后续的理论分析提供实验数据。

5.1.1　实验平台及试件

为了研究 DE 材料的热-力-电耦合特性,需要搭建一个专用的实验测试平台。图 5.1 为 DE 材料的热-力-电耦合实验测量平台,它主要包括电压激励、温控装置、数据采集三个部分。

(1) 电压激励采用 Agilent 33220A 信号发生器产生所需的电压信号,然后通过 TREK 610E(最大输出 10kV)高压放大系统进行放大后加载在 DE 材料两侧的电极上。

(2) 温控装置采用优玛公司的 MHL-02S/12 型高低温试验箱,其温度保持范围为 $-40\sim150℃$,温度波动度为 $\pm0.5℃$,通过 BTHC 平衡调温调湿控制方式进行温度控制。

(3) 数据采集通过 Kyence 公司的 LK-G150 激光位移传感器,透过温控装置试验箱前侧的观察窗口(260mm×360mm)测量 DE 材料平面扩张位移。具体测量时在 DE 材料试件上放置一个质量非常轻的铜箔,如图 5.1(a)所示,位移传感器的激光打在铜箔片上感应 DE 材料的径向扩张变形,位移传感器的测量精度为

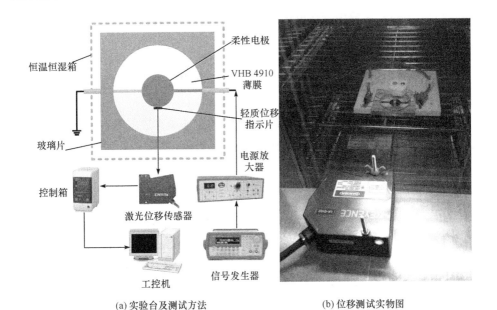

(a) 实验台及测试方法　　　　　　　　　(b) 位移测试实物图

图 5.1　DE 材料的热-力-电耦合实验测量平台

$0.5\mu m$，测量范围为 $\pm 40mm$；利用数据采集卡 DAQ2214 进行位移的实时测量，记录数据并保存到工控机中。

实验用的试件采用 VHB 4910 型 DE 材料，其原始宽度为 30mm，厚度为 1mm。实验中首先通过预拉伸夹具对 DE 材料进行预拉伸，然后用直径为 50mm 的耐高温玻璃框架在已预拉伸的 DE 材料上下表面进行固定预拉伸变形，以防止材料的回复，如图 5.2 所示。

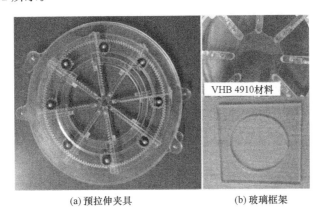

(a) 预拉伸夹具　　　　　　　　　(b) 玻璃框架

图 5.2　实验样本的制作过程

实验时利用导电碳膏（♯846 MG Chemicals）作为柔性电极，本节实验采用的电极直径为 30mm,实验中制作好的试件如图 5.1(b)所示。

5.1.2 DE 材料力电耦合特性实验结果

实验的温度范围是 $-10\sim60$℃,分别测试不同预拉伸条件下 DE 材料的力电耦合变形情况。

图 5.3 给出了 2×2 倍预拉伸及 4×4 倍预拉伸下 DE 材料的电致动变形曲线。图 5.3(a)是 2×2 倍预拉伸下的电致动变形曲线,其中施加的电压为 4.5kV。从实验结果中可以看出,由于 VHB 4910 型 DE 材料具有较强的黏弹性以及电压与变形之间的正反馈效应,其在直流电压的激励下呈现出明显的蠕变响应特性。以 500s 时的电致变形作为参考可以清晰地看出,温度从 -10℃升高到 60℃的过程中,DE 材料的变形显著升高。当环境温度达到 60℃、时间为 500s 时,位移可以达到 0.8mm,是 0℃最大位移 0.11mm 的 7 倍多;在 -10℃时,DE 材料的变形为 0.036mm。图 5.3(b)是 4×4 倍预拉伸下的热力电耦合变形曲线,其中施加的电压为 2.5kV。由图可以看出,其变形规律类似于 2×2 倍预拉伸的情况,即随着温度升高,变形增大,60℃时的最大位移可以达到 1mm,是 0℃最大位移 0.4mm 的 2.5 倍。

比较图 5.3(a)和(b)可见,在相同的温度,4×4 倍预拉伸条件下,即使电压仅施加 2.5kV,也比 2×2 倍预拉伸时施加电压小得多,但其变形却比前者大,因此可知,预拉伸增大可以有效地提高 DE 材料的电致变形。实验中还发现,当温度低于 -20℃的时候,DE 材料将严重硬化,此时的电致变形非常微小,甚至难以精确地获得材料的力电耦合变形大小;当实验温度很高时,DE 材料将会严重软化,导致材料力电耦合变形失效。

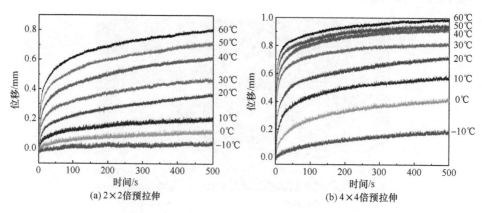

(a) 2×2 倍预拉伸　　　　　　　　　　　(b) 4×4 倍预拉伸

图 5.3　温度对 VHB 4910 型 DE 材料电致动变形的影响

因此,升高温度能显著地提高 DE 材料的力电耦合变形;同样,增大预拉伸倍数也可以有效提高 DE 材料的力电耦合变形。

利用同样的测试方法,图 5.4 是对 3×3 倍预拉伸的 DE 材料试件施加 100V/s 的斜坡电压,不同温度下试件的变形过程。图中,十字交叉符号表示电击穿失效发生点。由图可见,DE 材料的电击穿失效与温度也有着紧密的关系,即温度越高,在相同的时间下变形越大,但是发生电击穿的时间历程越短,表明其电击穿电压越低或者更容易发生电击穿,工作中稳定性越差。

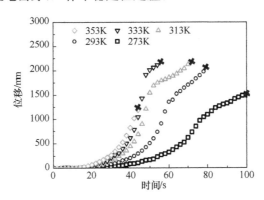

图 5.4　温度对 VHB 4910 电致动变形及电击穿失效的影响

5.2　DE 材料热-力-电耦合理论模型

5.2.1　DE 材料的热-力-电的自由能模型

正如第 2 章所述,基于热力学自由能理论所建立的 DE 材料力电耦合模型可以明确地解释 DE 材料的力电耦合大变形物理机制,因而得到了广泛的应用。因此本章也采用自由能平衡方法来构建 DE 材料的热-力-电耦合模型。

DE 材料在力-热-电多场作用下变形如图 5.5 所示。图 5.5(a) 为 DE 材料未施加电压时的原始尺寸,环境温度为 T_0;图 5.5(b) 为 DE 材料在外力 $P_i(i=1,2)$、电压 Φ 以及温度 T 同时作用下产生的电致动变形,其中 P_1 和 P_2 可视为预拉伸力。在变形过程中,DE 材料的尺寸由参考状态 T_0 下的 L_1、L_2、L_3,变化至当前状态温度 T 下的 $\lambda_1 L_1$、$\lambda_2 L_2$、$\lambda_3 L_3$。定义 $\lambda_i = L_i/l_i$,其中 λ_i 为材料的变形率,l_i 为变形后的尺寸。电压作用下在 DE 材料的上下表面积累了一定的电荷 Q。定义名义应力 $s_1 = P_1/L_2 L_3$,$s_2 = P_2/L_1 L_3$,名义电场强度 $E = \Phi/L_3$,名义电位移 $D = Q/(L_1 L_2)$;而 $E_{\text{true}} = \Phi/(\lambda_3 L_3)$ 为真实电场强度,$D_{\text{true}} = Q/(\lambda_1 L_1 \lambda_2 L_2)$ 为真实电位移。

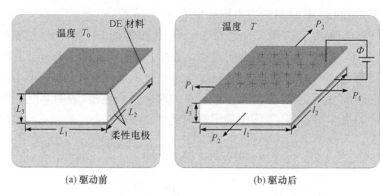

(a) 驱动前　　　　　　　　　　(b) 驱动后

图 5.5　DE 材料在热-力-电多场作用下的变形示意图

此时,DE 材料、外界的拉伸力 P_i、电池 Φ、环境温度 T 构成了一个热力学系统。当 DE 材料的尺寸改变 $\delta\lambda_1$ 和 $\delta\lambda_2$ 时,外力做的功分别为 $P_1L_1\delta\lambda_1$ 和 $P_2L_2\delta\lambda_2$;当有少量的电荷流过 DE 材料两侧电极时,电压做功为 $\Phi\delta Q$;当环境温度改变 δT 时,单位体积内温度改变引起的热能的变化为 $\rho_0\eta\delta T$[1,2]。当 DE 材料处于电、力、温度作用下的平衡态时,外界所做的总功等于自由能的改变量,即

$$L_1L_2L_3\delta W(\lambda_1,\lambda_2,D,T)=P_1L_1\delta\lambda_1+P_2L_2\delta\lambda_2+\Phi\delta Q-\rho_0L_1L_2L_3\eta\delta T \qquad (5\text{-}1)$$

式中,$W(\lambda_1,\lambda_2,D,T)$ 为单位体积的自由能,为 $\mathrm{J/m^3}$;ρ_0 为参考温度 T_0 下 DE 材料的密度,$\mathrm{kg/m^3}$;η 为比熵,即单位质量的熵,$\mathrm{J/(K\cdot kg)}$。

在外加力和电载荷已知的时候,平衡方程(5-1)是 λ_1、λ_2、Q 和 T 这四个独立变量的函数,当整个系统的自由能为零时,系统达到平衡状态,因此可以求得 DE 材料在力电耦合下的平衡状态方程。

5.2.2　DE 材料热-力-电耦合本构方程

将式(5-1)两边同时除以 DE 材料的初始体积 $L_1L_2L_3$,可以得到 DE 材料的自由能为

$$\delta W(\lambda_1,\lambda_2,D,T)=s_1\delta\lambda_1+s_2\delta\lambda_2+E\delta D-\rho_0\eta\delta T \qquad (5\text{-}2)$$

该平衡方程对于任意微小的变量 λ_1、λ_2、D 和 T 都是成立的。

当热力学系统处于平衡状态时,其自由能是最小的,那么,通过偏微分就可以求得 DE 材料在热-力-电耦合状态下的本构方程,即

$$s_1=\frac{\partial W(\lambda_1,\lambda_2,D,T)}{\partial\lambda_1} \qquad (5\text{-}3)$$

$$s_2=\frac{\partial W(\lambda_1,\lambda_2,D,T)}{\partial\lambda_2} \qquad (5\text{-}4)$$

$$E=\frac{\partial W(\lambda_1,\lambda_2,D,T)}{\delta D} \qquad (5\text{-}5)$$

$$\eta = -\frac{1}{\rho_0}\frac{\partial W(\lambda_1,\lambda_2,D,T)}{\partial T} \tag{5-6}$$

由式(5-3)~式(5-6)可见,只要能确定 DE 材料的自由能表达式 $W(\lambda_1,\lambda_2,D,T)$,就可以得到 DE 材料的本构关系,进而求出 DE 材料的力电耦合稳定性。

对于高分子 DE 材料,它的形状变形通常要比其体积变化大得多,理想状态下可认为其是不可压缩的[3],因此本书假设 DE 材料是不可压缩的,于是有

$$\lambda_1\lambda_2\lambda_3 = 1 \tag{5-7}$$

在没有电场作用的情况下,对于不可压缩的弹性材料,单位质量的自由能可以表示为[1,2,4]

$$W(\lambda_1,\lambda_2,T) = \frac{W_S(\lambda_1,\lambda_2,T)}{\rho_0} + c_0\left[T - T_0 - T\ln\left(\frac{T}{T_0}\right)\right] \tag{5-8}$$

式(5-8)右边的第一项 $W_S(\lambda_1,\lambda_2,T)$ 为不同温度 T 下的弹性应变能,第二项为熵变引起的能量的变化,c_0 为 DE 材料的比热容,在我们考虑的温度范围内,$c_0 = 2\times10^3 \text{J}/(\text{K}\cdot\text{kg})$ 是恒定的常数。

当 DE 材料用于驱动时,由于施加了电场,外界电场变化引起的电场能为[3]

$$W_E = \frac{D^2}{2\varepsilon(T)}\lambda_1^{-2}\lambda_2^{-2} \tag{5-9}$$

式中,$\varepsilon(T) = \varepsilon_0\varepsilon_r(T)$ 为 DE 材料的介电率,F/m。

由第 3 章的实验结果可知,在 DE 材料的工作温度范围内,其介电常数是温度的函数,在低于 273K 的低温下可以用式(3-9)表达,而在温度高于 273K 时可以用式(3-10)表达。

结合式(5-8)和式(5-9),就可以得到 DE 材料在力-热-电场下的单位体积的 Helmholtz 自由能,它包括变形能、温度变化引起的内能以及电场能,即

$$W(\lambda_1,\lambda_2,D,T) = W_S(\lambda_1,\lambda_2,T) + \rho_0 c_0\left[T - T_0 - T\ln\left(\frac{T}{T_0}\right)\right] + \frac{D^2}{2\varepsilon_0\varepsilon_r(T)}\lambda_1^{-2}\lambda_2^{-2} \tag{5-10}$$

下面首先分析式(5-10)中的弹性应变能 $W_S(\lambda_1,\lambda_2,T)$。如第 2 章所述,由于 Gent 模型可以表征 DE 材料在接近拉伸极限时候的应变硬化特征,本章选择 Gent 模型[5,6]表征 DE 材料的弹性应变能,即

$$W_{Gent}(\lambda_1,\lambda_2,\lambda_3) = -\frac{\mu}{2}J_m\ln\left(1 - \frac{\lambda_1^2 + \lambda_2^2 + \lambda_3^2 - 3}{J_m}\right) \tag{5-11}$$

将式(5-11)代入式(5-10),可以得到不可压缩 DE 材料在热-力-电场耦合下的自由能模型为

$$W(\lambda_1,\lambda_2,D,T) = -\frac{\mu(T)}{2}J_m\ln\left(1 - \frac{\lambda_1^2 + \lambda_2^2 + \lambda_1^{-2}\lambda_2^{-2} - 3}{J_m}\right)$$

$$+\rho_0 c_0 \left[T - T_0 - T\ln\left(\frac{T}{T_0}\right) \right] + \frac{D^2}{2\varepsilon_0\varepsilon_\mathrm{r}(T)}\lambda_1^{-2}\lambda_2^{-2} \tag{5-12}$$

式中,$\mu(T)$是考虑温度影响时材料的剪切模量。由于 DE 材料的不可压缩性,即泊松比为 $\nu=0.5$,据此可以得到 DE 材料的剪切模量和弹性模量(杨氏模量)的关系式为[2,7]

$$\mu(T) = \frac{Y(T)}{2+2\nu} = \frac{Y(T)}{3} \tag{5-13}$$

式中,$Y(T)$为 DE 材料的杨氏模量,Pa,它是温度的函数,可以借助式(3-11)获得其值。

将式(5-12)代入式(5-3)~式(5-5)就可以得到 DE 材料的热-力-电耦合的本构方程,利用它们就可以分析 DE 材料的力电耦合稳定性。

$$s_1 = \mu(T)\frac{\lambda_1 - \lambda_1^{-3}\lambda_2^{-2}}{1 - \dfrac{\lambda_1^2 + \lambda_2^2 + \lambda_1^{-2}\lambda_2^{-2} - 3}{J_\mathrm{m}}} - \frac{D^2}{\varepsilon_0\varepsilon_\mathrm{r}(T)}\lambda_1^{-3}\lambda_2^{-2} \tag{5-14}$$

$$s_2 = \frac{T}{T_0}\mu(T)\frac{\lambda_2 - \lambda_1^{-2}\lambda_2^{-3}}{1 - \dfrac{\lambda_1^2 + \lambda_2^2 + \lambda_2^3 - 3}{J_\mathrm{m}}} - \frac{D^2}{\varepsilon_0\varepsilon_\mathrm{r}(T)}\lambda_1^{-2}\lambda_2^{-3} \tag{5-15}$$

$$E = \frac{D}{\varepsilon_0\varepsilon_\mathrm{r}(T)}\lambda_1^{-2}\lambda_2^{-2} \tag{5-16}$$

5.3　温度对 DE 材料力电耦合稳定性的影响

大量研究表明,DE 材料在等双轴作用下取得的变形是最大的,因此它成为最常用的变形模式。为此,下面以等双轴作为研究对象,令 $s_1 = s_2 = s$,基于 DE 材料的各向同性,其在平面方向的变形也相等,即 $\lambda_1 = \lambda_2 = \lambda$,于是由式(5-14)~式(5-16)可以得到 DE 材料在等双轴下的平衡方程为

$$\frac{s}{\mu_0} = \frac{\mu(T)}{\mu_0}\frac{\lambda - \lambda^{-5}}{1 - \dfrac{2\lambda^2 + \lambda^{-4} - 3}{J_\mathrm{m}}} - \frac{\varepsilon_0\varepsilon_\mathrm{r}(T)}{\mu_0}E^2\lambda^{-5} \tag{5-17}$$

$$\frac{E}{\sqrt{\mu_0/\varepsilon_0}} = \frac{D}{\sqrt{\mu_0\varepsilon_0}}\frac{1}{\varepsilon_\mathrm{r}(T)}\lambda^{-4} \tag{5-18}$$

为了方便,选择 DE 材料不考虑温度变化时的剪切模量 $\mu_0 = 1\mathrm{MPa}$[3]对方程中的名义电场强度和名义电位移进行无量纲化处理。

如第 2 章所述,DE 材料在电致变形过程中比较容易产生电击穿(EB)、力电失稳(EMI)、失去张力($s=0$)、强度破坏(rupture)等失稳现象,从而在一定程度上制

约了该材料的应用,因此,分析并掌握温度对这几种失稳状态的影响对提高其稳定性非常必要。

为了直观分析温度对 DE 材料力电耦合稳定性的影响,这里仍然采取数值分析方法,选取 DE 材料最具代表性的参数如下:$\varepsilon_r = 2.18 + 740/T$,$\rho_0 = 1000 kg/m^3$,$c_0 = 2 \times 10^3 J/(kg \cdot K)$,$J_m = 100^{[4]}$。其中,将介电常数和弹性模量作为温度的函数,并采用第 3 章实验数据的拟合结果,分别对四种失稳现象进行分析。

5.3.1　温度对力电失稳的影响

DE 材料在通电状态下,随着施加电压的增加,材料受到电场力的挤压作用而发生厚度变薄。变薄的 DE 材料受到的电场强度进一步变大,进而产生更大的 Maxwell 电场力,使得 DE 材料进一步变薄,因此这种正反馈会大幅度降低 DE 材料的厚度,从而引起 DE 材料的分子链塌陷。如第 2 章所述,这种失效形式称为力电不稳定(EMI),也称为吸合失效(pull-in instability)[3]。当 EMI 现象产生时,DE 材料依然处于变形过程中,此时的 DE 材料既可能因为过薄而发生电击穿,又可能因为表面的变形扩张发生强度撕裂,以至于发生整体结构的破坏失效。

从式(5-17)和式(5-18)可以得到力电失稳状态下,DE 材料的名义电场强度和变形以及应力的关系为

$$E(\lambda, s) = \frac{\varepsilon_0 \varepsilon_r(T) E^2}{\mu(T)} = \frac{\lambda^{-2} - \lambda^{-8}}{1 - \frac{2\lambda^2 + \lambda^{-4} - 3}{J_m}} - \frac{s}{\mu(T)} \lambda^{-3} \tag{5-19}$$

对 $E(\lambda, s)$ 求偏微分,并令其等于零,可以得到 $E(\lambda, s)$ 的最大值,这个最大名义电场强度就对应于 EMI 开始发生的临界电压。此时

$$\frac{s}{\mu_0} = \frac{\mu(T)}{\mu_0} \frac{(2\lambda - 8\lambda^{-5})\left(1 - \frac{2\lambda^2 + \lambda^{-4} - 3}{J_m}\right) - \frac{4}{J_m}\lambda^3 (1 - \lambda^{-6})^2}{3\left(1 - \frac{2\lambda^2 + \lambda^{-4} - 3}{J_m}\right)^2} \tag{5-20}$$

将式(5-20)代入式(5-17)和式(5-18),就可以得到 DE 材料在力电失稳状态下的临界名义电场强度和名义电位移分别为

$$\frac{E}{\sqrt{\mu_0/\varepsilon_0}} = \left\{ \frac{\mu\lambda^{-3}}{\mu_0\varepsilon_r} \left[\frac{\lambda - \lambda^{-5}}{1 - \frac{2\lambda^2 + \lambda^{-4} - 3}{J_m}} - \frac{(2\lambda - 8\lambda^{-5})\left(1 - \frac{2\lambda^2 + \lambda^{-4} - 3}{J_m}\right) - \frac{4}{J_m}\lambda^3(1 - \lambda^{-6})^2}{3\left(1 - \frac{2\lambda^2 + \lambda^{-4} - 3}{J_m}\right)^2} \right] \right\}^{1/2}$$

$$\tag{5-21}$$

$$\frac{D}{\sqrt{\mu_0\varepsilon_0}}=\left\{\frac{\mu\varepsilon_r}{\mu_0}\lambda^5\left[\frac{\lambda-\lambda^{-5}}{1-\dfrac{2\lambda^2+\lambda^{-4}-3}{J_m}}-\frac{\left(2\lambda-8\lambda^{-5}\right)\left(1-\dfrac{2\lambda^2+\lambda^{-4}-3}{J_m}\right)-\dfrac{4}{J_m}\lambda^3\left(1-\lambda^{-6}\right)^2}{3\left(1-\dfrac{2\lambda^2+\lambda^{-4}-3}{J_m}\right)^2}\right]\right\}^{1/2}$$

$$(5-22)$$

图 5.6 给出了力电失稳状态下 DE 材料的应力-应变和名义电场强度-名义电位移曲线。其中,图 5.6(a)为力电失稳状态下,温度对 DE 材料的应力-应变关系的影响。由图可以看出,当温度恒定时,在临界变形(图中用"×"符号标注)之前,随着应力 s/μ_0 的增大,DE 材料发生力电失稳的最大应变 λ 增大。此外,一个应力对应两个共存的应变状态:一个是大应变状态,即 DE 厚度薄而面积大;另一个是小应变状态,即 DE 厚度较厚而面积较小。从而导致 DE 的一些区域处于"厚"的状态,而某一些区域处于"薄"的状态,最终引起褶皱的产生。图 5.6(b)为不同温度下,DE 材料在力电失稳下的名义电场强度-名义电位移关系曲线。由图可见,随着温度升高,由于 DE 材料的弹性模量随温度上升而下降的幅度较大,其厚度方向变形增大而变薄,从而可以降低 DE 材料的驱动电压,同时导致发生力电失稳的临界电场强度减小。

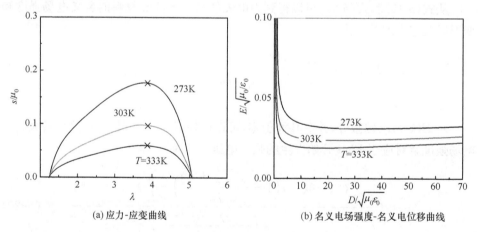

(a) 应力-应变曲线　　　　　　(b) 名义电场强度-名义电位移曲线

图 5.6　力电失稳状态下 DE 材料的应力-应变和名义电场强度-名义电位移曲线

5.3.2　温度对失去张力失稳现象的影响

对于 DE 这种薄膜型材料,当发生大变形时,任何压应力都可能会使 DE 材料在平面内产生褶皱等现象[8],因此使 DE 材料处于张紧状态是保证 DE 材料驱动器稳定变形的前提。褶皱是一种非均匀的状态,它包括一些比较薄的区域和一些比较厚的区域,最终导致 DE 材料产生了两种区域——平坦区域和褶皱区域。因此,发生褶皱时材料处于应力为零的状态,为此,定义应力为零的状态为张力损失

(loss of tension)，即 $s/\mu_0=0$。联立式(5-17)和式(5-18)，此时名义电场强度和名义电位移分别变为

$$\frac{E}{\sqrt{\mu_0/\varepsilon_0}}=\sqrt{\frac{\mu(T)}{\mu_0\varepsilon_\mathrm{r}(T)}\frac{\lambda^{-2}-\lambda^{-8}}{1-\dfrac{2\lambda^2+\lambda^{-4}-3}{J_\mathrm{m}}}} \tag{5-23}$$

$$\frac{D}{\sqrt{\mu_0\varepsilon_0}}=\sqrt{\frac{\mu(T)\varepsilon_\mathrm{r}(T)}{\mu_0}\frac{\lambda^6-1}{1-\dfrac{2\lambda^2+\lambda^{-4}-3}{J_\mathrm{m}}}} \tag{5-24}$$

图 5.7 为张力损失状态下，DE 材料的名义电场强度和名义电位移的关系图，图中的"×"代表 DE 材料的力电失稳点。由图可见，当温度从 273K 升高到 333K 时，DE 材料的致动电场强度随着温度的升高而降低。也就是说，同样的电场强度下，力电失稳之前，升高温度可以提高 DE 材料的力电耦合变形。这是由于随着温度的升高，DE 材料的弹性模量和介电常数减小。

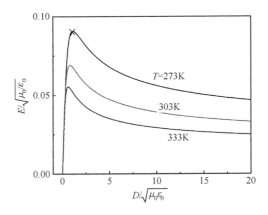

图 5.7　张力损失状态下 DE 材料的名义电场强度与名义电位移的关系

图 5.8 为 DE 材料在 $s/\mu_0=0$ 状态下的名义电场强度和变形、温度的关系图。从图 5.8(a)可以看出，在临界变形之前("×"符号之前)，随着电压的增加，DE 材料的变形越来越大，在最大电场附近达到最大变形；在临界变形之前("×"符号之前)，电场强度相同时，从 273K 到 333K 的升温过程中，温度越高，变形越大。图 5.8(b)表明，温度升高，失稳临界电场强度减小。

5.3.3　温度对电击穿失效的影响

在 DE 材料的实际应用中，电击穿失效是一种主要的失效形式。基于最早提出的 Stark-Garton 模型[9]，力电耦合电击穿强度材料与材料的模量及介电常数有直接的关系，即

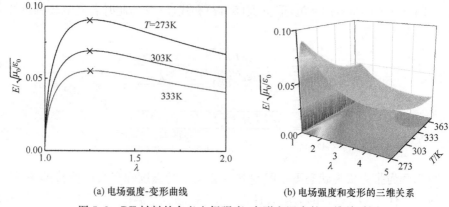

(a) 电场强度-变形曲线　　　　(b) 电场强度和变形的三维关系

图 5.8　DE 材料的名义电场强度-变形和温度的三维关系图

$$E_c(T,\lambda) = \left[\frac{Y(T)}{\varepsilon_r(T,\lambda)\varepsilon_0}\right]^{1/2} \tag{5-25}$$

式中，E_c 为力电耦合电击穿场强；$Y(T)$ 为材料的杨氏模量；$\varepsilon_r(T,\lambda)$ 为材料的相对介电常数；ε_0 为真空介电常数。

从式(5-25)可明显看出，材料的模量与温度有关，而介电常数与拉伸率 λ 和温度 T 均有关系，所以击穿场强自然就成为温度与拉伸率的函数。不同的 DE 材料可能存在不同的力学本构关系，其应力-应变关系除了线性关系，随着变形的增加，材料可能会具有应变软化现象或应变硬化现象，如图 5.9 所示。而传统的 Stark-Garton 模型在对线弹性材料力电耦合电击穿的研究中具有较为理想的预测能力，但是如果材料的本构关系具有明显的非线性特征，如图 5.9(a)所示的应变硬化或者应变软化特性，那么该模型就无法精确地预测出材料的力电耦合电击穿场强。据文献[10]报道，在对 PVDF 共聚物的击穿场强研究中发现，传统的 Stark-Garton 模型会过高地预测材料的电击穿场强，因此，研究者认为主要是 PVDF 在 Maxwell 应力下发生了塑性变形导致应变软化的发生。而对于几种常见的 DE 材

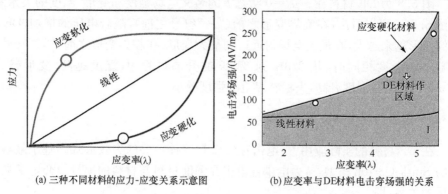

(a) 三种不同材料的应力-应变关系示意图　　　　(b) 应变率与DE材料电击穿场强的关系

图 5.9　不同 DE 材料的力学特性

料(VHB、硅橡胶等)都具有应变硬化的特点,传统的模型会过低地估计 DE 材料的击穿场强,如图 5.9(b)所示。

针对这一问题,研究者提出了一种更加广义的 Stark-Garton 模型[11]:

$$K(T,\lambda) = \frac{\partial \sigma}{\partial \lambda} \tag{5-26}$$

$$E_c(T,\lambda) = \left[\frac{K(T,\lambda)}{\varepsilon_r(T,\lambda)\varepsilon_0} \right]^{1/2} \tag{5-27}$$

新的模型将传统模型中的杨氏弹性模量改为等效模量 $K(T,\lambda)$,当材料为理想的线弹性材料时,$K(T,\lambda) = Y(T)$。新的模型适应范围广泛,从而比较适合研究具有非线性本构特征的材料。针对 VHB 型 DE 材料的非线性特点,选取 Gent 模型表征材料的应变硬化特征,即

$$\sigma_{Gent} = \mu(T) \frac{\lambda^2 - \lambda^{-4}}{1 - \frac{2\lambda^2 + \lambda^{-4} - 3}{J_{lim}}} \tag{5-28}$$

将式(5-28)代入式(5-26)中,得到了等效模量 $K(T,\lambda)$ 的具体表达式:

$$K(T,\lambda) = \frac{\partial \sigma_{Gent}}{\partial \lambda} = \frac{\mu(T)(2\lambda + 4\lambda^{-5})}{1 - (2\lambda^2 + \lambda^{-4} - 3)/J_{lim}}$$
$$+ \mu(T)(\lambda^2 + 4\lambda^{-4})\left(1 - \frac{2\lambda^2 + \lambda^{-4} - 3}{J_{lim}}\right)^{-2}\left(\frac{4\lambda - 4\lambda^{-5}}{J_{lim}}\right) \tag{5-29}$$

将式(5-29)代入式(5-27),得到

$$E_c(T,\lambda)$$
$$= \left[\frac{\frac{\mu(T)(2\lambda + 4\lambda^{-5})}{1 - (2\lambda^2 + \lambda^{-4} - 3)/J_{lim}} + \mu(T)(\lambda^2 + 4\lambda^{-4})\left(1 - \frac{2\lambda^2 + \lambda^{-4} - 3}{J_{lim}}\right)^{-2}\left(\frac{4\lambda - 4\lambda^{-5}}{J_{lim}}\right)}{\varepsilon_r(T,\lambda)\varepsilon_0} \right]^{1/2}$$
$$\tag{5-30}$$

式中,$\mu(T)$ 是材料的剪切模量,是温度的函数;J_{lim} 为材料的拉伸极限系数。

$$Y(T) = p_1 \left(\frac{1000}{T}\right)^2 + p_2 \left(\frac{1000}{T}\right) + p_3 \tag{5-31}$$

$$\varepsilon_r(T,\lambda) = \left(\varepsilon_\infty + \frac{A}{T}\right)[1 + a(2\lambda - 2) + b(2\lambda - 2)^2 + c(2\lambda - 2)^3] \tag{5-32}$$

式(5-31)和式(5-32)分别描述了材料的杨氏弹性模量及介电常数对温度和应变率的依赖性。式中,T 为环境温度;λ 为材料的应变率;其他实验拟合参数值分别为 $p_1 = 0.2001$,$p_2 = -1.787$,$p_3 = 1.518$,$\varepsilon_\infty = 2.1$,$A = 960$,$a = -0.1658$,$b = 0.04086$,$c = -0.003027$[2]。结合以上材料参数可对 VHB-DE 材料的力电耦合击穿场强进行数值模拟。数值模拟结果以及实验结果如图 5.10 所示。图中,离散点为实验结果。由图可见,预测结果与实验结果吻合得比较好。由图还可看出,高倍

数预拉伸量可以有效地提高材料的击穿场强,其机理不仅是由于高倍数预拉伸量引起介电常数的降低,而且是因为材料等效模量大幅提高。此外,实验结果与理论预测均表明,随着温度的升高击穿场强明显降低,但在低倍数拉伸率下 VHB 型 DE 材料的击穿场强受温度变化的影响较小,而在高倍数的拉伸量下击穿场强对温度变化较为敏感。

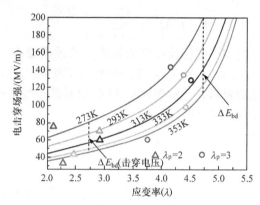

图 5.10　VHB 型 DE 材料的击穿场强理论分析及实验结果

5.3.4　温度对材料机械强度极限的影响

当 DE 材料的变形达到材料自身机械强度的限制时就会发生强度破坏,从而发生撕裂等现象。假如用 λ_R 表示材料的临界机械强度极限,文献[8]的实验研究发现,对于等双轴变形,$\lambda_R \leqslant 6$,因此,本节计算中取 $\lambda_R = 6$。由式(5-18)可知电场和电位移的关系为

$$\frac{E}{\sqrt{\mu_0/\varepsilon_0}} = \frac{D}{\sqrt{\mu_0\varepsilon_0}} \frac{1}{\varepsilon_r(T)} \lambda_R^{-4} \tag{5-33}$$

图 5.11 为在机械强度破坏极限条件下,不同温度时 DE 材料的名义电场强度-名义电位移的关系曲线。由图可见,当温度从 273K 升高到 333K 时,DE 材料的名义电场强度-电位移关系曲线的斜率增加,表明温度升高时,在同样的电场强度下会产生较低的电位移。

5.3.5　稳定性区域

通过上面分析,得到了力电失稳(EMI)、失去张力($s=0$)、电击穿(EB)和材料强度破坏(λ_R)四种失效情况下的力电平衡方程,这四种失效模式决定了 DE 材料的工作稳定区域。若希望 DE 材料在使用中不发生任何形式的失效,材料必须工作在该稳定区内部,因而掌握稳定性区域能很好地为 DE 材料驱动器的设计提供重要的参考。

图 5.12 与图 5.13 分别给出了温度为 273K 和 333K 时 DE 材料的工作稳定区,图中阴影部分就是 DE 材料薄膜的稳定工作区域,显然阴影部分的面积越大越

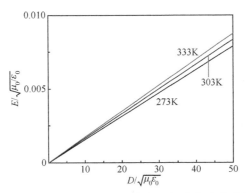

图 5.11 DE 材料在强度极限下的名义电场强度-名义电位移关系

好。比较两图可以看出,降低温度时,DE 材料发生力电失稳的临界电场强度虽然增加,但是围成的面积增大,因此可以认为,升高温度可以提高 DE 材料的变形,降低温度有利于提高 DE 材料的稳定工作区域。

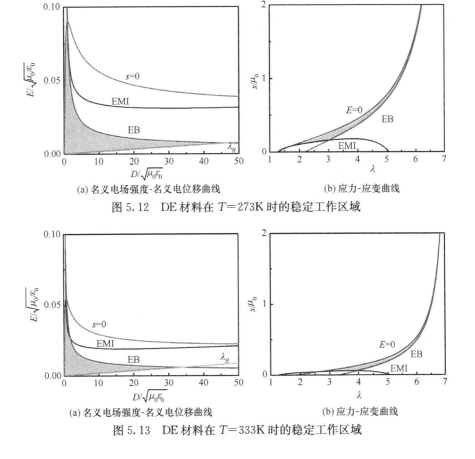

(a) 名义电场强度-名义电位移曲线   (b) 应力-应变曲线

图 5.12 DE 材料在 $T=273\text{K}$ 时的稳定工作区域

(a) 名义电场强度-名义电位移曲线   (b) 应力-应变曲线

图 5.13 DE 材料在 $T=333\text{K}$ 时的稳定工作区域

5.4　温度及预拉伸对 DE 材料力电耦合性能的影响

第 4 章讨论了预拉伸对 DE 材料性能的影响,5.2 节和 5.3 节讨论了考虑温度对介电常数影响的条件下 DE 材料的力电耦合稳定性。然而,第 3 章的实验结果表明,预拉伸变形也会在不同程度上影响 DE 材料的介电常数。也就是说,介电常数不仅受到温度的影响,也受到预拉伸变形的影响。因此,本节将分析温度及预拉伸共同作用时对 DE 材料力电耦合特性的影响。

5.4.1　温度及预拉伸变形对 DE 材料介电常数的影响

如前所述,电场作用下 DE 材料的电致应力来自于两个方面,即 Maxwell 应力和电致伸缩应力。对于 VHB 型 DE 材料,随着变形的增大,大变形导致的电致伸缩效应增大。在 DE 材料电致变形的机理分析中,在精度要求不高或者变形不太大的场合,可以将 Maxwell 应力作为主要因素而忽略电致伸缩应力,但对于变形较大或精度要求比较高的场合,必须考虑电致伸缩应力。

Maxwell 应力的产生是由于材料的上下表面积累了大量的异性电荷,正负电荷之间的相互吸引挤压材料,使材料的面积膨胀厚度变薄,产生变形。而电致伸缩应力的产生则是由于材料内部分子的正负电荷中心在外电场的作用下发生偏移引起材料的极化,产生了临时的偶极子,改变了材料的介电常数。其中,偶极子的正电荷中心向阴极方向移动,负电荷中心向阳极方向移动,导致材料厚度增大[12]。因此,Maxwell 应力和电致伸缩应力引起的变形效果是相反的,一个是将材料的厚度压薄,一个是将材料的厚度增厚。显然,Maxwell 应力与材料的介电常数的变化无关,而电致伸缩应力与介电常数的变化有关。

Jean-Mistral 等[13]和作者所在课题组[14]先后通过宽频带介电谱测试仪测量了平面等双轴预拉伸变形对 DE 材料介电常数的影响。研究发现,介电常数随着预拉伸变形的增加有明显的减小趋势,这种介电常数随变形的变化关系可以表达为[15,16]

$$\varepsilon(\lambda_p) = a\lambda_p^2 + c \tag{5-34}$$

式中,λ_p 为等双轴预拉伸倍数;a 为电致伸缩系数(coefficient of electrostriction);c 为材料常数。

由第 3 章研究可知,在一般 DE 材料的工作温度范围内,其介电常数随温度的升高而降低,表现出类似气体的介电性能,服从简单 Debye 方程。当预拉伸变形和温度共同发生变化时,显然 DE 材料的介电常数同时受温度与预拉伸变形的影响,因此,本节采用如下表达式表述介电常数与温度和应变率的关系[16]:

$$\varepsilon = \varepsilon(\lambda, T) = a\lambda^2 + b/T + c \tag{5-35}$$

图 5.14 是利用文献[13]的实验数据拟合式(5-35)后获得的温度和应变率对 DE 材料介电常数影响的结果,$a=-0.053$,$b=638$ 和 $c=3.024$。这样就可以利用式(5-35)同时考虑预拉伸变形及温度对介电常数的影响。为了简化公式表达,在本章后面的理论建模过程中,令 $B_T=b/T+c$。

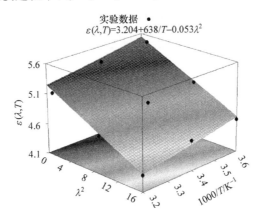

图 5.14　DE 材料介电常数随温度和预拉伸变形变化的三维拟合结果

5.4.2　温度及预拉伸变形影响下的 DE 材料力电耦合特性

当同时考虑温度及预拉伸变形对材料介电常数的影响时,假如仍然考虑等双轴变形,$\lambda_1=\lambda_2=\lambda$ 和 $s_1=s_2=s$,那么由式(5-3)~式(5-5)可以得到其本构关系[16]:

$$\frac{s}{\mu_0}=\frac{\mu(T)}{\mu_0}\frac{\lambda-\lambda^{-5}}{1-\dfrac{2\lambda^2+\lambda^{-4}-3}{J_m}}-\frac{D^2}{\mu_0\varepsilon_0\varepsilon}\lambda^{-5}-\frac{D^2}{4\mu_0\varepsilon_0\varepsilon^2}\frac{\partial\varepsilon}{\partial\lambda}\lambda^{-4} \tag{5-36}$$

$$\frac{E}{\sqrt{\mu_0/\varepsilon_0}}=\frac{D}{\sqrt{\mu_0\varepsilon_0}}\frac{\lambda^{-4}}{\varepsilon} \tag{5-37}$$

式(5-36)右边的最后一项是温度和预拉伸变形引起的电致伸缩应力。

化简后可以得到

$$\frac{s}{\mu_0}=\frac{\mu(T)}{\mu_0}\frac{\lambda-\lambda^{-5}}{1-\dfrac{2\lambda^2+\lambda^{-4}-3}{J_m}}-\frac{3a\lambda^2+2B_T}{2\left(a\lambda^2+B_T\right)^2}\frac{D^2}{\varepsilon_0\mu_0}\lambda^{-5} \tag{5-38}$$

$$\frac{E}{\sqrt{\mu_0/\varepsilon_0}}=\frac{D}{\sqrt{\mu_0\varepsilon_0}}\frac{\lambda^{-4}}{a\lambda^2+B_T} \tag{5-39}$$

进一步,可以求出 DE 材料的名义电场强度、名义电位移和变形的关系如下:

$$\frac{E}{\sqrt{\mu_0/\varepsilon_0}}=\sqrt{\left[\frac{\mu(T)}{\mu_0}\frac{2(\lambda^{-2}-\lambda^{-8})}{1-\dfrac{2\lambda^2+\lambda^{-4}-3}{J_m}}-\frac{s}{\mu_0}\lambda^{-3}\right]\frac{2}{3a\lambda^2+2B_T}}\qquad(5\text{-}40)$$

$$\frac{D}{\sqrt{\mu_0\varepsilon_0}}=\sqrt{\left[\frac{\mu(T)}{\mu_0}\frac{2(\lambda^6-1)}{1-\dfrac{2\lambda^2+\lambda^{-4}-3}{J_m}}-\frac{s}{\mu_0}\lambda^5\right]\frac{2(a\lambda^2+B_T)^2}{3a\lambda^2+2B_T}}\qquad(5\text{-}41)$$

为了直观地观察预拉伸变形对 DE 材料热-力-电耦合性能的影响,在下面的数值分析中,选择最具代表性的参数,$T_{min}=273K$,$T_{max}=333K$,$J_m=100$,并利用5.4.1 节的拟合结果 $a=-0.053$ 和 $B_T=3.204+638/T$ 考虑温度和变形对介电常数的影响。

图 5.15 给出了三种不同的预拉伸倍数 $\lambda_p=1$、2、3 对 DE 材料力电耦合变形的影响,其中也比较了是否考虑电致伸缩效应的影响。由图可以看出,当 λ_p 较小时(<2),DE 材料的电场强度-变形曲线呈现“N”形状,电压随变形的增大先上升再下降,当 DE 材料接近其变形极限时,DE 材料发生应变硬化,弹性应力迅速增大,电压反而随着变形的增大而上升,也就是说,DE 材料的这种变形曲线代表其会发生力电耦合失稳和突跳失稳。当对 DE 材料施加比较高的预拉伸($\lambda_p\geqslant2$)时,当施加电压后,DE 材料厚度方向就会避免被过度压薄,则 DE 材料电场强度-变形曲线将会呈现出单调上升现象,表明在这种情况下可以避免力电耦合失稳。由图还可看出,考虑介电常数变化引起的电致伸缩效应后,DE 材料的极限变形有一定的减小,这是因为与 Maxwell 应力相反,电致伸缩应力作用使 DE 材料在厚度方向进行拉伸,会抵消一部分 DE 材料的变薄,进而可以提高 DE 材料的稳定性。例如,在 $\lambda_p=2$,没考虑电致伸缩时,其电场强度-变形曲线还存在一定程度的“上升—下降—上升”规律,即电压-变形曲线是非单调的,表明存在力电失稳可能性;而考虑电

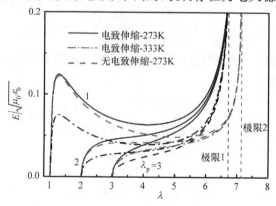

图 5.15　不同预拉伸下 DE 材料的力电耦合变形

致伸缩效应后的 DE 材料电场强度-变形曲线就是单调的,表明完全消除了力电失稳。图中也对比了考虑电致伸缩效应之后,温度对电场强度-变形曲线的影响。由图可以发现,对 DE 材料进行不同的预拉伸后,273K 温度下的 E-λ 曲线比 333K 温度下的 E-λ 曲线有更好的单调性,再次表明降低温度可以提高 DE 的力电耦合稳定性。

图 5.16 为两种温度 273K 和 333K 下,电致伸缩系数对 DE 材料力电耦合稳定性的影响关系。图 5.16(a)是温度为 273K 时电致伸缩系数的影响曲线,当电致伸缩系数 $a=0$ 时,变形对材料的介电常数是没有影响的,称为理想类型,发生力电失稳的最大变形为 $\lambda_c=1.26$;对于典型的 VHB 4910 材料,其电致伸缩系数 $a=-0.053$,此时,最大临界变形为 1.27。当电致伸缩系数逐渐降低,接近 $a=-0.48$ 时,DE 材料电场强度-应变曲线上的峰值点消失了,曲线呈现出单调的特性,也就是消除了力电耦合失稳(EMI)和突跳失效(snap-through)。图 5.16(b)是在比较高的温度 333K 下的力电耦合变形曲线。由图可以发现,消除力电耦合失稳的电致伸缩系数 $a=-0.44$。与图 5.16(a)比较可知,升高温度对于提高临界变形的影响很小,但是可以降低最大变形的临界电压,即 273K 时的最大临界电场强度为 0.125,而 333K 时为 0.075。

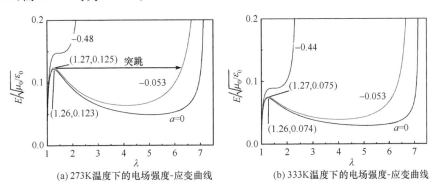

(a) 273K 温度下的电场强度-应变曲线　　(b) 333K 温度下的电场强度-应变曲线

图 5.16　电致伸缩系数对 DE 材料力电耦合稳定性的影响

当 $s/\mu_0=0$ 时,对方程(5-40)进行微分,可以得到 DE 材料力电耦合中的最大临界变形 λ_c 和电致伸缩系数 a 的关系式:

$$\frac{2(1-\lambda_c^{-6})}{J_m\left(1-\dfrac{2\lambda_c^2+\lambda_c^{-4}-3}{J_m}\right)}-\frac{\lambda_c^{-2}(1-4\lambda_c^{-6})}{1-\lambda_c^{-6}}=\frac{3a}{3a\lambda_c^2+2B_T} \tag{5-42}$$

图 5.17 为温度 273K 和 333K 下,电致伸缩系数对 DE 材料临界变形的影响。由图可见,随着电致伸缩系数 a 的降低,DE 材料的最大变形变大。温度为 273K,当 $a\leqslant-0.4709$ 时,对应于图 5.16(a)中的 DE 材料电场强度-应变曲线是单调增曲线,表明力电耦合失稳被消除;温度为 333K 时,$a\leqslant-0.4339$ 时,对应于图 5.16(b)中的 DE 材料电场强度-应变曲线是单调增曲线,表明可以消除力电失稳。

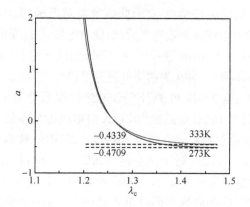

图 5.17　电致伸缩系数 a 对 DE 材料临界变形的影响

图 5.18 是温度与消除力电耦合失稳（EMI）的临界电致伸缩系数 a 的关系。由图可见，升高温度与临界电致伸缩系数的提高相对应。当 DE 材料的属性或环境温度使其工作在该曲线的上方时，其电场强度-应变曲线是非单调的，此时，存在力电耦合失稳，是不稳定的；处在曲线下方时，负的电致伸缩系数 a 引起的电致伸缩应力可以抵制 Maxwell 应力对材料的过度压薄，此时的电场强度-应变曲线是单调的，也就是消除了 EMI，提高了 DE 材料的稳定性。因此，通过调节温度和材料来改变 DE 材料的介电常数，可以改善 DE 材料的稳定性。

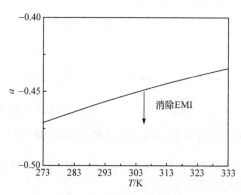

图 5.18　温度对消除力电耦合失稳临界电致伸缩系数的影响

总体来说，在 DE 材料的致动变形过程中，DE 材料的介电常数随着预拉伸变形和温度变化产生变化，使得 DE 材料在致动过程中存在电致伸缩应力的影响。与 Maxwell 应力不同的是，电致伸缩应力使材料产生厚度增加的变形，使其厚度方向不会被 Maxwell 应力无限制地压薄而产生力电耦合失稳。当电致伸缩应力达到一定大小时，就可以完全消除 DE 材料的力电耦合失稳，使 DE 材料工作在一个可以产生大变形的稳定状态。

5.5　本 章 小 结

本章首先给出了温度对 DE 材料力电耦合特性影响的实验结果,表明升高温度能显著地提高 DE 材料的力电耦合变形,但会降低其稳定性;此外,在相同温度下,增大预拉伸倍数也可以提高 DE 材料的力电耦合变形。

然后,本章借助自由能理论,讨论了温度对 DE 材料力电耦合变形的影响。即在热力学系统中,不仅考虑了变形能、电能,而且还增加了熵改变引起的热能,建立了基于 Gent 模型的非线性热-力-电自由能平衡方程。

借助建立的热-力-电耦合模型,讨论了 DE 材料受温度影响时力电失稳、失去张力、电击穿和强度破坏等失稳现象,通过数值分析讨论了温度对这些失稳现象临界稳定性的影响,得到 DE 材料在不同温度下的名义电场强度-名义电位移和应力-应变曲线,从而给出了考虑温度影响时的稳定性工作区域。分析表明,升高温度可以降低 DE 材料的最大临界名义电场强度;力电耦合失稳前,在相同的电场强度下,温度越高,DE 材料变形越大;但降低温度可以改善 DE 材料的稳定性工作区域,也就是提高 DE 材料的稳定性。

利用介电常数随温度和预拉伸变形变化的实验数据,拟合得到 DE 材料的介电常数与温度和预拉伸变形的数学表达式。在此基础上,在热-力-电耦合模型中,引进了电致伸缩应力。分析结果表明,在没有预拉伸力或者预拉伸很小的时候,DE 材料的电场强度-应变曲线呈现"上升—下降—上升"的趋势,此时 DE 材料在热-力-电耦合变形中存在突跳不稳定性(snap-through instability)的可能。当预拉伸增加到一定程度后,DE 材料的电场强度-应变曲线变为单调增曲线,不会再发生力电耦合失稳现象。通过对比考虑和不考虑电致伸缩应力的 DE 材料力电耦合变形过程,发现考虑后,DE 材料的极限变形减小,可以更早地消除力电耦合失稳;降低温度可以很好地改善 DE 材料的稳定性。

参 考 文 献

[1] Horgan C O,Saccomandi G. Finite thermoelasticity with limiting chain extensibility[J]. Journal of the Mechanica and Physics of Solids,2003,51(6):1127-1146.

[2] Vu-Cong T,Jean-Mistral C,Sylvestre A. New operating limits for applications with electroactive elastomer:Effect of the drift of the dielectric permittivity and the electrical breakdown[C]. Proceedings of SPIE,2013,8687:86871S.

[3] Suo Z G. Theory of dielectric elastomer[J]. Acta Mechanica Solida Sinica,2010,23(6): 549-578.

[4] Sheng J J,Chen H L,Li B. Effect of temperature on the stability of dielectric elastomers[J]. Journal of Physics D:Applied Physics,2011,44(36):365406.

[5] Gent A N. A new constitutive relation for rubber[J]. Rubber Chemistry and Technology, 1996,69(1):59-61.

[6] Li B,Chen H L,Qiang J H,et al. Effect of mechanical pre-stretch on the stabilization of dielectric elastomer actuation[J]. Journal of Physics D:Applied Physics,2011,44(15):155301.

[7] Molberg M,Leterrier Y,Plummer C J,et al. Frequency dependent dielectric and mechanical behavior of elastomers for actuator applications [J]. Journal of Applied Physics, 2009, 106(5):054112.

[8] Plante J S,Dubowsky S. Large-scale failure modes of dielectric elastomer actuators[J]. International Journal of Solids and Structures,2006,43(25-26):7727-7751.

[9] Stark K H,Garton C G. Electric strength of irradiated polythene[J]. Nature,1955,176:1225-1226.

[10] Zhou X,Zhao X,Suo Z,et al. Electrical breakdown and ultrahigh electrical energy density in poly(vinylidene fluoride-hexafluoropropylene) copolymer[J]. Applied Physics Letters, 2009,94:162901.

[11] Liu L,Chen H L,Li B,et al. Thermal and strain-stiffening effects on the electromechanical breakdownstrength of dielectric elastomers[J]. Applied Physics Letters,2015,107:062906.

[12] Zhao X H,Suo Z G. Electrostriction in elastic dielectrics undergoing large deformation[J]. Journal of Applied Physics,2008,104(12):123530.

[13] Jean-Mistral C,Sylvestre A,Basrour S,et al. Dielectric properties of polyacrylate thick films used in sensors and actuators[J]. Smart Materials and Structures,2009,19(7):075019.

[14] Qiang J H,Chen H L,Li B. Experimental study on the dielectric properties of polyacrylate dielectric elastomer[J]. Smart Materials and Structures,2012,21(2):025006.

[15] Newnham R E,Sundar V,Yimnirun R,et al. Electrostriction:Nonlinear electromechanical coupling in solid dielectrics [J]. Journal of Physical Chemistry B, 1997, 101 (48): 10141-10150.

[16] Sheng J J,Chen H L,Li B,et al. Influence of the temperature and deformation-dependent dielectric constant[J]. Journal of Applied Polymer Science,2013,128(4):2402-2407

第6章　DE材料的黏弹性及其对性能的影响分析

作为一种高分子聚合物材料,VHB系列的DE材料具有显著的黏弹性,为此,本章将针对DE材料的黏弹性及其对力电耦合特性的影响开展理论分析。首先对DE材料的黏弹性进行分析,建立考虑DE材料黏弹性的本构模型;然后分析DE材料的黏弹性对其力学、电学以及力电耦合性能的影响,分析DE驱动器的稳定性;最后分别分析在直流电压和交流电压作用下黏弹性引起的蠕变现象以及蠕变消除方法,为DE材料作为驱动器的实际应用提供指导。

6.1　黏弹性DE的力电耦合模型

早先针对DE材料驱动器的研究中,国内外的研究学者大部分将DE材料的变形行为简化为理想的弹性行为,即假设其变形过程与变形时间没有依赖关系。2000年,Peline等[1]在实验中发现,预拉伸后的DE材料虽然能够产生大于100%的变形,但是该变形和载荷的施加速度有显著的依赖关系。Lowe等[2]在研究中观测到,环形的DE材料在恒定的电压下,其力学变形会发生蠕变行为,类似的黏弹性蠕变在菱形的DE驱动器中也被发现。

为了表征DE材料黏弹性的影响,在最初的理论分析中,研究人员多采用小变形中黏弹性模型,模拟分析DE材料的松弛或者蠕变下的电致变形过程,但其结果与实验误差较大[3-6]。后来,依据Bergstrom-Boyce模型[7]中对于超弹性高分子材料的理论研究基础,Plante等[8]对VHB材料的黏弹性进行了理论和实验分析,发现二者吻合度较高。因此基于Bergstrom-Boyce模型的DE材料黏弹性的理论研究得到了推广[9-11],本节对其进行介绍。

如图6.1所示,对于DE材料薄膜,施加电压和外力作用产生变形后,DE材料薄膜受到机械应力σ_P和电应力σ_{E^2}的作用,总应力σ_{def}的大小为

$$\sigma_P + \sigma_{E^2} = \sigma_{def} \tag{6-1}$$

由于DE材料同时具有弹性和黏弹性的变形,可假设材料由两个三维的分子网络构成,如图6.2所示。其中,网络A是一个理想的超弹性高分子网络,而网络B是一个黏弹性的网络,其变形具有时间依赖性。

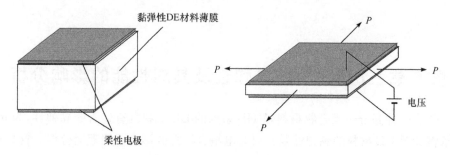

黏弹性DE材料薄膜

柔性电极

P

电压

图 6.1　DE 材料的电致变形过程

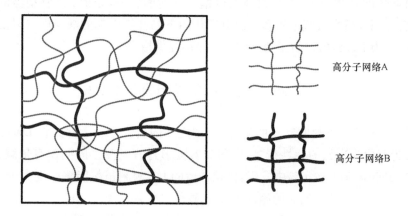

高分子网络A

高分子网络B

图 6.2　DE 材料的双重网络结构

　　为了表征该双重网络结构,令网络 A 的可逆变形 λ 由一个超弹性的弹簧表示,而网络 B 的变形通过一个串联的弹簧和阻尼器分别表示可逆变形 λ^e 和不可逆变形 λ^i,如图 6.3 所示。图 6.3 将整体变形分解成两个部分,即宏观可观测的整体变形通过网络 A 的变形 λ 来表示,而网络 B 的变形是弹性变形 λ^e 和非弹性变形 λ^i 的组合。在材料受到拉伸作用的初期,由于弹性变形不具有时间依赖性,它是瞬间完成的,因此网络 B 迅速产生弹性变形 λ^e 的响应,而由于非弹性的阻尼器变形与时间有关,因此在弹性变形初期尚未有 λ^i 产生,之后随时间变化才发生黏弹性变形。

　　假设 DE 材料是平面的等双轴变形,在弹性变形中,DE 材料的尺寸从 L 变化至 l^e,此时的弹性变形为 $\lambda^e=l^e/L$,随着时间的增加,非弹性变形 λ^i 在 λ^e 的基础上逐渐发生变化,即黏弹性变形前的尺寸是 l^e。而经过黏弹性变形后的最终尺寸是 l^i,此时黏弹性的变形为 $\lambda^i=l^i/l^{e[9-12]}$。因此材料的整体变形为 $\lambda=l^i/L$,即

$$\lambda=\lambda^i\lambda^e \tag{6-2}$$

　　根据热力学理论,材料变形的真实应力可通过其应变能获得,即

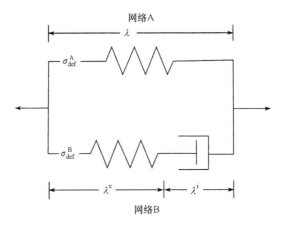

图 6.3　DE 材料的黏弹性物理模型

$$\sigma_{\mathrm{def}} = \lambda \frac{\partial W_{\mathrm{def}}}{\partial \lambda} \tag{6-3}$$

材料弹性应变能函数可以通过不同的模型进行表征。关于分子链网络 A，可以采用 Gent 模型描述材料在大变形中存在的刚化现象；而关于分子链网络 B，根据 Bergstrom-Boyce 的分析，材料的黏弹性变形并未达到分子链的变形极限，因此对网络 B 可采用 Neo-Hookean 模型表征弹簧 B 的弹性变形 λ^{e}。

根据上述分析，采用 Neo-Hookean 模型表征弹簧 B 的弹性变形 λ^{e}，并引入式(6-2)后，DE 材料的应变能可写为

$$W_{\mathrm{def}} = W_{\mathrm{def}}^{\mathrm{A}} + W_{\mathrm{def}}^{\mathrm{B}} = -\frac{\mu^{\mathrm{A}} J_{\mathrm{lim}}}{2} \ln\left(1 - \frac{2\lambda^2 + \lambda^{-4} - 3}{J_{\mathrm{lim}}}\right) + \frac{1}{2}\mu^{\mathrm{B}}\left[2(\lambda/\lambda^{\mathrm{i}})^2 + (\lambda/\lambda^{\mathrm{i}})^{-4} - 3\right] \tag{6-4}$$

式中，μ^{A} 和 μ^{B} 分别是两个模型中的剪切模量。

对式(6-4)进行偏微分，可以得到当前状态下 DE 材料变形后的真实黏弹性应力，即

$$\sigma_{\mathrm{def}} = \sigma_{\mathrm{def}}^{\mathrm{A}} + \sigma_{\mathrm{def}}^{\mathrm{B}} = \lambda \frac{\partial W_{\mathrm{def}}^{\mathrm{A}}}{\partial \lambda} + \lambda^{\mathrm{e}} \frac{\partial W_{\mathrm{def}}^{\mathrm{B}}}{\partial \lambda^{\mathrm{e}}}$$

$$= \mu^{\mathrm{A}} \frac{\lambda^2 - \lambda^{-4}}{1 - (2\lambda^2 + \lambda^{-4} - 3)/J_{\mathrm{lim}}} + \mu^{\mathrm{B}}\left[(\lambda/\lambda^{\mathrm{i}})^2 - (\lambda/\lambda^{\mathrm{i}})^{-4}\right] \tag{6-5}$$

对于分子链网络 B 的变形，由于是弹簧和阻尼器的串联结构，弹簧的应力 $\sigma_{\mathrm{def}}^{\mathrm{B}}$ 和阻尼器的应力相等[10]，因此有

$$\sigma_{\mathrm{def}}^{\mathrm{B}} = \lambda^{\mathrm{e}} \frac{\partial W_{\mathrm{def}}^{\mathrm{B}}}{\partial \lambda^{\mathrm{e}}} = \eta \frac{\mathrm{d}\lambda^{\mathrm{i}}}{\mathrm{d}t} \tag{6-6}$$

式中，η 为黏性系数；t 为时间。

在求解式(6-6)时,可以假设初始态 $t=0$ 时刻的初始变形条件为 $\lambda^i(0)=1$,因此可得

$$\lambda^i = \left\{ 1/\exp\left(\frac{3\mu^B}{\eta\lambda}t\right) + \lambda^3\left[1 - 1/\exp\left(\frac{3\mu^B}{\eta\lambda}t\right)\right]\right\}^{1/3} \tag{6-7}$$

根据前面分析可知,理想的介电聚合物材料(即极化不受变形的影响),其电应力可通过 Maxwell 应力表示,即

$$\sigma_{\text{Maxwell}} = \varepsilon_0\varepsilon_r E^2 \tag{6-8}$$

式中,E 为变形状态的真实电场;ε_0 为真空介电率,其值为 $8.85\times10^{-12}\,\text{F/m}$;$\varepsilon_r$ 为材料的相对介电常数。对于本章讨论的 DE 材料的网络 A,可假设其是理想高分子聚合物电介质,因此其电应力可表示为 $\sigma_E^A = \varepsilon_0\varepsilon_r E^2$。

由于黏弹性 DE 材料的变形具有时间依赖性,可以认为其极化与黏弹性变形也存在一定的关系,即对于网络 B,认为其极化是受到变形影响的。此时考虑单一的 Maxwell 应力不再适用,而应该增加相应的与变形有关的系数。因此,对于网络 B,不仅需考虑黏弹性与力学性能的关系,同时也需考虑其黏弹性变形与电学极化的关系。因此,网络 B 中的电应力表达式为

$$\sigma_{E^2}^B = \varepsilon_0\varepsilon_r\left\{1 + \alpha\left[(\lambda^e)^{-1/2} - 1\right]\right\}E^2 = \varepsilon_0\varepsilon_r\left\{1 + \alpha\left[(\lambda/\lambda^i)^{-1/2} - 1\right]\right\}E^2 \tag{6-9}$$

式中,α 是极化与变形的耦合关系系数。

假设 $\phi = \mu^B/(\mu^A + \mu^B)$ 表示黏弹性网络 B 在单位 DE 材料中的体积比例,则可将整个黏弹性 DE 材料的电应力写成

$$\sigma_{E^2} = (1-\phi)\varepsilon_0\varepsilon_r E^2 + \phi\varepsilon_0\varepsilon_r\left\{1 + \alpha\left[(\lambda/\lambda^i)^{-1/2} - 1\right]\right\}E^2 \tag{6-10}$$

此外,由于预拉伸变形 λ_p 可以保持 DE 材料处于张紧状态以防止张力损失现象的产生,DE 材料在实际使用中必须施加预拉伸变形,根据式(6-5)和式(6-7),预拉伸应力可表示为 λ_p 和 λ^i 的函数,即

$$\sigma_P = \mu^A\frac{(\lambda_p)^2 - (\lambda_p)^{-4}}{1 - [2(\lambda_p)^2 + (\lambda_p)^{-4} - 3]/J_{\text{lim}}} + \mu^B\left[(\lambda_p/\lambda^i)^2 - (\lambda_p/\lambda^i)^{-4}\right] \tag{6-11}$$

$$\lambda^i = \left\{1/\exp\left(\frac{3\mu^B}{\eta\lambda_p}t\right) + (\lambda_p)^3\left[1 - 1/\exp\left(\frac{3\mu^B}{\eta\lambda_p}t\right)\right]\right\}^{1/3} \tag{6-12}$$

利用第 3 章给出的实验数据对式(6-11)及式(6-12)进行拟合,得到的拟合结果如表 6.1 所示。

表 6.1　VHB 材料的实验拟合结果

剪切模量 μ^A/MPa	剪切模量 μ^B/MPa	黏性系数 η/MPa·s	J_{lim}
0.0167	0.0438	8	80

6.2　黏弹性对 DE 材料预拉伸作用的影响

受黏弹性的影响,经过预拉伸之后的 DE 材料内部的力学和电学性能都会受到影响,且会随时间发生变化,下面将对其进行深入分析。

6.2.1　黏弹性引起的 DE 材料松弛变形对预拉伸作用的影响

如前所述,DE 材料预拉伸后的刚度和同等电压下的电场强度均会有所提高[13,14],同时力电耦合的稳定性也得到了保障。然而由于 DE 材料的黏弹性,施加机械预拉伸后材料会发生应力松弛,即削弱预拉伸的作用,如果松弛现象明显,施加电压后产生的电致变形则难以保证稳定性,因此掌握预拉伸后材料的黏弹性变形行为是非常重要的。

为了分析预拉伸后黏弹性对 DE 材料变形的影响规律,此处给定三组平面等双轴预拉伸,即 $\lambda^p = 0.5$、2、3,将第 3 章由实验获得的参数代入式(6-11)及式(6-12),采用数值分析方法可以获得预拉伸后黏弹性对 DE 材料变形的影响规律。

图 6.4 中绘制了三组不同预拉伸下的材料名义应力松弛和非弹性变形随时间的变化过程。其中,$\lambda_p < 1$ 可以认为材料在厚度方向上增长,阻止吸合失稳的产生;而 $\lambda_p > 1$ 可以认为材料的厚度减小,产生了平面扩张的预变形过程。从图 6.4(a)中可以看到,在不同的预拉伸倍数下,DE 材料的名义应力发生了显著的松弛效应,即随着时间的延长,材料的应力下降,直到达到最终的平衡状态,该现象是一种典型的黏弹性特征。在 DE 材料的聚合物网络 B 中,弹簧产生的弹性变形很快,且不依赖时间,而阻尼器的变形 λ^i 不是瞬时产生的,而是与弹簧的变形有密切的依赖关系,即 $\lambda = \lambda^i \lambda^e$,且需要一定的松弛时间才能保证材料达到应力松弛后的平衡状态,如图 6.4(b)所示。因此,预拉伸后的 DE 材料受其内部黏弹特性的影响,随着时间的变化,材料的内应力会发生松弛。也就是说,DE 材料的黏弹性会降低机械预拉伸的力学作用。

定义松弛时间为 $\tau = \eta / \mu^B$,由第 3 章的实验数据可确定 VHB 4910 系列 DE 材料的松弛时间为 182s。

6.2.2　黏弹性对预拉伸后 DE 材料介电强度的影响

DE 材料的介电强度是指材料在电击穿发生之前能够承受的最高电场强度。在之前的研究中发现,DE 材料预拉伸后的击穿强度会有明显的提高[14],即电击穿的介电强度 E_B(单位:MV/m)与变形 λ 有如下关系:

$$E_B \propto \lambda \tag{6-13}$$

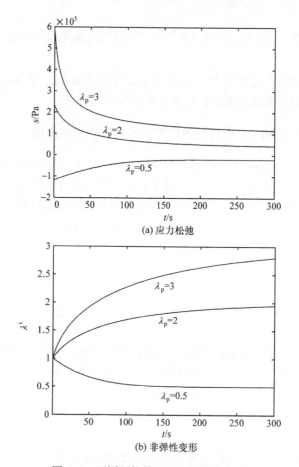

(a) 应力松弛

(b) 非弹性变形

图 6.4　不同预拉伸下 DE 材料的变形

对于黏弹性 DE 材料,虽然材料在预拉伸之后的电场强度有所提高,但由于其内部分子链网络 B 的应力松弛效应,其介电强度也会受到影响,根据文献[14]对 VHB 材料的实测结果,可将式(6-13)表示为

$$E_B = 2.45 \times (2\lambda^e)^{1.713} \tag{6-14}$$

式中,λ^e 和预拉伸变形 λ_p 关系为

$$\lambda^e = \lambda_p / \lambda^i = \lambda_p \Big/ \left\{ (\lambda_p)^3 \left[1 - 1/\exp\left(\frac{3\mu^B}{\lambda_p \eta} t \right) \right] + 1/\exp\left(\frac{3\mu^B}{\lambda_p \eta} t \right) \right\}^{1/3} \tag{6-15}$$

根据式(6-15)可以得到不同预拉伸下 DE 材料的介电强度随时间的变化曲线。图 6.5 绘制了不同预拉伸倍数下 DE 材料的介电强度随时间的变化趋势。由图可见,在没有预拉伸的情况下,即 $\lambda_p = 1$ 时,介电强度和时间无关;但随着预拉伸倍数的增大,DE 材料的击穿场强明显增大,然后随着时间延长慢慢衰退逐步达到稳定状态。这种击穿场强的时间依赖关系在文献[8]的实验报道中也被观察到,即

对于施加了预拉伸的 DE 材料,间隔一定时间后再施加电压,此时 DE 材料的击穿电压与该时间间隔有明显的关系,间隔越长,击穿场强越低。此现象表明,尽管预拉伸可以提高 DE 材料的介电强度,但材料的黏弹性削弱了预拉伸的作用。

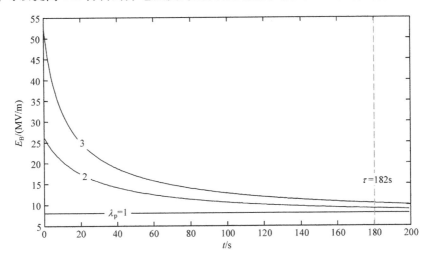

图 6.5　DE 材料介电强度随时间的变化

6.2.3　黏弹性对预拉伸后 DE 材料力电耦合失稳的影响

由前述分析可知,DE 材料的力学和电学性能都会受到黏弹性的影响,因此,其力电耦合电致变形也必然与黏弹性有密切关系。为了掌握其影响规律,假设有一个 DE 材料薄膜,先施加等双轴的力学预拉伸 λ_p,然后在间隔 Δt 时间之后,施加电压 Φ。为了研究该行为,将电致变形的本构关系表示为

$$\mu^A \frac{\lambda^2 - \lambda^{-4}}{1 - (2\lambda^2 + \lambda^{-4} - 3)/J_{\lim}} + \mu^B \left[(\lambda/\lambda^i)^2 - (\lambda/\lambda^i)^{-4} \right]$$

$$= \sigma^P + \mu^A \lambda^4 \left\{ \Phi / \left[H \sqrt{(\mu^A + \mu^B)/(\varepsilon_0 \varepsilon_r)} \right] \right\}^2$$

$$+ \mu^B \left[1 + \alpha \left(\frac{\lambda}{\lambda^i} \right)^{-1/2} - \alpha \right] \lambda^4 \left\{ \Phi / \left[H \sqrt{(\mu^A + \mu^B)/(\varepsilon_0 \varepsilon_r)} \right] \right\}^2 \qquad (6\text{-}16)$$

式中,σ^P 为预拉伸的应力,可以通过式(6-11)和式(6-12)得到。

取材料厚度 $H = 1\text{mm}$,可以获得 DE 材料施加电压与预拉伸相隔时间间隔 Δt 后的电致变形曲线如图 6.6 所示。该图绘制了电压引起的 DE 材料的厚度变形(λ^{-2}),图 6.6(a)是在预拉伸之后 $\Delta t = 0.01\tau$ 时刻施加了电压载荷,而图 6.6(b)是在时间间隔为 2τ 的时刻施加了电压载荷。由图可见,由于时间间隔的差异,DE 材料的力电耦合稳定性也发生了变化。

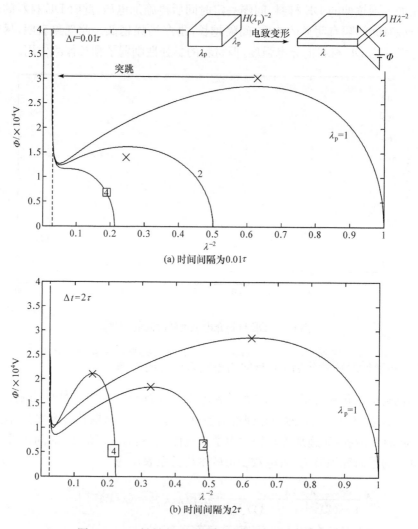

(a) 时间间隔为0.01τ

(b) 时间间隔为2τ

图 6.6　DE 材料在不同时间间隔时的电致变形曲线

　　如图 6.6(a)所示,当时间间隔较短,即 $\Delta t = 0.01\tau$ 时,可以近似认为 DE 材料的电载荷和力载荷是同时施加的,此时 DE 材料尚未有显著的非弹性松弛变形。如果没有预拉伸,即 $\lambda_p = 1$,则材料在厚度方向上减小,直到达到临界变形点(图中用"×"标记),此时会发生突跳的失稳现象,从临界点跳至其变形极限 λ_{lim} 附近。通过施加一定大小的预拉伸,DE 材料能够借助其应变刚化效应,消除不稳定现象,实现单调递增的变形过程,如图中 $\lambda_p = 4$ 的曲线就没有突跳失稳现象。

　　如图 6.6(b)所示,当时间间隔较大时,即 $\Delta t = 2\tau$,即施加电压的时间明显滞后于预拉伸时间,此时 DE 材料内部发生明显的应力松弛过程。对比图 6.6(a)可知,原来不存在突跳失稳的预拉伸倍数 $\lambda_p = 4$,由于施加电载荷的滞后时间较长,应力松弛抵消了预拉伸产生的应变刚化效果,导致不稳定现象发生。从微观角度上分析可认为,随着时间的延长,DE 材料的分子链从预拉伸状态慢慢回卷收缩,宏观上表现为应力松弛。这种松弛过程一方面耗散了积累的静电能,另一方面导致非弹性变形,进而抵消了预拉伸应变对材料刚度以及介电强度的提高,所以 DE 材料依然会发生力电耦合失稳行为。

6.3　直流电压下 DE 材料的蠕变行为及其抑制方法

如前所述,黏弹性会同时产生弹性和非弹性变形,其中弹性变形不依赖于时间,可以瞬间产生,而非弹性变形严重依赖时间,黏弹性的表现形式除了 6.2 节分析的应力松弛,还包括蠕变。即在直流电压作用下,DE 材料会出现明显的蠕变现象,且当电压超过某个阈值后会引起力电不稳定,而这种不稳定性在 DE 材料驱动过程中是不希望的。因此,本节针对 DE 材料的蠕变现象给出一种抑制方法,即根据 DE 材料蠕变现象的理论分析,获得其蠕变随时间的变化关系,在此基础上,在 DE 材料驱动过程中施加一个预编程的电压来实现蠕变的消除,从而获得一个恒定的变形[15]。

为了说明此抑制方法,本节选择一个典型的圆形 DE 材料驱动器。图 6.7 是试件的示意图,图 6.7(a)为一个施加了 4 倍预拉伸的 VHB 薄膜被安装在圆形硬质框架上,框架半径 30mm,固定好的 VHB 薄膜被放置 48h 后使其内部预应力彻底松弛,之后在中间位置涂抹柔顺电极,电极半径 10mm;图 6.7(b)为施加电压后中间活性区域产生面内方向扩张和厚度方向收缩变形示意图。

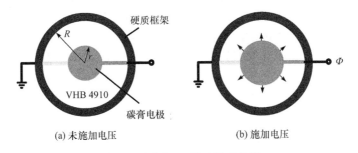

(a) 未施加电压　　　　　　(b) 施加电压

图 6.7　圆形 DE 驱动器示意图

为了分析该驱动器的蠕变特性,仍然采用图 6.3 给出的 DE 材料黏弹性流变物理模型。如图 6.7 所示的圆形驱动器的理论分析非常复杂,因为在外围的非活性区域的变形是不均匀的。为了简化,本节计算中假设圆形 DE 材料驱动器的变形为均匀变形,并全部利用 Gent 模型来表征 A 和 B 网络的应变能,可以得到黏弹性 DE 材料的本构关系如下：

$$\frac{\sigma^{\mathrm{P}}}{\lambda_{\mathrm{p}}}\lambda + \varepsilon\left(\frac{\Phi}{H}\right)^2\lambda^4 = \frac{\mu^{\mathrm{A}}(\lambda^2 - \lambda^{-4})}{1 - (2\lambda^2 + \lambda^{-4} - 3)/J_{\lim}^{\mathrm{A}}} + \frac{\mu^{\mathrm{B}}(\lambda^2\xi^{-2} - \lambda^{-4}\xi^4)}{1 - (2\lambda^2\xi^{-2} + \lambda^{-4}\xi^4 - 3)/J_{\lim}^{\mathrm{B}}}$$

$$(6\text{-}17)$$

式中，$\varepsilon = 4.11 \times 10^{-11}\mathrm{F/m}$，是 DE 材料介电常数，本节假设其与变形无关；$\lambda$ 是总应变；ξ 是非弹性应变；Φ 是电压；H 是 DE 材料薄膜的初始厚度；μ^{A} 和 μ^{B} 分别是网络 A 和 B 材料的剪切模量；$J_{\lim}^{\mathrm{A}}$ 和 $J_{\lim}^{\mathrm{B}}$ 分别是网络 A 和 B 材料的变形极限。

$\lambda_{\mathrm{p}} = 4$ 是 VHB 薄膜的初始预拉伸倍数，σ^{P} 是由预拉伸引起的预应力，本节视其为一个不变量，可以表示为

$$\sigma^{\mathrm{P}} = \frac{\mu^{\mathrm{A}}(\lambda_{\mathrm{p}}^2 - \lambda_{\mathrm{p}}^{-4})}{1 - (2\lambda_{\mathrm{p}}^2 + \lambda_{\mathrm{p}}^{-4} - 3)/J_{\lim}^{\mathrm{A}}}$$

$$(6\text{-}18)$$

网络 B 的弹簧变形由应变 λ^{e} 表示，并且可知 $\lambda^{\mathrm{e}} = \lambda/\xi$。对于黏壶的变形，其变形速率与应力的关系可以表达为

$$\frac{\mathrm{d}\xi}{\mathrm{d}t} = \frac{\mu^{\mathrm{B}}}{6\eta}\frac{\lambda^2\xi^{-1} - \lambda^{-4}\xi^5}{1 - (2\lambda^2\xi^{-2} + \lambda^{-4}\xi^4 - 3)/J_{\lim}^{\mathrm{B}}}$$

$$(6\text{-}19)$$

式中，η 表示黏壶的黏度。

利用上面公式，就可以借助数值分析方法获得 DE 材料在不同驱动电压下的变形特性。数值模拟中取的参数为：$\mu^{\mathrm{A}} = 16\mathrm{kPa}$，$\mu^{\mathrm{B}} = 45\mathrm{kPa}$，$J_{\lim}^{\mathrm{A}} = 115$，$J_{\lim}^{\mathrm{B}} = 70$，$t_{\mathrm{v}} = \eta/\mu^{\mathrm{B}} = 200\mathrm{s}$。

图 6.8 给出了在不同驱动电压下该驱动器产生应变的变化历程，其中，空心符号表示实验数据，实线表示模拟结果。由对比结果可以看出，实验结果与理论模拟具有较好的一致性，表明本节给出的理论可以用来预测在给定电压下 DE 材料的蠕变特性。由图 6.8 可以发现，在加载恒定电压的条件下，应变在初始阶段有一个

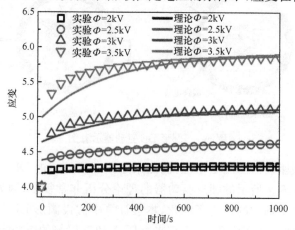

图 6.8　不同电压下 DE 材料驱动器应变的实验与理论结果对比

突跳,之后伴随时间的增加变形逐渐增大,其原因是发生了黏弹性蠕变和逐渐增强的电场共同作用。此外,在不同的电压下,DE 材料的应变大小不同,随着电压的减小而应变减小。

由图 6.8 可以看出,在施加电压为恒定的条件下,在获得稳定的应变之前有一个较长时间的蠕变过程。为了更好地将 DE 材料应用于实际,显然使 DE 材料产生一个稳定的变形是人们所希望的,为此,本节给出一种通过调节施加电压来实现稳定变形的方法。

基于前面建立的理论模型可知,非弹性应变 ξ 由于滞后的原因始终小于总应变 λ,但 ξ 会由于蠕变逐渐接近 λ,同时松弛弹性应力。如果希望在施加电压条件 DE 材料产生一个稳定的变形 λ,显然可以在变形达到 λ 的时刻开始,通过连续减小所施加的电压来控制其处于一个较小的稳定值,即使电压产生的 Maxwell 应力和 DE 材料内部的弹性应力始终处于平衡状态,从而达到抑制蠕变的目的。

DE 材料蠕变抑制过程可用图 6.9 来说明。假如施加的初始电压为 2.5kV,在电压作用下 DE 薄膜的变形会逐渐变大,假设希望从 $t=200\text{s}$ 以后总应变保持不变。可以联立式(6-17)和式(6-19),得到相应的电压值和非弹性应变值。图 6.9 中的虚线表示没有施加调节电压时的电压、总应变以及非弹性应变;实线表示在 $t=200\text{s}$ 时刻开始调节电压后的电压、总应变以及非弹性应变。即从这个时刻开始,逐渐降低电压值,可使总应变 λ 不再增加而保持为一个恒定值。

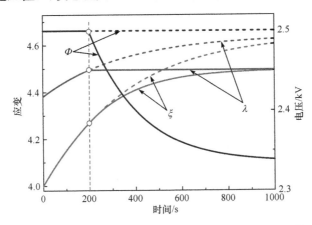

图 6.9　施加预编程电压与施加恒定电压的理论预测比较

为了验证本节给出的蠕变抑制方法的正确性,进行实验检验。实验中为了保证电压值能够按照图 6.9 中给出的实线变化规律逐渐减小,将根据理论计算获得的模拟电压值输入 Agilent 函数信号发生器,对其输出进行预编程控制,从而可得到相应的电压变化信号。

图 6.10 描述了初始电压为 2.5kV 时,从 $t=200\text{s}$ 施加预编程电压后,实验结

果与理论模拟结果的对比。由图可以看出,应变在初始阶段有一个突跳(从 4 到 4.4),这与之前的理论模型和假设是一致的;在 $t=200s$ 以后,通过施加预编程的电压,得到了稳定的应变,实验与理论结果非常吻合,误差主要来源于模型的简化以及实验偏差。由此说明,本节给出的蠕变抑制方法是可行的,可以用于 DE 材料驱动器恒定位移输出的控制。

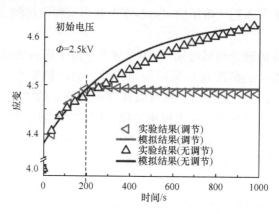

图 6.10　蠕变拟制的理论模拟与实验结果的对比

6.4　交流电压下的 DE 材料的蠕变行为及其抑制方法

6.3 节给出的是直流电压作用下,DE 材料驱动器蠕变行为的控制方法,本节将给出交流电压作用下 DE 材料驱动器蠕变行为的控制方法。

6.4.1　控制方程的建立

如图 6.11 所示,在参考状态下,DE 材料的尺寸为长 L_1、宽 L_2、厚 L_3。在不等双轴力和电压的作用下,DE 材料的尺寸变为长 l_1、宽 l_2、厚 l_3。三个主方向的拉伸率定义为 $\lambda_i=l_i/L_i(i=1,2,3)$。当施加交流电压时,为分析其机电行为,必须考虑三个方向的惯性力[16]。惯性力可由积分获得,分别为 $(-\rho L_1^3 L_2 L_3/3)(\mathrm{d}^2\lambda_1/\mathrm{d}t^2)\delta\lambda_1$、$(-\rho L_2^3 L_1 L_3/3)(\mathrm{d}^2\lambda_2/\mathrm{d}t^2)\delta\lambda_2$ 和 $(-\rho L_3^3 L_1 L_2/3)(\mathrm{d}^2\lambda_3/\mathrm{d}t^2)\delta\lambda_3$,其中 t 表示时间,ρ 表示密度。

如前所述,DE 材料的黏弹性可由如图 6.3 所示的流变模型来模拟,该流变模型包括两个并列单元:单元 A 由一个变形可逆的弹簧 α 组成;单元 B 由另一个弹簧 β 和一个串联的黏壶组成,μ^{α} 和 μ^{β} 分别是弹簧 α 和弹簧 β 的剪切模量,ξ_1 和 ξ_2 分别是黏壶在 1 方向和 2 方向的非弹性变形,弹簧 β 的变形可以由乘法法则定义为 $\lambda_i^e=\lambda_i/\xi_i$。

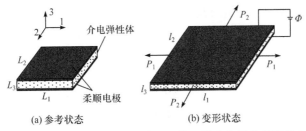

(a) 参考状态　　　　　　　　　(b) 变形状态

图 6.11　DE 材料的参考状态和不等双轴力作用的变形状态

　　讨论的 VHB 型 DE 材料可由如图 6.12 所示的网络结构来表示,即它是一种由支撑骨架和侧链组成的聚合物网络。在参考状态时,VHB 材料的支撑骨架和侧链是卷曲的,当施加外部载荷时,支撑骨架将会伸长而变得没有那么卷曲。由于每一个支撑骨架都有有限的长度,所以 VHB 材料的变形也是有限的。

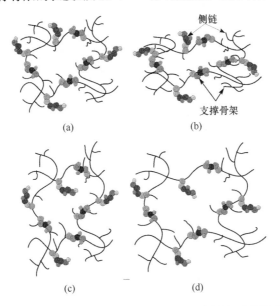

图 6.12　VHB 型 DE 材料是一种由支撑骨架和侧链组成的聚合物网络

　　为了描述 DE 材料这种有限的变形行为,采用 Gent 模型。基于 DE 材料的不可压缩假设($\lambda_3 = \lambda_1^{-1}\lambda_2^{-1}$),自由能密度函数可以表达为

$$W = -\frac{\mu^\alpha J_{\lim}^\alpha}{2}\ln\left(1 - \frac{\lambda_1^2 + \lambda_2^2 + \lambda_1^{-2}\lambda_2^{-2} - 3}{J_{\lim}^\alpha}\right)$$
$$-\frac{\mu^\beta J_{\lim}^\beta}{2}\ln\left(1 - \frac{\lambda_1^2\xi_1^{-2} + \lambda_2^2\xi_2^{-2} + \lambda_1^{-2}\lambda_2^{-2}\xi_1^2\xi_2^2 - 3}{J_{\lim}^\beta}\right) + \frac{D^2}{2\varepsilon} \tag{6-20}$$

式中,ε 是介电常数;μ^α 和 μ^β 分别是弹簧 α 和弹簧 β 的剪切模量;$J_{\lim}^\alpha$ 和 $J_{\lim}^\beta$ 分别是弹簧 α 和弹簧 β 的变形极限;D 是电位移,定义为 $D = Q/(L_1L_2\lambda_1\lambda_2)$,$Q$ 为电荷。

根据热力学理论,自由能的改变量等于合外力所做的总功为

$$L_1 L_2 L_3 \delta W = \Phi \delta Q + P_1 L_1 \delta \lambda_1 + P_2 L_2 \delta \lambda_2 - \frac{\rho L_1^3 L_2 L_3}{3} \frac{\mathrm{d}^2 \lambda_1}{\mathrm{d}t^2} \delta \lambda_1$$

$$- \frac{\rho L_2^3 L_1 L_3}{3} \frac{\mathrm{d}^2 \lambda_2}{\mathrm{d}t^2} \delta \lambda_2 - \frac{\rho L_3^3 L_1 L_2}{3} \frac{\mathrm{d}^2 \lambda_3}{\mathrm{d}t^2} \delta \lambda_3 \tag{6-21}$$

根据不可压缩性,3 方向的惯性力和拉伸率变分可分别表示为

$$\frac{\mathrm{d}^2 \lambda_3}{\mathrm{d}t^2} = -\lambda_1^{-2} \lambda_2^{-1} \frac{\mathrm{d}^2 \lambda_1}{\mathrm{d}t^2} - \lambda_1^{-1} \lambda_2^{-2} \frac{\mathrm{d}^2 \lambda_2}{\mathrm{d}t^2} + 2\lambda_1^{-3} \lambda_2^{-1} \left(\frac{\mathrm{d}\lambda_1}{\mathrm{d}t}\right)^2$$

$$+ 2\lambda_1^{-1} \lambda_2^{-3} \left(\frac{\mathrm{d}\lambda_2}{\mathrm{d}t}\right)^2 + 2\lambda_1^{-2} \lambda_2^{-2} \frac{\mathrm{d}\lambda_1}{\mathrm{d}t} \frac{\mathrm{d}\lambda_2}{\mathrm{d}t} \tag{6-22}$$

$$\delta \lambda_3 = -\lambda_1^{-2} \lambda_2^{-1} \delta \lambda_1 - \lambda_1^{-1} \lambda_2^{-2} \delta \lambda_2 \tag{6-23}$$

结合电位移,电荷量的变分可表示为

$$\delta Q = L_1 L_2 \lambda_1 \lambda_2 \delta D + D L_1 L_2 (\lambda_1 \delta \lambda_2 + \lambda_2 \delta \lambda_1) \tag{6-24}$$

结合式(6-20)~式(6-24),可以得到控制方程如下:

$$\frac{\rho L_1^2}{3} \frac{\mathrm{d}^2 \lambda_1}{\mathrm{d}t^2} - \frac{\rho L_3^2}{3} \lambda_1^{-2} \lambda_2^{-1} \frac{\mathrm{d}^2 \lambda_3}{\mathrm{d}t^2} + \frac{\mu^\alpha (\lambda_1 - \lambda_1^{-3} \lambda_2^{-2})}{1 - (\lambda_1^2 + \lambda_2^2 + \lambda_1^{-2} \lambda_2^{-2} - 3)/J_{\lim}^\alpha}$$

$$+ \frac{\mu^\beta (\lambda_1 \xi_1^{-2} - \lambda_1^{-3} \lambda_2^{-2} \xi_1^2 \xi_2^2)}{1 - (\lambda_1^2 \xi_1^{-2} + \lambda_2^2 \xi_2^{-2} + \lambda_1^{-2} \lambda_2^{-2} \xi_1^2 \xi_2^2 - 3)/J_{\lim}^\beta} - \frac{P_1}{L_2 L_3} - \frac{\varepsilon \Phi^2}{L_3^2} \lambda_1 \lambda_2^2 = 0 \tag{6-25}$$

$$\frac{\rho L_2^2}{3} \frac{\mathrm{d}^2 \lambda_2}{\mathrm{d}t^2} - \frac{\rho L_3^2}{3} \lambda_1^{-1} \lambda_2^{-2} \frac{\mathrm{d}^2 \lambda_3}{\mathrm{d}t^2} + \frac{\mu^\alpha (\lambda_2 - \lambda_1^{-2} \lambda_2^{-3})}{1 - (\lambda_1^2 + \lambda_2^2 + \lambda_1^{-2} \lambda_2^{-2} - 3)/J_{\lim}^\alpha}$$

$$+ \frac{\mu^\beta (\lambda_2 \xi_2^{-2} - \lambda_1^{-2} \lambda_2^{-3} \xi_1^2 \xi_2^2)}{1 - (\lambda_1^2 \xi_1^{-2} + \lambda_2^2 \xi_2^{-2} + \lambda_1^{-2} \lambda_2^{-2} \xi_1^2 \xi_2^2 - 3)/J_{\lim}^\beta} - \frac{P_2}{L_1 L_3} - \frac{\varepsilon \Phi^2}{L_3^2} \lambda_1^2 \lambda_2 = 0 \tag{6-26}$$

黏壶的变形可由 $\xi_1^{-1} \mathrm{d}\xi_1/\mathrm{d}t$ 和 $\xi_2^{-1} \mathrm{d}\xi_2/\mathrm{d}t$ 表示,结合与应力的关系可得

$$\frac{\mathrm{d}\xi_1}{\mathrm{d}t} = \frac{\mu^\beta}{6\eta} \frac{2\lambda_1^2 \xi_1^{-1} - \lambda_2^2 \xi_1 \xi_2^{-2} - \lambda_1^{-2} \lambda_2^{-2} \xi_1^3 \xi_2^2}{1 - (\lambda_1^2 \xi_1^{-2} + \lambda_2^2 \xi_2^{-2} + \lambda_1^{-2} \lambda_2^{-2} \xi_1^2 \xi_2^2 - 3)/J_{\lim}^\beta} \tag{6-27}$$

$$\frac{\mathrm{d}\xi_2}{\mathrm{d}t} = \frac{\mu^\beta}{6\eta} \frac{2\lambda_2^2 \xi_2^{-1} - \lambda_1^2 \xi_1^{-2} \xi_2 - \lambda_1^{-2} \lambda_2^{-2} \xi_1^2 \xi_2^3}{1 - (\lambda_1^2 \xi_1^{-2} + \lambda_2^2 \xi_2^{-2} + \lambda_1^{-2} \lambda_2^{-2} \xi_1^2 \xi_2^2 - 3)/J_{\lim}^\beta} \tag{6-28}$$

式中,η 为黏壶的黏度。

通过式(6-25)~式(6-28),可以借助数值计算获得 DE 材料在不等双轴力作用下的动态性能。数值计算中相关参数如下:$L_1 = L_2 = 0.05\mathrm{m}$,$L_3 = 0.001\mathrm{m}$,$\mu^\alpha = 18\mathrm{kPa}$,$\mu^\beta = 42\mathrm{kPa}$,$J_{\lim}^\alpha = 110$,$J_{\lim}^\beta = 55$,$t_v = 400\mathrm{s}$,$\varepsilon = 3.98 \times 10^{-11}\mathrm{F/m}$,$\rho = 1.2 \times 10^3 \mathrm{kg/m}^3$。

6.4.2　数值计算结果和讨论

本节讨论不等双轴力拉伸下 DE 材料的动态性能。为了分析交流电作用下

DE 材料的蠕变特性,施加一个正弦变化的电压 $\Phi=\Phi_0\sin(2\pi ft)$,其中,f 是激励电压频率,$\Phi_0=5\mathrm{kV}$ 是激励电压幅值。与前述一致,假设 DE 从参考状态激励,初始条件为:$\lambda_i(0)=\xi_i(0)=1$ 和 $\mathrm{d}\lambda_i(0)/\mathrm{d}t=0(i=1,2)$,下面对其在不同条件下的特性进行分析。

1. 共振频率和振幅

在不等双轴力作用下,两个面内方向的应变会发生耦合且在同一频率下共振,图 6.13 描述了拉伸力对共振频率的影响。其中,共振频率值由幅频曲线获得,即为幅频曲线出现峰值的频率值。由图 6.13 可以看出,其特点是轴对称,说明 P_1 和 P_2 对共振频率的影响是相同的。总体来说,拉伸力增大会引起共振频率减小,这与之前的研究结果是一致的。另外,共振频率的减小幅度随着拉伸力的增大而逐渐变得平缓。

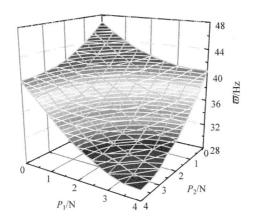

图 6.13　不等双轴力拉伸的 DE 材料的共振频率

图 6.14 所示为不等双轴力拉伸下 DE 材料的两个面内方向振动的幅频曲线。在 $P_1=1\mathrm{N}$ 条件下,图 6.14(a)和(b)分别分析了 $P_2<P_1$ 以及 $P_2>P_1$ 时方向 1 的幅频特性,图 6.14(c)和图(d)分别分析了 $P_2<P_1$ 以及 $P_2>P_1$ 时方向 2 的幅频特性。

由图 6.14(a)~(d)均可看出,在 P_1 给定的条件下,共振频率随着 P_2 的增加而逐渐减小;当 $P_2=P_1$ 时,共振频率约为 40Hz。此外,比较图 6.14(a)和(b)可知,当 $P_2<P_1$ 时,方向 1 的振动幅值随着 P_2 的增大而逐渐增大;而当 $P_2>P_1$ 时,方向 1 的振动幅值随着 P_2 的增大而变化不明显。比较图 6.14(c)和(d)可知,当 $P_2<P_1$ 时,方向 2 的振动幅值随着 P_2 的增大而逐渐增大;而当 $P_2>P_1$ 时,方向 2 的振动幅值随着 P_2 的增大而逐渐减小。

2. 动态响应和黏弹性蠕变消除

首先讨论不等双轴力拉伸下 DE 材料两个面内方向的振动响应,同样采取固

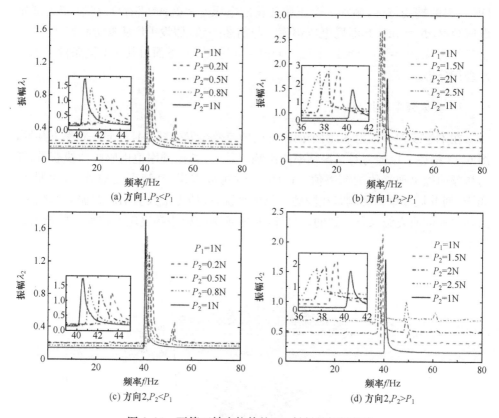

图 6.14　不等双轴力拉伸的 DE 材料的幅频曲线

定其中一个方向的拉伸力,变化另一个方向的拉伸力的方式。电压幅值固定在5kV,频率选择与共振频率比较接近的 40Hz。

图 6.15 描述了不等双轴力拉伸下 DE 材料的方向 1 的振动响应,其中 $P_1 = $1N,$P_2$ 的值分别取 0.2N、0.5212N、1N、1.8965N、2.5N,横坐标为时间,而纵坐标ξ_1 表示方向 1 的蠕变大小,λ_1 表示方向 1 的振动响应。

由图 6.15(a)可以看到,当 P_1 固定时,随着 P_2 增大,ξ_1 的蠕变值逐渐减小;当P_2 为 1.8965N 时,蠕变被完全抑制;如果 P_2 继续增大,ξ_1 将蠕变到一个小于 1 的值。这说明此时 DE 材料 1 方向的变化呈现压缩状态而不是拉伸状态。同样可以看出,ξ_1 引起的蠕变变形较小,这是因为黏弹性松弛时间常数较大。因此,可以认为,在交变电压作用下,通过合理选择两个方向的预拉伸力的大小(此例中,$P_1 = $1N,$P_2 = 1.8965$N),可以完全抑制方向 1 的蠕变变形。此外,由图 6.15(b)可以看到,当两个面内方向的拉伸力不同时,方向 1 的振动表现出了严重的非线性;当两拉伸力大小相同时,非线性会降低而且出现拍振的现象,这是因为当两拉伸力大小相同时,两方向的振动完全相同,耦合特性消失。

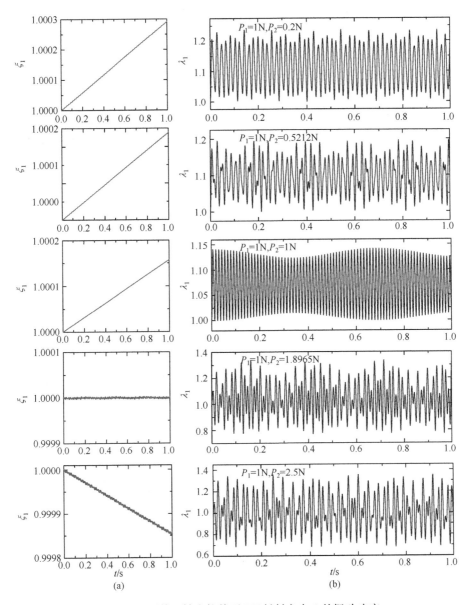

图 6.15　不等双轴力拉伸下 DE 材料方向 1 的振动响应

图 6.16 给出的是与图 6.15 同样条件下,方向 2 的振动响应。其中,纵坐标 ξ_2 表示方向 2 的蠕变大小。由图 6.16(a)可以看到,在 $P_1=1$N 的条件下,随着 P_2 的增大,方向 2 的变形逐渐由压缩状态转向拉伸状态,且当 P_2 为 0.5212N 时,蠕变被完全抑制,同样可以认为,在交变电压作用下,通过合理选择两个方向的预拉伸力的大小(此例中,$P_1=1$N,$P_2=0.5212$N),可以完全抑制方向 2 的蠕变变形。当

　　然如果 P_2 继续增大,则 ξ_2 将蠕变到一个更大的值。与图 6.15 比较可以看到,此时,ξ_2 的值较小,这是因为黏弹性松弛时间常数较大。此外,由图 6.16(b) 可以看出,当两个面内方向的拉伸力不同时,方向 2 的振动也表现出严重的非线性;当两拉伸力大小相同时,非线性会降低而且会出现拍振的现象。

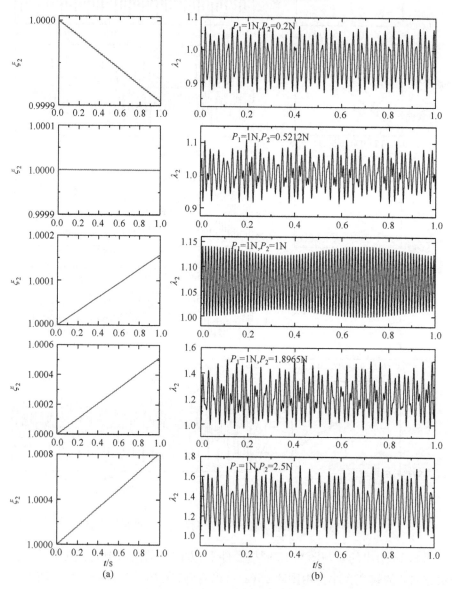

图 6.16　不等双轴力拉伸下 DE 材料方向 2 的振动响应

　　从上面分析可以看出,当 $P_1=1\mathrm{N}$ 时,随着 P_2 的变化,方向 1 和 2 的蠕变特性会发生变化。在本分析实例中,当 P_2 的值等于 1.8965N 时,方向 1 的蠕变得到抑制;而当 P_2 的值等于 0.5212N 时,方向 2 的蠕变会得到抑制,其实质是平面内两个方向的力发生相互耦合,导致其变形受到相互制约或相互抑制。因此,在 DE 材料的实际使用中,在交变电载荷作用下,可以通过合理调配平面内两个方面的预拉伸力大小,实现抑制动态蠕变的效果。

6.5　本 章 小 结

本章首先建立了黏弹性 DE 材料的力电耦合模型,并利用实验数据获得了黏弹性模型的相关参数。然后基于该模型分析了预拉伸条件下黏弹性对 DE 静态性能的影响,包括应力松弛、蠕变、介电强度以及失稳现象。结果表明,预拉伸后的 DE 材料受其内部黏弹性的影响,材料的分子链从预拉伸状态慢慢回卷收缩,宏观上表现为应力的松弛。这种松弛过程一方面耗散了积累的静电能,另一方面导致非弹性的变形,进而抵消了预拉伸应变对材料刚度以及介电强度提高的效果,导致 DE 材料依然可能会发生力电耦合失稳行为。最后,本章分别介绍了 DE 材料在直流和交流电压下黏弹性蠕变行为以及消除黏弹性蠕变的方法。在直流电压作用下,可以通过施加预编程电压来实现 DE 材料蠕变的消除,即通过连续减小所施加的电压来控制其处于一个较小的稳定值,使电压产生的 Maxwell 应力和 DE 材料内部的弹性应力始终处于平衡状态,从而达到抑制蠕变的目的,实现在静态驱动过程中输出位移的恒定不变性。在交流电的作用下,DE 材料振动的平衡位置会随着时间而发生漂移,本章介绍了一种利用平面内两个方向的力耦合方法实现 DE 材料动态振动下黏弹性蠕变的抑制方法,即可以通过合理调配平面内两个方面的预拉伸力大小,达到抑制动态蠕变的效果。

参 考 文 献

[1] Pelrine R, Kornbluh R, Pei B, et al. High-speed electrically actuated elastomers with strain greater than 100%[J]. Science, 2000, 287: 836-839.

[2] Lowe C, Zhang X, Kovas G. Dielectric elastomer in actuator technoloty[J]. Advanced Energy Materials, 2005, 7(5): 361-367.

[3] Zhang J S, Chen H L, Sheng J J, et al. Consititutive relation of viscoelastic dielectric elastomer [J]. Theoretical and Applied Mechanics Letters, 2013, 5: 054011.

[4] Kornbluh R, Pelrine R, Pei Q et al. Ultrahigh strain response of field-actuated elastomeric polymers[C]. Proceedings of SPIE, 2000, 3987: 51-64.

[5] Yang E, Frecker M, Mockenstur E. Viscoelastic model of dielectric elastomer membranes [C]. Proceedings of SPIE, 2005, 5759: 82-93.

[6] Wissler M, Mazza E, Modeling of a pre-strained circular actuator made of dielectric elasto-

mers[J]. Sensors and Actuators A,2005,120:184-192.

[7] Bergstrom J Boyce M. Constitutive modeling of the large strain time-dependant behavior of elastomers[J]. Journal of the Mechanics and Physics of Solids,1998,46(5):931-954.

[8] Plante J,Dubowsky S. Large scale failure modes of dielectric elastomer actuators[J]. International Journal of Solid and Structures,2006,43:7727-7751.

[9] Hong W. Modelling of viscoelastic dielectric[J]. Journal of the Mechanics and Physics of Solids,2011,59:637-650.

[10] Zhao X, Suo Z. Nonequilibrium thermodynamics of dielectric elastomer[J]. International Journal of Applied Mechanics,2011,3:203-217.

[11] Foo C C,Cai S,Koh S J A,et al. Model of disspative dielectric elastomers[J]. Journal of Applied Physics,2012,111:034102.

[12] Zhao X H,Suo Z G,Electrostricion in elastic dielectrics undergoing large deformation[J]. Journal of Applied Physics,2008,104:123530.

[13] Michel S,Zhang X Q,Wissler M,et al. A comparison between silicone and acrylic elastomers as dielectric materials in electroactive polymer actuators[J]. Polymer International,2010,59:391-399.

[14] Li B,Chen H L,Qiang J H,et al. Effect of mechanical prestretch on the stabilization of dielectric elastomer actuator[J]. Journal of Physics D:Applied Physics,2011,44:155301.

[15] Zhang J S,Wang Y J,McCoul D,et al. Viscoelastic creep elimination in dielectric elastomer actuation by preprogrammed voltage[J]. Applied Physics Letters,2014,105:212904.

[16] Zhang J S,Chen H L,Li B,et al. Coupled nonlinaer oscillation and stability evolution of viscoelastic dielectric elastomers[J]. Soft Matter,2015,11:7483-7493.

第7章 DE材料的动态特性分析

DE材料在许多实际应用中工作在交变载荷下,因此讨论DE材料驱动器的动态特性具有重要的实际意义。实际上,本书前面几章部分内容已经涉及DE材料驱动器的动态特性,为了使读者进一步掌握DE材料驱动器的动态特性分析方法并了解其变化规律,本章将专门对其进行较详细的介绍。首先介绍DE材料驱动器动力学分析的建模方法,然后介绍DE材料驱动器在力电耦合作用下的非线性动态特性,最后着重分析温度及激励频率对DE材料驱动器动态特性的影响。

7.1 DE材料驱动器的动力学建模方法

目前,DE材料驱动器动力学的建模有两种方法,即基于虚功原理的方法以及基于欧拉-拉格朗日方程的方法。Zhu等[1]最先通过虚功原理方法对产生面外变形的DE材料气球的动态性能进行了分析,后来该方法逐步推广到其他结构中[2]。Xu等[3]最先使用欧拉-拉格朗日方程(Euler-Langrange equation)方法建立了DE材料驱动器的动力学方程,并分析了DE材料驱动器的动态稳定性。本节将对这两种建模方法分别进行介绍。

7.1.1 基于虚功原理的DE材料驱动器建模方法

本节以如图7.1所示的DE材料驱动器的面内振动为例,借助虚功原理方法来建立其动力学模型[4],为DE材料面内振动的分析奠定基础。建模中假设DE材料是一种理想的电介质,其变形$\lambda_1 = l_1/L_1$、$\lambda_2 = l_2/L_2$和$\lambda_3 = l_3/L_3$是时间的函数,其中L_i为变形前尺寸,l_i为变形后尺寸。

DE材料的介电性能与聚合物熔融体一样,其真实电位移与真实电场强度的关系可以表示为$D = \varepsilon E$,其中ε为DE材料的介电常数,那么可以得到DE材料驱动器的电荷量与电压的关系为

$$Q = \Phi \frac{\varepsilon L_1 L_2}{L_3} \lambda_1^2 \lambda_2^2 \tag{7-1}$$

对式(7-1)求偏微分可得到δQ的表达式为

$$\delta Q = \frac{\varepsilon L_1 L_2}{L_3} \lambda_1^2 \lambda_2^2 \delta \Phi + \Phi \frac{\varepsilon L_1 L_2}{L_3} (2\lambda_1 \lambda_2^2 \delta \lambda_1 + 2\lambda_2 \lambda_1^2 \delta \lambda_2) \tag{7-2}$$

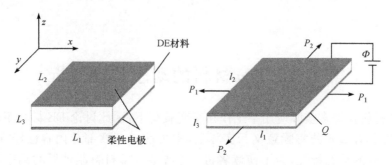

图 7.1　DE 材料平面驱动器的变形示意图

在 t 时刻,当有少量的电荷流过 DE 材料两侧电极时,电压做功为 $\Phi\delta Q$,当 DE 材料的尺寸发生 $\delta\lambda_1$ 和 $\delta\lambda_2$ 的微小变化时,外力做的功分别为 $P_1 L_1 \delta\lambda_1$ 和 $P_2 L_2 \delta\lambda_2$,其中 P_1 和 P_2 为外部拉伸力。此时,x 和 y 方向上微小单元的惯性力分别为 $\rho L_2 L_3 x^2 (\mathrm{d}^2\lambda_1/\mathrm{d}t^2)$ 和 $\rho L_1 L_3 y^2 (\mathrm{d}^2\lambda_2/\mathrm{d}t^2)$[2],其中 ρ 为 DE 材料的密度。为了考虑 DE 材料的黏弹性,本节引入黏性阻尼力,阻尼力分别为 $cx\mathrm{d}\lambda_1/\mathrm{d}t$ 和 $cy\mathrm{d}\lambda_2/\mathrm{d}t$,其中 c 为 DE 材料的黏性阻尼系数。分别对微小单元上 $\delta\lambda_1\mathrm{d}x$ 和 $\delta\lambda_2\mathrm{d}y$ 的惯性力和阻尼力在 x 和 y 方向进行积分,可求得惯性力和阻尼力所做的功分别为

$$\rho L_2 L_3 \frac{\mathrm{d}^2\lambda_1}{\mathrm{d}t^2}\delta\lambda_1 \int_0^{L_1} x^2\mathrm{d}x = \frac{L_1^3 \rho L_2 L_3}{3}\frac{\mathrm{d}^2\lambda_1}{\mathrm{d}t^2}\delta\lambda_1 \tag{7-3}$$

$$\rho L_1 L_3 \frac{\mathrm{d}^2\lambda_2}{\mathrm{d}t^2}\delta\lambda_2 \int_0^{L_2} y^2\mathrm{d}y = \frac{L_2^3 \rho L_1 L_3}{3}\frac{\mathrm{d}^2\lambda_2}{\mathrm{d}t^2}\delta\lambda_2 \tag{7-4}$$

$$c\frac{\mathrm{d}\lambda_1}{\mathrm{d}t}\delta\lambda_1 \int_0^{L_1} x\mathrm{d}x = \frac{1}{2}cL_1^2\delta\lambda_1 \frac{\mathrm{d}\lambda_1}{\mathrm{d}t} \tag{7-5}$$

$$c\frac{\mathrm{d}\lambda_2}{\mathrm{d}t}\delta\lambda_2 \int_0^{L_2} y\mathrm{d}x = \frac{1}{2}cL_2^2\delta\lambda_2 \frac{\mathrm{d}\lambda_2}{\mathrm{d}t} \tag{7-6}$$

在任意热力学系统中,自由能的改变量等于外力、电压、惯性力和阻尼力所做功的总和,即

$$L_1 L_2 L_3 \delta W = \Phi\delta Q + P_1 L_1 \delta\lambda_1 + P_2 L_2 \delta\lambda_2 - \frac{L_1^3 \rho L_2 L_3}{3}\frac{\mathrm{d}^2\lambda_1}{\mathrm{d}t^2}\delta\lambda_1$$

$$- \frac{L_2^3 \rho L_1 L_3}{3}\frac{\mathrm{d}^2\lambda_2}{\mathrm{d}t^2}\delta\lambda_2 - \frac{1}{2}cL_1^2\delta\lambda_1 \frac{\mathrm{d}\lambda_1}{\mathrm{d}t} - \frac{1}{2}cL_2^2\delta\lambda_2 \frac{\mathrm{d}\lambda_2}{\mathrm{d}t} \tag{7-7}$$

DE 材料的自由能包括弹性应变能和静电能,正如前面章节指出,DE 材料的应变能可以用各种模型表示,当采用 Gent 模型时,DE 材料的自由能可以表示为

$$W = -\frac{\mu J_m}{2}\ln\left(1 - \frac{\lambda_1^2 + \lambda_2^2 + \lambda_1^{-2}\lambda_2^{-2} - 3}{J_m}\right) + \frac{\varepsilon}{2}\left(\frac{\Phi}{L_3}\right)^2 \lambda_1^2\lambda_2^2 \tag{7-8}$$

式中,μ 表示剪切模量;J_m 表示变形极限。

将式(7-2)代入式(7-7)可得

$$L_1L_2L_3\delta W=\frac{\varepsilon\Phi^2 L_1L_2}{L_3}(2\lambda_1\lambda_2^2\delta\lambda_1+2\lambda_1^2\lambda_2\delta\lambda_2)+\frac{\varepsilon\Phi L_1L_2}{L_3}\lambda_1^2\lambda_2^2\delta\Phi+P_1L_1\delta\lambda_1+P_2L_2\delta\lambda_2$$

$$-\frac{L_1^3\rho L_2L_3}{3}\frac{\mathrm{d}^2\lambda_1}{\mathrm{d}t^2}\delta\lambda_1-\frac{L_2^3\rho L_1L_3}{3}\frac{\mathrm{d}^2\lambda_2}{\mathrm{d}t^2}\delta\lambda_2-\frac{cL_1^2\delta\lambda_1}{2}\frac{\mathrm{d}\lambda_1}{\mathrm{d}t}-\frac{cL_2^2\delta\lambda_2}{2}\frac{\mathrm{d}\lambda_2}{\mathrm{d}t}\quad(7\text{-}9)$$

式中,独立变量为 $\delta\lambda_1$ 和 $\delta\lambda_2$。对式(7-9)求解可以得到如下方程:

$$\frac{\partial W}{\partial\lambda_1}=2\varepsilon\left(\frac{\Phi}{L_3}\right)^2\lambda_1\lambda_2^2+\frac{P_1}{L_2L_3}-\frac{L_1^2\rho}{3}\frac{\mathrm{d}^2\lambda_1}{\mathrm{d}t^2}-\frac{1}{2}\frac{cL_1}{L_2L_3}\frac{\mathrm{d}\lambda_1}{\mathrm{d}t}\quad(7\text{-}10)$$

$$\frac{\partial W}{\partial\lambda_2}=2\varepsilon\left(\frac{\Phi}{L_3}\right)^2\lambda_1^2\lambda_2+\frac{P_2}{L_1L_3}-\frac{L_2^2\rho}{3}\frac{\mathrm{d}^2\lambda_2}{\mathrm{d}t^2}-\frac{1}{2}\frac{cL_2}{L_1L_3}\frac{\mathrm{d}\lambda_2}{\mathrm{d}t}\quad(7\text{-}11)$$

将式(7-8)代入式(7-10)和式(7-11)可得

$$\frac{L_1^2\rho}{3\mu}\frac{\mathrm{d}^2\lambda_1}{\mathrm{d}t^2}+\frac{\lambda_1-\lambda_1^{-3}\lambda_2^{-2}}{1-\dfrac{\lambda_1^2+\lambda_2^2+\lambda_1^{-2}\lambda_2^{-2}-3}{J_\mathrm{m}}}-\frac{\varepsilon}{\mu}\left(\frac{\Phi}{L_3}\right)^2\lambda_1\lambda_2^2-\frac{P_1}{\mu L_2L_3}+\frac{1}{2}\frac{cL_1}{\mu L_2L_3}\frac{\mathrm{d}\lambda_1}{\mathrm{d}t}=0$$

$$(7\text{-}12)$$

$$\frac{L_2^2\rho}{3\mu}\frac{\mathrm{d}^2\lambda_2}{\mathrm{d}t^2}+\frac{\lambda_2-\lambda_1^{-2}\lambda_2^{-3}}{1-\dfrac{\lambda_1^2+\lambda_2^2+\lambda_1^{-2}\lambda_2^{-2}-3}{J_\mathrm{m}}}-\frac{\varepsilon}{\mu}\left(\frac{\Phi}{L_3}\right)^2\lambda_1^2\lambda_2-\frac{P_2}{\mu L_1L_3}+\frac{1}{2}\frac{cL_2}{\mu L_1L_3}\frac{\mathrm{d}\lambda_2}{\mathrm{d}t}=0$$

$$(7\text{-}13)$$

由此就得到了 DE 材料的非线性动力学方程。

7.1.2　基于欧拉-拉格朗日方程的 DE 材料驱动器建模方法

在振动力学中,欧拉-拉格朗日方程经常用来求解复杂系统的动力学方程。类似于 7.1.1 节的虚功原理建模方法,欧拉-拉格朗日方程也是一种使系统函数能量最小化的求解方式。本节介绍基于欧拉-拉格朗日方程获得 DE 材料驱动器的非线性动力学方程的方法[5]。

图 7.2 为平面 DE 材料驱动器的示意图,虚线代表的是 DE 材料驱动器的初始参考位置,参考状态下 DE 材料驱动器在参考坐标系 X、Y 和 Z 的初始尺寸分别为 $2L$、$2L$ 和 $2H$。实线代表 DE 材料驱动器在外加电场激励下的变形状态,用坐标系 (x,y,z) 来表示,此时的尺寸为 $2L/\sqrt{\lambda}\times 2L/\sqrt{\lambda}\times 2\lambda H$。定义厚度方向 z 的变形率为 λ,基于 DE 材料的各向同性假设和不可压缩性,可知平面 x 和 y 方向的变形率均为 $1/\sqrt{\lambda}$。名义电场强度为 $E=\Phi/(2H)$,名义电位移为 $D=Q/(2L\times 2L)$。

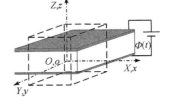

图 7.2　DE 材料
驱动器的工作原理图

假设 DE 材料驱动器的中心位置在振动过程中没有变化[5]，即中心点的坐标一直为$(0,0,0)$，在动态电场作用下 DE 材料驱动器的变形是时间的函数 $\lambda(t)$，那么可以得出变形位置和参考位置在整个坐标系中的关系式为

$$x=\frac{1}{\sqrt{\lambda(t)}}X, \quad y=\frac{1}{\sqrt{\lambda(t)}}Y, \quad z=\lambda(t)Z \tag{7-14}$$

DE 材料驱动器系统的欧拉-拉格朗日方程可以写为

$$\frac{\partial L}{\partial \lambda}-\frac{\mathrm{d}}{\mathrm{d}t}\left(\frac{\partial L}{\partial \dot{\lambda}}\right)=0, \quad L=K-U \tag{7-15}$$

式中，L 为拉格朗日函数；K 为 DE 系统的动能；U 为 DE 系统的势能。

DE 系统的动能 K 可以表示为

$$K=\int_{\Omega}\frac{1}{2}\rho\parallel V\parallel^{2}\mathrm{d}\Omega=\int_{\Omega}\frac{1}{2}\rho(\dot{x}^{2}+\dot{y}^{2}+\dot{z}^{2})\mathrm{d}\Omega \tag{7-16}$$

式中，Ω 为 DE 的体积；ρ 为材料密度。

由式(7-14)可以得到

$$\dot{x}=-\frac{1}{2}X\lambda^{-3/2}\dot{\lambda}, \quad \dot{y}=-\frac{1}{2}Y\lambda^{-3/2}\dot{\lambda}, \quad \dot{z}=-Z\dot{\lambda} \tag{7-17}$$

将式(7-17)代入式(7-16)，可以得到三个方向上动能的表达式为

$$\int_{\Omega}\frac{1}{2}\rho\dot{x}^{2}\mathrm{d}\Omega=\int_{\Omega}\frac{1}{2}\rho\dot{y}^{2}\mathrm{d}\Omega=\frac{1}{2}\rho\int_{-L}^{L}\mathrm{d}X\int_{-L}^{L}\mathrm{d}Y\int_{-H}^{H}\left(-\frac{1}{2}X\lambda^{-\frac{3}{2}}\dot{\lambda}\right)^{2}\mathrm{d}Z=\frac{1}{3}\rho HL^{4}\frac{\dot{\lambda}^{2}}{\lambda^{3}} \tag{7-18}$$

$$\int_{\Omega}\frac{1}{2}\rho\dot{z}^{2}\mathrm{d}\Omega=\int_{\Omega}\frac{1}{2}\rho\dot{y}^{2}\mathrm{d}\Omega=\frac{1}{2}\rho\int_{-H}^{H}(Z\dot{\lambda})^{2}\mathrm{d}Z\int_{-L}^{L}\mathrm{d}Y\int_{-L}^{L}\mathrm{d}X=\frac{4}{3}\rho H^{3}L^{2}\dot{\lambda}^{2} \tag{7-19}$$

合并式(7-18)和式(7-19)，就可以得到 DE 系统的动能为

$$K=\frac{2}{3}\rho HL^{4}\frac{\dot{\lambda}^{2}}{\lambda^{3}}+\frac{4}{3}\rho H^{3}L^{2}\dot{\lambda}^{2} \tag{7-20}$$

DE 系统的势能是系统的自由能密度函数对体积的积分，而系统的自由能包含两个方面，Helmholtz 自由能和电势能，即[6]

$$U=F(\lambda,E,T)-\Phi Q \tag{7-21}$$

式中，$F(\lambda,E,T)$ 是 DE 的 Helmholtz 自由能，包含弹性应变能和静电能。

$$F(\lambda,E,T)=8HL^{2}(W_{变}+W_{电}) \tag{7-22}$$

式中，$W_{变}$ 为应变能密度函数；$W_{电}$ 为单位体积的静电能密度。

关于 DE 材料的黏弹性特征，其力学模型仍采用第 6 章建立的由网链 A 和 B 构成的流变模型，但由于本节研究的是 DE 材料的动力学特性，其在平衡位置附近的变形不大，不需要考虑大变形下的应变刚化现象，因此可采用 Neo-Hookean 模

型来表示 DE 材料驱动器系统弹性应变能。此外,考虑到温度也会影响 DE 材料的性能,引入温度影响后建立的 DE 系统热弹性应变能密度为

$$W_{\text{变}} = \frac{\mu^A(T)}{2}\left(\frac{2}{\lambda}+\lambda^2-3\right)+\frac{\mu^B(T)}{2}\left(2\frac{\xi}{\lambda}+\frac{\lambda^2}{\xi^2}-3\right)+\rho c_0\left[T-T_0-T\ln\left(\frac{T}{T_0}\right)\right]$$

$$(7\text{-}23)$$

式中,$\mu^A(T)$ 表示 DE 材料中网链 A 的剪切模量,是温度的函数;$\mu^B(T)$ 表示网链 B 的剪切模量,也是温度的函数;c_0 是材料的比热容;T 为热力学温度;T_0 为参考温度。

式(7-23)右边的第一项是网链 A 的应变能,第二项是网链 B 的应变能,第三项代表的热贡献的能量。其中 $\mu^A(T)+\mu^B(T)=\mu(T)$ 是材料的剪切模量,是温度的函数。

DE 系统的静电能密度可以表示为

$$W_{\text{电}} = \frac{1}{2}\varepsilon_0\varepsilon_r(\lambda,T)\frac{E^2}{\lambda^2} \tag{7-24}$$

式中,$\varepsilon_0\varepsilon_r(\lambda,T)=\varepsilon$ 为 DE 材料的介电常数;ε_0 为真空介电常数;$\varepsilon_r(\lambda,T)$ 为 DE 材料的相对介电常数,是温度和变形的函数。

基于各向同性假设,可以得到 DE 材料驱动器的势能为

$$U = 8HL^2\left\{\frac{\mu^A(T)}{2}\left(\frac{2}{\lambda}+\lambda^2-3\right)+\frac{\mu^B(T)}{2}\left(2\frac{\xi}{\lambda}+\frac{\lambda^2}{\xi^2}-3\right)\right.$$
$$\left.+\rho_0 c_0\left[T-T_0-T\ln\left(\frac{T}{T_0}\right)\right]-\frac{1}{2}\varepsilon_0\varepsilon_r(\lambda,T)\frac{\widetilde{E}^2}{\lambda^2}\right\} \tag{7-25}$$

将系统的动能式(7-20)和势能式(7-25)代入欧拉-拉格朗日方程(7-15)后得到

$$\frac{\partial L}{\partial\lambda} = \frac{-2\rho HL^4\dot{\lambda}^2}{\lambda^4}$$
$$-8HL^2\left[\mu^A(T)\left(\lambda-\frac{1}{\lambda^2}\right)+\mu^B(T)\left(-\frac{\xi}{\lambda^2}+\frac{\lambda}{\xi^2}\right)+\frac{\varepsilon E^2}{\lambda^3}-\frac{\varepsilon_0}{2}\frac{\partial\varepsilon_r}{\partial\lambda}\frac{E^2}{\lambda^2}\right] \quad (7\text{-}26)$$

$$\frac{\partial L}{\partial\dot{\lambda}} = \frac{4}{3}\rho HL^4\frac{\dot{\lambda}}{\lambda^3}+\frac{8}{3}\rho H^3L^2\dot{\lambda} \tag{7-27}$$

$$\frac{\mathrm{d}}{\mathrm{d}t}\left(\frac{\partial L}{\partial\dot{\lambda}}\right) = \frac{4}{3}\rho HL^4(\ddot{\lambda}\lambda^{-3}-3\dot{\lambda}^2\lambda^{-4})+\frac{8}{3}\rho H^3L^2\ddot{\lambda} \tag{7-28}$$

整理以上公式,就可以得到 DE 系统的动力学控制微分方程:

$$\ddot{\lambda}-\frac{3}{2}\frac{1}{\lambda+c_1\lambda^4}\dot{\lambda}^2$$
$$+\frac{c_2}{(1+c_1\lambda^3)}\left[\mu^A(T)(\lambda^4-\lambda)+\mu^B(T)(-\xi\lambda+\lambda^4\xi^{-2})+\varepsilon E^2-\frac{\lambda}{2}\varepsilon_0\frac{\partial\varepsilon_r}{\partial\lambda}E^2\right]=0$$

$$(7\text{-}29)$$

式中,$c_1=2H^2/L^2$;$c_2=6/(\rho L^2)$。

在黏弹性流变模型中,弹簧的应力和黏壶的应力是相等的,即 $-\partial W_{变}/\partial\xi=\eta\mathrm{d}\xi/\mathrm{d}t$,其中,黏弹性方程为[7]

$$\frac{\mathrm{d}\xi}{\mathrm{d}t}=\frac{\mu^{\mathrm{B}}}{\eta}(\lambda^2\xi^{-3}-\lambda^{-1}) \tag{7-30}$$

式中,$\eta/\mu^{\mathrm{B}}=\tau(T)$ 是 DE 材料的松弛时间。

式(7-29)和式(7-30)构成了考虑黏弹性后 DE 材料在不同温度环境下的动力学方程。假如不考虑黏弹性以及温度的影响,可以推知,基于欧拉-拉格朗日方程方法与基于虚功原理得到的 DE 材料驱动器动力学模型是一致的。

7.2　DE 材料的非线性动态特性

本节将采用 7.1.1 节中利用虚功方法建立的动力学模型来研究 DE 材料驱动器的动态特性,重点对其固有频率和动态响应进行讨论。

7.2.1　DE 材料驱动器的固有频率分析

假设 DE 材料驱动器的初始尺寸相等,$L_1=L_2=L$,本节主要分析等双轴的变形,即 $\lambda_1=\lambda_2=\lambda$,$P_1/(L_2L_3)=P_2/(L_1L_3)=s$,并定义无量纲时间 $T=t/(L\sqrt{\rho/3\mu})$ 和无量纲阻尼 $\tilde{c}=c/(2\mu L_3L\sqrt{\rho/3\mu})$,将其代入式(7-12)和式(7-13)后化简可得

$$\frac{\mathrm{d}^2\lambda}{\mathrm{d}T^2}+g(\lambda,s,\Phi)+\tilde{c}\frac{\mathrm{d}\lambda}{\mathrm{d}T}=0 \tag{7-31}$$

式中,$g(\lambda,s,\Phi)$ 是应变 λ、应力 s 和电压 Φ 的函数:

$$g(\lambda,s,\Phi)=\frac{\lambda-\lambda^{-5}}{1-(2\lambda^2+\lambda^{-4}-3)/J_{\mathrm{m}}}-\frac{s}{\mu}-\frac{\varepsilon}{\mu}\left(\frac{\Phi}{L_3}\right)^2\lambda^3 \tag{7-32}$$

在结构动态特性研究中,固有频率是其关键特性。DE 材料驱动器在动态载荷下的变形是在其平衡位置附近的振动,因此首先分析其静平衡变形大小。当预拉伸应力 s 和电压 Φ 为静态时,DE 材料将会达到一种静平衡状态,令其平衡应变为 λ_{eq}。此时,式(7-31)中的惯性项和阻尼项均为零,则有

$$g(\lambda_{\mathrm{eq}},s,\Phi)=0 \tag{7-33}$$

即

$$\frac{\lambda_{\mathrm{eq}}-\lambda_{\mathrm{eq}}^{-5}}{1-(2\lambda_{\mathrm{eq}}^2+\lambda_{\mathrm{eq}}^{-4}-3)/J_{\mathrm{m}}}-\frac{s}{\mu}-\frac{\varepsilon}{\mu}\left(\frac{\Phi}{L_3}\right)^2\lambda_{\mathrm{eq}}^3=0 \tag{7-34}$$

当应力 s/μ 和电压 $\varepsilon\Phi^2/(\mu L_3^2)$ 给定时,可以得到 DE 材料驱动器的静平衡变形 λ_{eq}。图 7.3(a)为 DE 材料驱动器在不同预拉伸应力下的电压-平衡变形曲线,图 7.3(b)为不同电压下 DE 材料驱动器的应力-平衡变形曲线,其中,"×"代表

DE 材料驱动器的力电耦合失稳点。由图 7.3(a)可见,当预应力增加到 $s/\mu=5$ 时,DE 材料驱动器的变形成为单调上升趋势,即增加预拉伸有可能消除突跳失稳的现象;由图 7.3(b)可见,在电压恒定条件下,预拉伸应力 s/μ 与静平衡变形之间存在一个极大值,极大值点为力电耦合失稳点,可见,增大预拉伸应力 s/μ 可提高失稳前的静平衡变形。

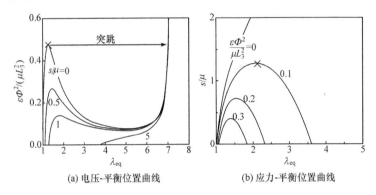

(a) 电压-平衡位置曲线　　　　(b) 应力-平衡位置曲线

图 7.3　DE 材料驱动器平衡变形和电压以及应力的关系

　　DE 材料驱动器在交变载荷作用下的振动就是在平衡位置附近发生的微小扰动,其变形可以表示为

$$\lambda(T)=\lambda_{ep}+\Delta(T) \tag{7-35}$$

式中,$\Delta(T)$ 为 DE 材料驱动器在平衡位置的扰动。把式(7-35)代入式(7-31),可以得到

$$\frac{\mathrm{d}^2\Delta}{\mathrm{d}T^2}+\Delta\frac{\partial g(\lambda_{eq},s,\Phi)}{\partial \lambda}+\tilde{c}\frac{\mathrm{d}\Delta}{\mathrm{d}T}=0 \tag{7-36}$$

由式(7-32)可得到

$$\frac{\partial g}{\partial \lambda}=\frac{(1+5\lambda^{-6})\left[1-\dfrac{(2\lambda^2+\lambda^{-4}-3)}{J_m}\right]+\dfrac{4}{J_m}(\lambda-\lambda^{-5})^2}{\left[1-\dfrac{(2\lambda^2+\lambda^{-4}-3)}{J_m}\right]^2}-\frac{3\varepsilon}{\mu}\left(\frac{\Phi}{L_3}\right)^2\lambda^2 \tag{7-37}$$

由式(7-36)可以得到系统的固有角频率为

$$\omega^2=\frac{\partial g}{\partial \lambda}\bigg|_{\lambda=\lambda_{eq}}=\frac{(1+5\lambda_{eq}^{-6})\left[1-\dfrac{(2\lambda_{eq}^2+\lambda_{eq}^{-4}-3)}{J_m}\right]+\dfrac{4}{J_m}(\lambda_{eq}-\lambda_{eq}^{-5})^2}{\left[1-\dfrac{(2\lambda_{eq}^2+\lambda_{eq}^{-4}-3)}{J_m}\right]^2}-\frac{3\varepsilon}{\mu}\left(\frac{\Phi}{L_3}\right)^2\lambda_{eq}^2$$

$$\tag{7-38}$$

式中,$\omega=\omega_0 L\sqrt{\rho/3\mu}$,是无量纲固有频率;$\omega_0$ 为 DE 材料驱动器的固有频率。

　　将式(7-34)代入式(7-38)可得到

$$\omega^2 = \frac{(1+5\lambda_{eq}^{-6})\left[1-(2\lambda^2+\lambda^{-4}-3)/J_m\right]+(\lambda_{eq}-\lambda_{eq}^{-5})(4\lambda_{eq}-4\lambda_{eq}^{-5})/J_m}{\left[1-(2\lambda_{eq}^2+\lambda_{eq}^{-4}-3)/J_m\right]^2}$$

$$-3\lambda_{eq}^2\left[\frac{\lambda_{eq}^{-2}-\lambda_{eq}^{-8}}{1-(2\lambda_{eq}^2+\lambda_{eq}^{-4}-3)/J_m}-\frac{s}{\mu}\lambda_{eq}^{-3}\right] \tag{7-39}$$

结合式(7-34)和式(7-39)就可以绘制出不同电压和预应力下 DE 材料驱动器的固有频率。图 7.4 为不同预应力下,无量纲固有频率随电压的变化关系。由图可见,当预应力比较小的时候,如 $s/\mu \leqslant 2$ 时,无量纲固有频率 ω^2 随着电压的增大而降低,这是因为施加电压后,DE 材料在厚度方向变薄,在平面方向扩展,达到使 DE 材料变软的当量效果,从而降低了 DE 材料驱动器的固有频率。此外,在相同电压下,预拉伸应力 s/μ 越大,固有频率越小,反之亦然。但是,当预应力较大时,即当 $s/\mu \geqslant 3$ 时,DE 材料驱动器的无量纲固有频率 ω^2 随着电压的升高先降低后升高,这是由于在低电压下,电压使材料变软的当量作用占据了主要因素,使无量纲固有频率 ω^2 下降;当电压增大到一定程度后,DE 材料的变形会迅速增大,逐渐接近 DE 材料的变形极限,此时 DE 材料会急剧发生应变硬化,结果使无量纲固有频率 ω^2 快速变大。此外,在相同电压下,预拉伸越大固有频率越高。由上面分析可见,可以通过调节预拉伸应力 s/μ 和电压 Φ 来达到改变 DE 材料驱动器固有频率的目的。

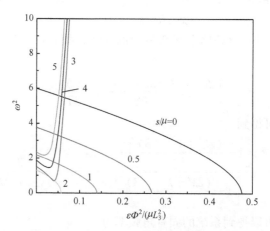

图 7.4　DE 材料驱动器的无量纲固有频率随电压的变化关系

7.2.2　DE 材料驱动器的非线性动态响应特性分析

结构的动态特性不仅包括固有频率,也包括其动态响应。为此,本节分析 DE 材料驱动器在电场作用下的非线性动态响应特性。

1. 不考虑阻尼时 DE 材料驱动器的非线性动态响应特性

下面介绍 DE 材料在交变电压载荷下的非线性动态行为时以正弦电压作为激励电压,即

$$\Phi(t) = \Phi_{dc} + \Phi_{ac} \sin(\Omega t) \tag{7-40}$$

式中,Φ_{dc}表示直流电压部分;Φ_{ac}表示交流电压幅值;Ω 为正弦电压的频率。

将式(7-40)代入式(7-31),化简后得到

$$\frac{d^2\lambda}{dT^2} + \frac{\lambda - \lambda^{-5}}{1 - (2\lambda^2 + \lambda^{-4} - 3)/J_m} - \frac{s}{\mu} - \frac{\varepsilon\Phi_{dc}^2}{\mu L_3^2}\left[1 + \frac{\Phi_{ac}}{\Phi_{dc}}\sin(\widetilde{\Omega}T)\right]^2\lambda^3 + \bar{c}\frac{d\lambda}{dT} = 0$$

$$\tag{7-41}$$

式中,$\widetilde{\Omega} = \Omega L\sqrt{\rho/3\mu}$,为无量纲的电压频率。

式(7-41)就是 DE 材料驱动器在正弦交变电压载荷下的动力学方程,如果给定初始条件,就可以得到 DE 材料具体的动态响应。当给定预应力和静电压时,根据式(7-34)就可以求出 DE 材料驱动器在此参数条件下的平衡变形 λ_{eq},然后假设在 $t=0$ 时 DE 材料驱动器的初始速度,就可以采取 MATLAB 中的 ode 求解算法进行数值分析,从而分析 DE 材料驱动器的非线性动态响应特性。

首先讨论无阻尼条件下 DE 材料驱动器的非线性振动特性,令式(7-41)中 $\bar{c}=0$,并令参数 $s/\mu=0.5$,直流电压 $\varepsilon\Phi_{dc}^2/(\mu L_3^2)=0.1$,交直流电压幅值比 $\Phi_{ac}/\Phi_{dc}=0.1$,则可获得图 7.5 所示的 DE 材料驱动器在无阻尼条件下响应的幅频曲线。由图可知,当无量纲电压频率 $\widetilde{\Omega}=\Omega L\sqrt{\rho/3\mu}$ 很低的时候,DE 材料驱动器的振幅很小;随着频率的增加,在 $\widetilde{\Omega}=0.83$ 时出现了一个峰值;而在 $\widetilde{\Omega}=1.58$ 时,DE 材料驱动器发生较大幅值共振。

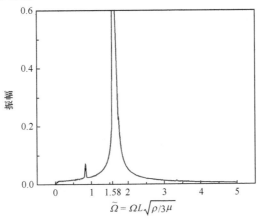

图 7.5　无阻尼下 DE 材料驱动器的幅频曲线

　　图 7.6 为应力 $s/\mu=0.5$ 和电压 $\varepsilon\Phi_{dc}^2/(\mu L_3^2)=0.05$ 时,交直流电压幅值比 $\Phi_{ac}/$ Φ_{dc} 对 DE 材料驱动器幅频曲线的影响。由图可见,当 Φ_{ac}/Φ_{dc} 从 0.1 上升到 0.2 时,共振振幅从 0.463 增加到 1.54,共振频率由 1.8 减小为 1.76,即随着交流电压幅值的增大,DE 材料驱动器共振振幅增加,共振频率减小。

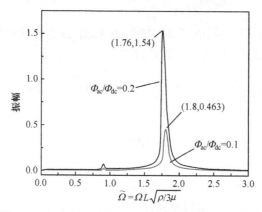

图 7.6　交流电压对 DE 材料驱动器幅频曲线的影响

　　图 7.7 为直流电压 $\varepsilon\Phi_{dc}^2/(\mu L_3^2)=0.05$ 和电压幅值比 $\Phi_{ac}/\Phi_{dc}=0.1$ 时,预应力 s/μ 对 DE 材料驱动器幅频曲线的影响。由图可见,当 s/μ 从 0.5 上升到 1 时,共振频率由 1.8 降低到 1.31,而振幅从 0.463 增加到 2.10,即随着预应力增大,DE 材料共振频率减小,共振振幅增加。

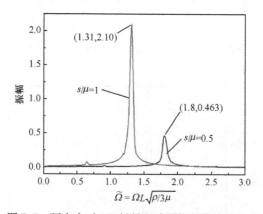

图 7.7　预应力对 DE 材料驱动器幅频曲线的影响

　　下面讨论预应力 $s/\mu=0.5$,直流电压 $\varepsilon\Phi_{dc}^2/(\mu L_3^2)=0.1$,电压幅值比 $\Phi_{ac}/\Phi_{dc}=$ 0.1,激励电压频率 $\tilde{\Omega}=1.58$ 条件下 DE 材料驱动器的位移响应。由图 7.5 可知,该频率下 DE 材料驱动器会发生共振。图 7.8 为其振动响应。由图可以看出,当激励频率为 DE 材料驱动器共振频率时,DE 材料驱动器的振动响应将会非常剧烈,产生大幅度的振幅,由于 DE 系统的非线性,在此条件下的振动响应曲线出现了拍振现象。

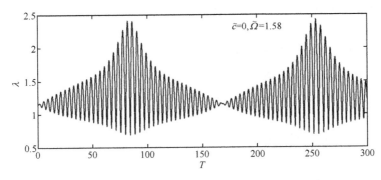

图 7.8 DE 材料驱动器在频率 1.58 下的响应曲线

图 7.9 为激励电压频率分别为 $\widetilde{\Omega}=3.16$（DE 材料驱动器共振频率的 2 倍）以及 $\widetilde{\Omega}=0.79$（DE 材料驱动器共振频率的 1/2）时的振动响应曲线。由图可见,当激励频率接近共振频率的 2 倍时,DE 材料驱动器发生次谐波响应;当激励频率为共振频率的 1/2 时,DE 材料驱动器会发生超谐波共振[1,2],这些均是由 DE 材料驱动器的非线性特性引起的。

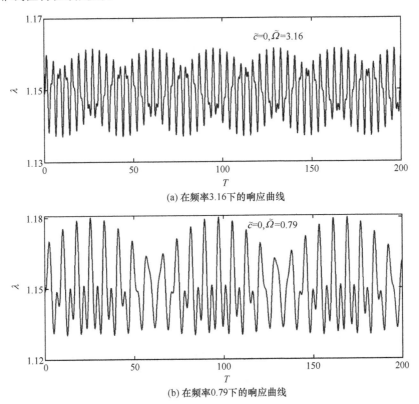

(a) 在频率3.16下的响应曲线

(b) 在频率0.79下的响应曲线

图 7.9 DE 材料驱动器在不同频率下的响应曲线

　　从上面的分析可知,DE 材料驱动器的动态响应行为是高度非线性的。对于非线性系统振动,可能会发生多个周期运动,这些运动中有些是稳定的周期运动或拟周期运动,也有可能是不稳定或者产生混沌现象等。因此,下面利用相平面图以及 Poincaré 映射图来介绍 DE 材料驱动器非线性系统的响应稳定性。

　　当 $s/\mu = 0.5, \varepsilon\Phi_{dc}^2/(\mu L_3^2) = 0.1, \Phi_{ac}/\Phi_{dc} = 0.1$ 时,图 7.10 给出了三种激励频率下 DE 材料驱动器的振动相平面图,其中 $\dot\lambda = \mathrm{d}x/\mathrm{d}t$ 是 DE 材料驱动器的振动速度。由图可以看出,当激励电压频率分别取 $\tilde\Omega = 1.58 \text{、} 3.16$ 和 0.79 时,DE 材料驱动器相平面图的每条曲线都是封闭的,表明无阻尼时 DE 材料驱动器在 $1.58 \text{、} 3.16$ 和 0.79 这三个频率下的振动响应均是周期振动。

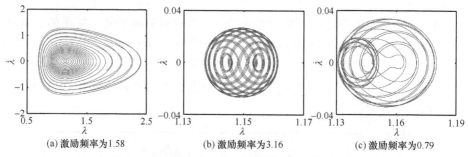

(a) 激励频率为1.58　　　　　(b) 激励频率为3.16　　　　　(c) 激励频率为0.79

图 7.10　不同频率下 DE 材料驱动器的相平面图

　　非线性振动理论认为,当 Poincaré 点集是有限个点时,此时的振动将会是周期运动;如果是无限个点,并且密稠地分布在一条密闭曲线上时,这时的非线性运动是拟周期运动;当 Poincaré 点集是无限个点,且曲线不是封闭的时,运动就会变成混沌运动。图 7.11 给出了激励频率为 $1.58 \text{、} 3.16$ 和 0.79 时 DE 材料驱动器系统的 Poincaré 映射图。由图可以知道,三种频率下的 Poincaré 点集形成了一条封闭的曲线,也就是说 DE 系统在这三个频率下的响应都是拟周期运动。

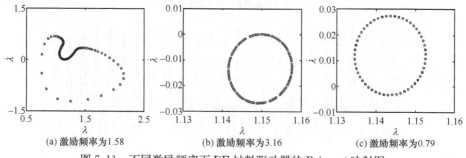

(a) 激励频率为1.58　　　　　(b) 激励频率为3.16　　　　　(c) 激励频率为0.79

图 7.11　不同激励频率下 DE 材料驱动器的 Poincaré 映射图

2. 考虑阻尼时 DE 材料驱动器的非线性动态响应特性

　　前面讨论的无阻尼振动是一种比较理想的状态,实际上任何系统在振动过程中都会消耗能量,这种特性通常用阻尼来表示。作为黏弹性材料,阻尼是 DE 材料的一种固有特性[7],因此,本节介绍阻尼对 DE 材料驱动器非线性动态响应特性的影响。

图 7.12 为 $s/\mu=1$、$\varepsilon\Phi_{dc}^2/(\mu L_3^2)=0.1$、$\Phi_{ac}/\Phi_{dc}=0.1$ 时,利用式(7-41)获得的三种无量纲阻尼 $\tilde{c}=0$、0.05 和 0.1 条件下 DE 材料驱动器的幅频曲线。由图可见,阻尼 $\tilde{c}=0$ 时,共振频率为 1.58,最大振幅为 0.86;$\tilde{c}=0.05$ 时,共振频率为 1.62,最大振幅为 0.44;$\tilde{c}=0.1$ 时,共振频率为 1.64,最大振幅为 0.20。即随着阻尼的增大,DE 材料驱动器非线性系统的共振频率会增大,最大振幅会减小[3]。

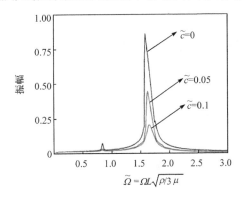

图7.12　阻尼对 DE 材料驱动器幅频特性的影响

图 7.13 为 DE 驱动器的无量纲阻尼为 0.05 时,DE 材料驱动器系统在三种激励频率下的振动响应曲线。图 7.13(a)为 $\tilde{\Omega}=1.62$ 时的共振响应,图 7.13(b)为 $\tilde{\Omega}=3.24$(固有频率的 2 倍)时的振动响应,图 7.13(c)为 $\tilde{\Omega}=0.81$(固有频率的 0.5 倍)时的振动响应。由图可见,当系统存在阻尼时,DE 材料驱动器的振动很快就会达到一个恒定振幅的状态,这三个频率下的响应几乎都在 $T=150$ 以后就可以实现稳定振动。

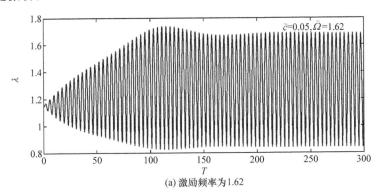

(a) 激励频率为1.62

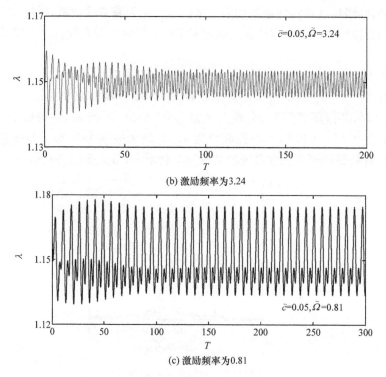

(b) 激励频率为3.24

(c) 激励频率为0.81

图 7.13　阻尼为 0.05 时 DE 材料驱动器在三种激励频率下的振动响应

图 7.14 为 DE 材料驱动器的无量纲阻尼为 0.1 时候的振动曲线,其中,图 7.14(a)、(b)、(c)分别是在 $\widetilde{\Omega}=1.64$、$\widetilde{\Omega}=3.28$、$\widetilde{\Omega}=0.82$ 激励频率下的振动响应。由图 7.14 可以看出,在这三个频率下的响应几乎都在 $T=100$ 以后就可以达到稳定振动,对比图 7.13 可以知道,阻尼越大,DE 材料驱动器系统就会越早达到恒定振幅的响应。两个图中的变形响应曲线均表明,阻尼存在时,非线性振动会出现锁频现象[3]。

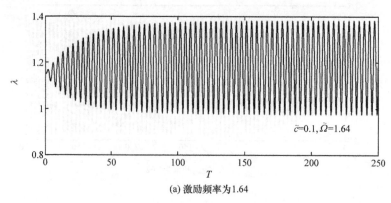

(a) 激励频率为1.64

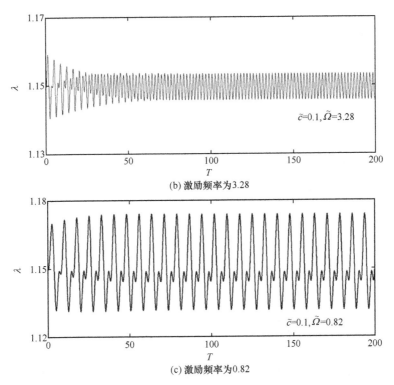

(b) 激励频率为3.28

(c) 激励频率为0.82

图 7.14　阻尼为 0.1 时 DE 材料驱动器在三种激励频率下的振动响应

图 7.15 给出了阻尼为 0.05 时 DE 材料驱动器响应的相平面图,图 7.16 是阻尼为 0.05 时 DE 材料驱动器响应的 Poincaré 映射图。两图中(a)、(b)、(c)的激励频率分别为 1.62、3.24、0.81。由图 7.15 可知,在这三个频率下,DE 材料驱动器的相平面图均为闭合曲线,表明其运动均为周期运动[8]。而由图 7.16 可知,在这三个频率下,Poincaré 映射图上的点集均是有限的,存在周期吸引子,表明此条件下 DE 材料驱动器在固有频率、2 倍固有频率和 1/2 固有频率下的振动均是周期振动。

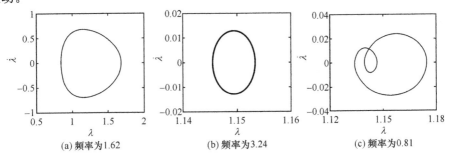

(a) 频率为1.62　　　　　　　(b) 频率为3.24　　　　　　　(c) 频率为0.81

图 7.15　阻尼为 0.05 时 DE 材料驱动器的相平面图

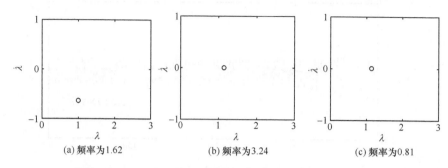

图 7.16　阻尼为 0.05 时 DE 材料驱动器的 Poincaré 映射图

比较图 7.11 与图 7.16 可知,不考虑 DE 材料阻尼时,Poincaré 映射图由无限个点所组成,且稠密地分布在一条密闭曲线上,说明此条件下的运动是拟周期运动;而当存在阻尼时,DE 驱动器的响应存在锁频现象,振动稳定后,DE 材料的 Poincaré 映射图只存在 1 个点,说明此时 DE 驱动器的响应变为周期运动。

7.3　温度对 DE 材料驱动器动态特性的影响

由前面章节的分析可知,温度不仅影响 DE 材料的介电常数和弹性模量,而且对 DE 材料的黏弹性松弛时间也有很大的影响,因而必然会对其动态性能产生一定的影响,为此,本节对其进行讨论。为了方便,本节将利用 7.1.2 节介绍的基于欧拉-拉格朗日方程建立的 DE 材料驱动器动力学模型来讨论温度对 DE 材料驱动器动态性能的影响。

讨论仍然采用数值方法。在下面的数值模拟中,令参数设置为:$H=1.0\times10^{-3}\mathrm{m}$,$L=5.0\times10^{-3}\mathrm{m}$,$\rho=1.2\times10^{3}\mathrm{kg/m^{3}}$,$E_{0}=18.5\times10^{3}\mathrm{kV/m}$;令 DE 材料驱动器运动的初始条件设置为 $\lambda(0)=\xi(0)=1$ 和 $\dot{\lambda}(0)=0$。

将上述参数代入式(7-29)和式(7-30),利用数值计算就可得到图 7.17 所示的不同温度下 DE 平面驱动器的幅频响应曲线。由图可见,在 $T=290\mathrm{K}$ 时,DE 材料驱动器的共振频率为 405Hz,此时的最大振幅为 1.417;在 $T=300\mathrm{K}$ 时,DE 材料驱动器在 358Hz 时共振,其最大振幅为 1.528;温度升高到 310K 时,DE 材料驱动器在 314Hz 下具有最大的振幅值 1.618。也就是说,随着温度升高,DE 材料驱动器的共振频率下降,而最大振幅却在上升,这实质是由于温度升高使 DE 材料的弹性模量减小。

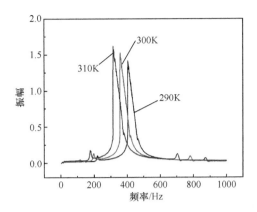

图 7.17　不同温度下 DE 材料驱动器的幅频响应曲线

　　图 7.18 为三种温度 290K、300K 和 310K 下，DE 材料驱动器总变形 λ [图 7.18(a)、(c)、(e)]和非弹性变形 ξ[图 7.18(b)、(d)、(f)]随时间的变化关系，其中电场激励频率 $f = 335\text{Hz}$。可见在 335Hz 下，当温度从 290K 升高到 310K 时，DE 材料的振动越来越剧烈，振幅越来越大，表现出周期性的振动特性；由于 DE 材料的松弛时间在几十秒的数量级，比电场变化周期大很多，因而此时的黏弹性松弛影响比较小，由图 7.18(b)、(d)和(f)可知，其大小变化非常小。

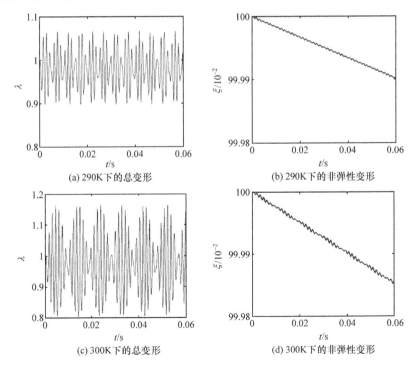

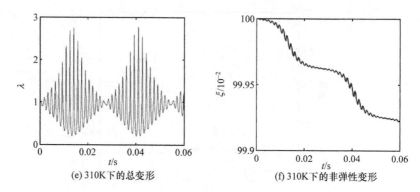

(e) 310K下的总变形　　　　　　　(f) 310K下的非弹性变形

图7.18　三种温度下 DE 材料驱动器的总的变形和非弹性变形

图 7.19 为 335Hz 电场激励下，DE 材料的 E-λ 曲线和 E-D/ε 曲线。从图 7.19(a)、(c)和(e)可知，随着温度的升高，E-λ 曲线中的滞后现象越来越明显；而由图 7-19(b)、(d)和(f)所示的 E-D/ε 曲线可知，温度升高，滞后环越来越明显，表明温度越高，一个循环周期内损耗的能量也就越多。

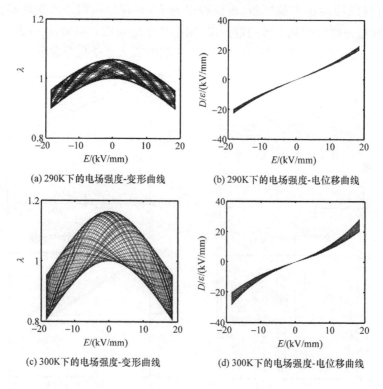

(a) 290K下的电场强度-变形曲线　　　　(b) 290K下的电场强度-电位移曲线

(c) 300K下的电场强度-变形曲线　　　　(d) 300K下的电场强度-电位移曲线

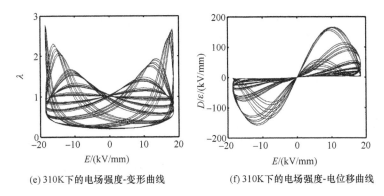

(e) 310K下的电场强度-变形曲线　　　　(f) 310K下的电场强度-电位移曲线

图 7.19　三种温度下 DE 材料驱动器的电场强度与变形和电位移的关系

图 7.20 为 290K、300K 和 310K 温度下黏弹性 DE 材料的相平面图[图 7.20(a)、(b)、(c)]和 Poincaré 映射图[图 7.20(d)、(e)、(f)]。由图可以清晰看出，激励频率为 335Hz 时，三种温度下的相平面图均形成了封闭了曲线。同时，290K、300K 和 310K 温度下的 Poincaré 映射图中的点集都是有规律地分布在一条封闭环曲线上，代表它们的运动是拟周期运动。

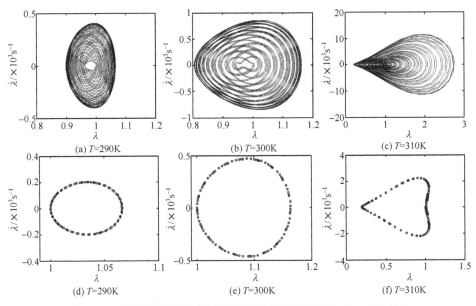

图 7.20　不同温度下黏弹性 DE 材料的相平面图和 Poincaré 映射图

7.4　频率对 DE 材料驱动器动态特性的影响

由于 DE 材料的黏弹性受频率的影响非常大，当电场的激励频率改变时，DE

材料驱动器的响应也会随之改变,所以有必要分析激励频率对 DE 材料驱动器动态性能的影响。本节仍然利用 7.1.2 节给出的基于欧拉-拉格朗日方程建立的 DE 材料驱动器动力学模型来分析激励频率对 DE 材料驱动器动态性能的影响。

　　分析仍然采用数值方法。图 7.21 是当激励频率为 1Hz 和温度为 300K 时,考虑 DE 材料黏弹性后 DE 材料驱动器的动态响应图。图 7.21(a) 和 (b) 分别是 DE 材料驱动器总的变形和非弹性变形。由图可见,随着时间的增加,DE 材料驱动器总变形 λ 的幅值几乎是不变的,但是其平衡位置在厚度方向发生了漂移,显然黏弹性的松弛时间和电场的变化周期相差不大,因而黏弹性影响变得非常明显。图 7.21(c) 和 (d) 是 DE 材料驱动器的电场强度与变形和电位移的关系。由图可见,在此低频下,变形和电位移基本上都能跟上电场的变化,因而没有明显的滞后发生,也就没有明显的能量损耗发生。图 7.21(e) 和 (f) 分别代表 1Hz 下 DE 材料的

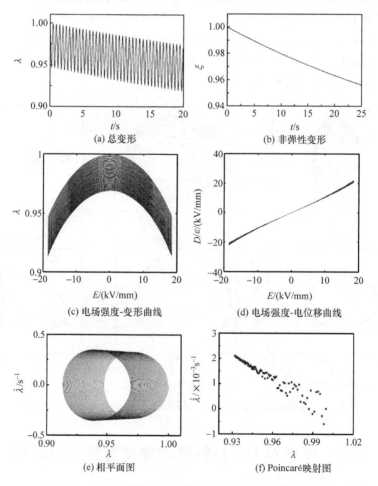

(a) 总变形　　　　　　　　　　(b) 非弹性变形

(c) 电场强度-变形曲线　　　　　　(d) 电场强度-电位移曲线

(e) 相平面图　　　　　　　　　(f) Poincaré映射图

图 7.21　频率为 1Hz 时黏弹性 DE 材料驱动器的动态响应

相平面图和 Poincaré 映射图,其 Poincaré 映射图上出现了奇怪吸引子,代表此时的 DE 材料经历非周期性的运动。

图 7.22 是当温度为 300K 时,激励频率 $f=400$ 时考虑黏弹性后 DE 材料的动态响应特性。对比图 7.21 给出的 1Hz 下的响应可知,在相对高的频率下,DE 材料的振动是比较剧烈的,出现了拍振现象,并且具有很大的振幅。此外,在相对高的频率下,DE 材料驱动器的非弹性变形 ξ 的松弛周期比较长,跟不上电场的变化,导致高频下黏弹性松弛的影响变得很小,此时的非弹性变形是非常小的,如

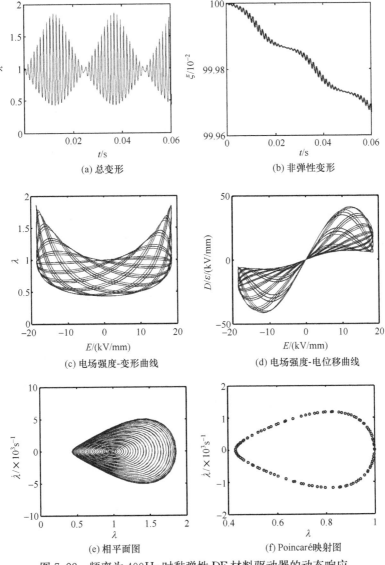

(a) 总变形　　　　　　　　　　　　(b) 非弹性变形

(c) 电场强度-变形曲线　　　　　　　(d) 电场强度-电位移曲线

(e) 相平面图　　　　　　　　　　　(f) Poincaré 映射图

图 7.22　频率为 400Hz 时黏弹性 DE 材料驱动器的动态响应

图 7.22(b)所示。此外,由图 7.22(c)和(d)可见,当频率较高时,变形和名义电位移开始落后于名义电场,出现了一定的滞后回线,表示此时有比较明显的能量耗散现象[9]。图 7.22(e)为其相平面图。由图可见,经过一些循环后,其相平面图形成了封闭的轨迹曲线;图 7.22(f)所示的 Poincaré 映射点集是分布在一条密闭的曲线上的,表示此时的 DE 振动是拟周期运动。

7.5　本章小结

本章首先给出了利用虚功方法和欧拉-拉格朗日方程方法建立 DE 材料驱动器动力学控制方程的方法,尤其是在利用欧拉-拉格朗日方程方法建立 DE 材料驱动器动力学模型中,不仅考虑了黏弹性的影响,也考虑了温度的影响,从而可以方便对这些影响因素进行分析。

然后,本章利用基于虚功方法建立的动力学方程,采用数值方法分析了 DE 材料驱动器的固有频率及动态响应特性,分别讨论了是否考虑黏弹性阻尼情况下的动态响应特性。结果表明,当预拉伸应力较小时,DE 材料驱动器的无量纲固有频率 ω^2 随着电压的增大而降低;而当预拉伸应力比较大的时候,无量纲固有频率 ω^2 随着电压的升高先降低后增加。当激励频率接近 DE 材料驱动器的共振频率的 2 倍时,DE 材料驱动器会发生次谐波响应;当激励频率为共振频率的 1/2 时,DE 材料驱动器会发生超谐波共振。这些均是由 DE 材料驱动器的非线性特性引起的,随着阻尼的增大,DE 材料驱动器非线性系统的共振频率会增大,最大振幅会减小。

最后,本章利用基于欧拉-拉格朗日方程建立的 DE 材料驱动器的动力学模型分析了温度和激励频率对 DE 材料驱动器动态性能的影响。结果表明,随着温度升高,DE 材料驱动器的共振频率下降,而最大振幅上升。这是由于温度升高使 DE 材料的弹性模量减小。此外,温度越高,DE 材料驱动器在一个循环周期内损耗的能量也就越多;激励频率对 DE 材料驱动器的影响表现为:在相对高的频率下,DE 材料的振动比较大且变化剧烈,会出现拍振现象,此时 DE 材料的黏弹性松弛影响将会变得很小,但能量耗散现象比较明显。

参 考 文 献

[1] Zhu J, Cai S Q, Suo Z G. Nonlinear oscillation of a dielectric elastomer balloon[J]. Polymer International, 2010, 59(3): 378-383.

[2] Li T F, Qu S X, Yang W. Electromechanical and dynamic analyses of tunable dielectric elastomer resonator[J]. International Journal of Solids and Structures, 2012, 49(26): 3754-3761.

[3] Xu B X, Mueller R, Theis A, et al. Dynamic analysis of dielectric elastomer actuators[J]. Applied Physics Letters, 2012, 100(11): 112903.

[4] Sheng J J, Chen H L, Li B, et al. Nonlinear dynamic characteristics of a dielectric elastomer membrane undergoing in-plane deformation[J]. Smart Materials and Structures, 2014, 23(4): 045010.

[5] Sheng J J, Chen H L, Liu L, et al. Dynamic electromechanical performance of viscoelastic dielectric elastomers[J]. Journal of Applied Physics, 2013, 114(13): 134101.

[6] Suo Z G. Theory of dielectric elastomer[J]. Acta Mechanica Solida Sinica, 2010, 23(6): 549-578.

[7] Wolf K, Röglina T, Haaseb F, et al. An electroactive polymer based concept for vibration reduction via adaptive supports[C]. Proceedings of SPIE, 2008, 6927: 69271F.

[8] 闻邦椿, 李以农, 徐培民, 等. 工程非线性振动[M]. 北京: 科学出版社, 2007.

[9] Hong W. Modelling of viscoelastic dielectric[J]. Journal of the Mechanics and Physics of Solids, 2011, 59: 637-650.

第 8 章　DE 材料电荷驱动及电荷泄漏的影响

前面章节分析了预拉伸、温度等因素对 DE 材料驱动器性能的影响,分析中均给驱动器施加了电压载荷。分析表明,电压驱动下的 DE 材料驱动器在某些条件下会发生突跳不稳定(snap-through instability)。而相关文献的实验研究发现,在恒定电荷驱动下,DE 材料驱动器没有发生失稳现象。为此,本章重点分析电荷驱动下 DE 材料驱动器的力电耦合物理机制及其变形行为,在此基础上,分析电荷泄漏对 DE 材料驱动器性能的影响,并给出一种保持变形不变的补偿电荷泄漏方法。最后,分析电荷泄漏对电压驱动的 DE 驱动器动态特性的影响。

8.1　电荷驱动下的 DE 材料驱动器

由于施加电压较为简单,电压驱动 DE 材料变形是最常见的一种激励方式。然而,DE 材料在电压驱动下,有时会发生力电失稳现象,为了提高 DE 材料的稳定性和能量耦合效率,往往需要对 DE 材料施加预拉伸,这给 DE 材料的广泛应用造成了一定影响。

众所周知,对于 DE 材料,除了施加一定的电压可以产生极化,在材料的上下表面喷洒不同符号同等数量的电荷也同样可以达到极化的效果。由于这些反向电荷之间相互吸引,亦能产生静电引力,从而压缩 DE 材料导致变形。基于此,Keplinger 等[1]在绝缘的 VHB 薄膜两侧,利用电晕放电的方法通过移动探针喷洒了同等数量不同符号的电荷,如图 8.1 所示。正负电荷的相互吸引产生静电应力,挤压柔韧 DE 材料使其发生面积扩张的变形。研究表明,电荷驱动下变形幅度很大,可超过 500%,且是可逆的过程,不存在迟滞现象,也不存在突跳失稳现象。由于通过探针喷洒电荷的方式不需要外部施加导电引线和电极,提供了一种清洁非接触式的驱动方式,该研究成果于 2010 年被 *PNAS* 报道之后,引起了国内外学术界的高度重视。

本节将对这种电荷驱动下 DE 材料的变形和稳定性进行理论建模,并将其与电压驱动下的力电耦合变形进行比较[2],从而揭示其物理本质。

8.1.1　电荷驱动下 DE 材料的力电耦合模型

图 8.2 所示为一个 DE 材料薄膜,当施加了拉伸力 P_1 和 P_2 及电荷 Q 在其上下表面后,在电荷的作用下电介质材料将产生极化,使其内部具有电势差 Φ 和极

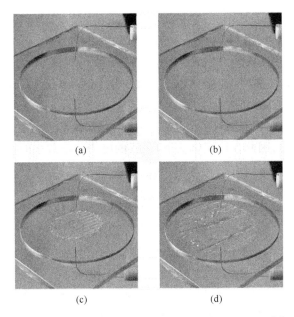

图 8.1　VHB 型 DE 材料在电荷驱动下的电致变形[1]

化电场 E，如图 8.3 所示。此时材料将发生变形，从原始尺寸 $L_1 \times L_2 \times L_3$ 变形至当前尺寸 $l_1 \times l_2 \times l_3$。

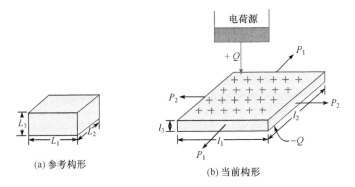

(a) 参考构形　　　　　　　　　(b) 当前构形

图 8.2　DE 材料在电荷驱动下的电致变形示意图

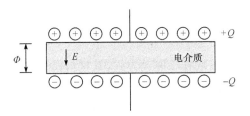

图 8.3　DE 材料在电荷驱动下内部的极化电势差 Φ 及电场 E

在这种力电耦合变形中,假设平面的尺寸增大 δl_1 和 δl_2,厚度减小 δl_3,DE 材料的自由能变化等于拉伸力和电荷做的功

$$\delta F = \delta W_{force} + \delta W_{charge} \tag{8-1}$$

外力拉伸材料使其弹性应变能增大,因此外力的功是正功,即 $\delta W_{force} = P_1 \delta l_1 + P_2 \delta l_2$,该正功增大了材料的自由能。

与此同时,在这种类似平行板式电容器结构中,当表面积增大、厚度减小时,材料的电容是增大的,因此在恒定电荷下,电容的电势差是减小的,即

$$\Phi = \frac{Q}{C} = \frac{Q}{\varepsilon l_1 l_2 / l_3} \tag{8-2}$$

式中,C 为材料在变形状态的电容;ε 为介电常数。

因此,在这种情况下,电势差减小,使电荷做了负功 $\delta W_{charge} = -Q\delta\Phi$,即 DE 材料的静电能是减小的。于是,可得到在平衡状态下的自由能变化方程:

$$\delta F = P_1 \delta l_1 + P_2 \delta l_2 - Q\delta\Phi \tag{8-3}$$

定义三个主方向的拉伸率为 $\lambda_1 = l_1 / L_1$,$\lambda_2 = l_2 / L_2$ 和 $\lambda_3 = l_3 / L_3$,真实应力 $\sigma_1 = P_1 / (l_2 l_3)$ 和 $\sigma_2 = P_2 / (l_1 l_3)$,电场 $E = \Phi / l_3$,电位移 $D = Q / (l_1 l_2)$,则电势差的变化可表达为

$$\delta\Phi = \delta(El_3) = E\delta l_3 + l_3 \delta E \tag{8-4}$$

由于 DE 材料是不可压缩的,$L_1 L_2 L_3 = l_1 l_2 l_3$,即 $\lambda_1 \lambda_2 \lambda_3 = 1$,因此得到 $\lambda_3 = \lambda_1^{-1} \lambda_2^{-1}$ 以及 $\delta\lambda_3 = -\lambda_1^{-2} \lambda_2^{-1} \delta\lambda_1 - \lambda_1^{-1} \lambda_2^{-2} \delta\lambda_2$。对式(8-3)除以材料的体积 $L_1 \times L_2 \times L_3$,并代入式(8-4),可以得到自由能密度为

$$\delta\hat{W} = (\sigma_1 + DE)\lambda_1^{-1} \delta\lambda_1 + (\sigma_2 + DE)\lambda_2^{-1} \delta\lambda_2 - D\delta E \tag{8-5}$$

式中,独立变量为 λ_1、λ_2 和 E。当热力学系统处于平衡态时,其自由能是最小的,因此对式(8-5)中的独立变量求偏导并令其为零,可得到平衡方程如下:

$$\sigma_1 = \lambda_1 \frac{\partial \hat{W}(\lambda_1, \lambda_2, E)}{\partial \lambda_1} - DE \tag{8-6}$$

$$\sigma_2 = \lambda_2 \frac{\partial \hat{W}(\lambda_1, \lambda_2, E)}{\partial \lambda_2} - DE \tag{8-7}$$

$$-\frac{\partial \hat{W}(\lambda_1, \lambda_2, E)}{\partial E} = D \tag{8-8}$$

显然,在给出具体的自由能密度表达式的情况下,就可以深入分析其力电耦合行为。

对于 DE 材料,无论采取什么驱动方式,其材料模型应该是不变的,因此,电荷驱动下的 DE 材料自由能密度同样可以采用第 2 章给出的公式,即

$$\hat{W}(\lambda_1, \lambda_2, E) = -\frac{\mu J_{lim}}{2} \ln\left(1 - \frac{\lambda_1^2 + \lambda_2^2 + \lambda_1^{-2}\lambda_2^{-2} - 3}{J_{lim}}\right) - \frac{1}{2}\varepsilon E^2 \tag{8-9}$$

式中,等号右边第一项是 Gent 超弹性模型的应变能密度函数[3];μ 是剪切模量;$J_{\lim}$ 用来表征变形极限;第二项是以电场为变量的静电能函数。

根据式(8-2)可以得到

$$D = \frac{Q}{l_1 l_2} = \frac{Q}{L_1 L_2} \lambda^{-2}, \quad E = \frac{D}{\varepsilon} = \frac{1}{\varepsilon} \frac{Q}{L_1 L_2} \lambda^{-2} \tag{8-10}$$

对于等双轴拉伸的 DE 材料,有 $\sigma_1 = \sigma_2 = \sigma$ 和 $\lambda_1 = \lambda_2 = \lambda$,因此式(8-6)和式(8-7)可写成

$$\frac{\sigma}{\mu} = \frac{\lambda^2 - \lambda^{-4}}{1 - (2\lambda^2 + \lambda^{-4} - 3)/J_{\lim}} - \left(\frac{Q}{L_1 L_2 \sqrt{\mu\varepsilon}}\right)^2 \lambda^{-4} \tag{8-11}$$

为了比较,这里再给出由电压驱动的本构方程:

$$\frac{\sigma}{\mu} = \frac{\lambda^2 - \lambda^{-4}}{1 - (2\lambda^2 + \lambda^{-4} - 3)/J_{\lim}} - \left(\frac{\Phi}{L_3 \sqrt{\mu/\varepsilon}}\right)^2 \lambda^4 \tag{8-12}$$

从式(8-11)和式(8-12)可以看出,在两种电载荷下,其弹性应力的表达式是相同的,只是静电应力不同。电荷产生的静电应力是随着变形而减小的,而电压引起的静电应力是随着变形而增大的。

为了后续分析方便,此处定义几个无量纲的物理量:$\bar{\sigma}_P = \sigma/\mu$ 表示施加的外力载荷;$\bar{\sigma}_\lambda = (\lambda^2 - \lambda^{-4})/[1 - (2\lambda^2 + \lambda^{-4} - 3)/J_{\lim}]$ 表示电致变形引起的弹性应力;$\bar{\sigma}_C = [Q/(L_1 L_2 \sqrt{\mu\varepsilon})]^2 \lambda^{-4}$ 表示电荷驱动的静电应力;而 $\bar{\sigma}_V = [\Phi/(L_3 \sqrt{\mu/\varepsilon})]^2 \lambda^4$ 表示电压 V 引起的静电应力。下面将在给出具体材料常数的情况下,详细分析这两种加载模式下的 DE 材料的变形和稳定性。

8.1.2　电荷驱动和电压驱动下 DE 材料的力电耦合行为比较

为了排除材料刚化效应对变形的影响[4,5],令 $J_{\lim} = \infty$(它表示一种理想的电介质),即其极化与变形无关。下面分析在没有外力载荷 $\bar{\sigma}_P = 0$ 时,电压-变形和电荷-变形的曲线来比较电荷驱动和电压驱动的力电耦合行为。

电荷驱动下 DE 材料的变形如图 8.4 所示。由图 8.4(a)可见,电荷-变形曲线是单调增的,不存在吸合失稳点。由于此处在数值分析时假设 $J_{\lim} = \infty$,它表示一种不能发生硬化的 DE 材料,因此,可以认为电荷驱动不会发生吸合失稳不是由于硬化现象。图 8.4(b)比较了施加电荷分别为 $Q/(L_1 L_2 \sqrt{\mu\varepsilon}) = 2$ 或 5 时,无量纲化的静电应力 $\bar{\sigma}_C$ 和弹性应力 $\bar{\sigma}_\lambda$ 随 λ 的变化关系。由图可见,电应力均是随着变形而减小的,而弹性应力是增大的,因此这两种应力曲线最终会有一个交点,交点处两个应力相等。当施加电荷较小时,弹性应力在较小变形下就会超过电应力,使得电致变形难以继续增大,而当施加电荷较大时,弹性应力在较大变形下才会超过电应力,使得电致变形可以继续增大。但无论施加电荷多大,随着电致变形增大,最

终弹性应力均会大于电荷引起的电应力,从而使 DE 材料足以抵抗静电变形,因此不会被一直压缩而导致吸合,即不会发生吸合失稳现象。这就解释了实验中发现在施加电荷下,DE 材料的变形一直是稳定的原因[2,6]。

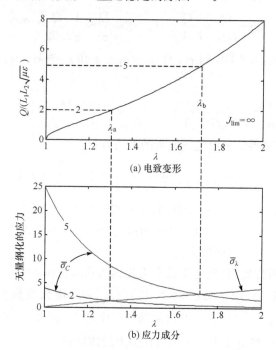

图8.4　DE 材料在电荷驱动下电致变形和各个应力成分

电压驱动下 DE 材料的电致变形及各应力成分变化曲线如图 8.5 所示。图 8.5(a)是电压驱动下的力电耦合变形曲线。由图可见,随着电压的增大,变形随之增大,达到临界点 λ_c 时由于薄膜迅速变薄而产生吸合失稳。图 8.5(b)给出了无量纲化的电应力 $\bar\sigma_V$ 和弹性应力 $\bar\sigma_\lambda$ 随 λ 的变化曲线。由图可见,无论加载的电压大小为何值,电应力与弹性应力均是随着变形的增大而增大,理论上讲,当变形达到一定大小时,最终的电应力总是大于弹性应力的,就会导致吸合失稳现象。当 $\Phi/(L_3\sqrt{\mu/\varepsilon})=0.687$ 时,电应力曲线与弹性应力曲线有一个交点,此处称为临界电压,其对应临界变形为 λ_c。即当施加的电压值大于 $\Phi/(L_3\sqrt{\mu/\varepsilon})=0.687$ 时,DE 材料承受的电应力随着变形的增大永远大于材料变形的弹性应力,因此材料将一直变形直到击穿而不会达到稳定,也就是发生吸合失稳。当电压小于临界电压,如 $\Phi/(L_3\sqrt{\mu/\varepsilon})=0.6$ 时,电应力和弹性应力有两个交点 λ' 和 λ'',其中 λ' 是稳定平衡点,因为在此点之后,随着变形增大,弹性应力大于电应力,所以不会发生吸合失稳现象。而 λ'' 是非稳定平衡点,因为在此点之后,随着变形增大,弹性应力小于电应力,在电压载荷下,材料会一直变形直到产生吸合失稳。根据式(8-12)可知,电应力的数值变化与变形的四次方呈正比关系,此时即使电压的数值小于临界电压,$\Phi/(L_3\sqrt{\mu/\varepsilon})<0.687$,也能够产生一个很大的静电应力,从而压缩 DE 材料发生大变形导致吸合失效现象。

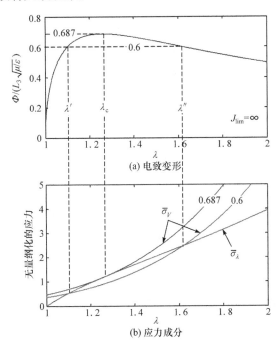

图 8.5　DE 材料在电压驱动下电致变形和各应力成分

　　本节基于文献报道的电荷驱动下 DE 材料驱动器变形幅度很大,且不存在突跳失稳的现象,在自由能理论的基础上建立了其力电耦合模型,分析了电荷驱动下 DE 材料能够产生较大的力电耦合变形且没有失稳行为现象的机理。结果表明,电荷驱动条件下,DE 材料在极化中的静电能和静电应力是随着变形减小的,因此不会过度地压缩材料而引起电击穿的吸合失稳。这个结论为 DE 材料驱动器的设计提供了新的方法和途径。

8.2　DE 材料的电荷泄漏特性

　　第 3 章提到,Keplinger 等在电荷加载驱动实验中还发现,当移走电晕后,DE 材料的变形会在一段时间后消失,这说明原来喷洒的电荷经由 DE 材料泄漏掉了。这一现象说明 DE 材料薄膜并不是理想的绝缘材料,存在漏电电流[6-11]。

　　本节将从理论上分析电荷驱动下 DE 材料的电荷泄漏特性[6],所分析的 DE 材料驱动器结构与图 8.2 相同,图 8.6 所示为 DE 材料的电荷泄漏模型。即由电源流出的电荷,部分会聚集在 DE 材料上下两表面,而另外一部分则会通过 DE 材料薄膜泄漏掉。

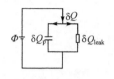

图 8.6　DE 材料的
电荷泄漏模型

因此,在 DE 材料驱动器的充放电过程中,电荷应满足下述关系:

$$\delta Q = \delta Q_p + \delta Q_{leak} \tag{8-13}$$

式中,δQ 表示由电源流出的电荷;δQ_p 表示聚集在极板上的电荷;δQ_{leak} 表示通过 DE 材料薄膜泄漏的电荷。式(8-13)可改写为

$$i = \frac{dQ_p}{dt} + i_{leak} \tag{8-14}$$

式中,$i = dQ/dt$ 表示导线中的电流;dQ_p/dt 表示极板上电荷的变化率;$i_{leak} = dQ_{leak}/dt$ 表示泄漏电流的大小。

如前所述,DE 材料作为一种高分子材料,并非理想的绝缘材料。在电荷控制的 DE 材料的加载模式下,喷洒的表面电荷会在厚度方向产生电场,在该电场作用下会在厚度方向上产生漏电电流。泄漏电流密度定义为 $j_{leak} = i_{leak}/(l_1 l_2)$,其与电场的关系为

$$j_{leak} = \sigma_c(E) E \tag{8-15}$$

式中,$\sigma_c(E)$ 表示 DE 材料的电导率,它只与电场有关。由第 3 章的实验数据可知,当电场较小时,漏电电流 i_{leak} 近似遵循欧姆定律,随着电场的增大,漏电电流逐渐不再遵循欧姆定律而变成指数增加[10]。因此,本节采用的 DE 材料的电导率与电场的关系为

$$\sigma_c(E) = \sigma_{c0} \exp\left(\frac{E}{E_B}\right) \tag{8-16}$$

式中,σ_{c0} 表示低电场下的电导率;$E_B = 40\mathrm{MV/m}$ 是一个经验常数[7]。由此,电荷驱动的 DE 材料的漏电电流可表示为

$$i_{leak} = \sigma_{c0} \frac{Q_p}{\varepsilon} \exp\left(\frac{E}{E_B}\right) \tag{8-17}$$

DE 材料的电阻-电容(R-C)时间常数定义为介电常数与电导率之比,即为 $t_{RC} = \varepsilon/\sigma_{c0}$。根据文献报道[11],通过实验拟合可得其值为 $t_{RC} = 1230\mathrm{s}$。

接下来采用数值分析方法讨论 DE 材料电荷泄漏对其性能的影响,分析过程采用参数 $\mu = 6.5 \times 10^4 \mathrm{Pa}$ 和 $\varepsilon = 3.98 \times 10^{-11} \mathrm{F/m}$。

图 8.7 展示的是当考虑电荷泄漏时 DE 材料的拉伸率随时间的变化曲线。由图示可以看出,由于电荷泄漏,DE 材料的拉伸率会随着时间逐渐减小。当 DE 材料的初始拉伸率增大时(即喷涂电荷增大),DE 材料拉伸率减小的速率也会随着增大。因此可以推断出在足够长的时间后 DE 材料的拉伸率会逐渐趋于 1,这是因

为极板上的电荷会逐渐被泄漏完。

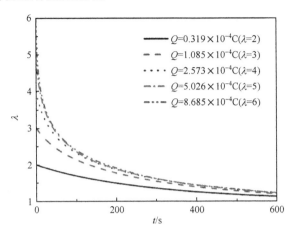

图 8.7　电荷泄漏导致拉伸率随时间逐渐减小

图 8.8 展示的是 DE 材料极板电荷的泄漏过程。由图可知,喷洒的电荷会通过 DE 薄膜逐渐泄漏。初始喷洒的电荷数量越多则电荷泄漏的速率越快。当初始喷洒电荷的数值为 $Q=5.026\times10^{-4}$ C(对应的拉伸率为 $\lambda=5$)时,电荷泄漏的速率将会变得非常大,导致极板电荷数值的突降。在足够长的时间以后,极板电荷均会减小到 0,但减小的速率也会随时间逐渐变小。

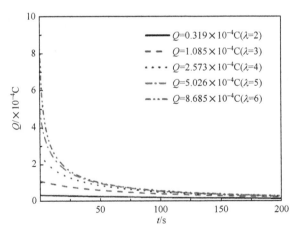

图 8.8　DE 材料的极板表面电荷随时间的变化曲线

图 8.9 描述 DE 材料薄膜的电位移随时间的衰减曲线。与图 8.8 类似,由于电荷泄漏的影响,DE 材料极板上的电荷量会逐渐减小,因此,DE 材料的电位移也会随着时间逐渐衰减。

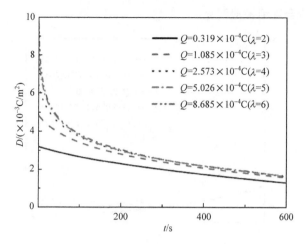

图 8.9　DE 材料的电位移随时间的变化曲线

8.3　电荷泄漏对电荷驱动下 DE 材料性能的影响及补偿方法

　　如 8.2 节所述,DE 材料薄膜并不是理想的绝缘材料,它会存在漏电电流。除此之外,作为一般大分子材料的一种基本属性,VHB 型 DE 材料具有明显的黏弹性,它也会严重影响 DE 材料的力电耦合性能[7,8,11]。前面章节的实验结果已经表明,VHB 材料的应力-应变曲线与拉伸速率密切相关,这种依赖于拉伸速率的现象可以归因于黏弹性。黏弹性会同时产生弹性和非弹性变形,其中弹性变形不依赖于时间,可以瞬间产生,然而非弹性变形严重依赖于时间,其变形形式为蠕变、应力松弛和滞后。本节在考虑 DE 材料黏弹性和电荷泄漏相互耦合的基础上,研究电荷泄漏对电荷驱动下 DE 材料的性能影响[7],最后提出一种保持变形恒定的电荷泄漏补偿方法。

8.3.1　电荷泄漏对 DE 材料性能的影响

　　如图 8.10 所示,一个未涂电极的 DE 材料薄膜,初始表面积为 A,初始厚度为 H。通过喷洒具有相反极性的电荷 Q 至 DE 材料薄膜两表面,DE 的表面积变化为 a,厚度为 h。电荷 Q 将在 DE 两表面之间产生电压 Φ 和电场 E。

　　如前所述,为了考虑 DE 材料的黏弹性,美国哈佛大学的锁志刚教授课题组提出了一种流变模型,如图 8.11 所示。该流变模型包括两个并列单元:单元 A 由一个变形可逆的弹簧 α 组成;单元 B 由另一个变形可逆的弹簧 β 和一个串联的黏壶 η 组成。在变形过程中,弹簧的变形是瞬间完成的,而黏壶的变形是依赖于时间的,这种时间依赖的变形在宏观上表现为应力松弛、蠕变和滞后。

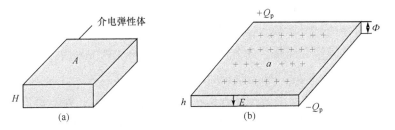

图 8.10　电荷驱动下 DE 材料驱动器的示意图

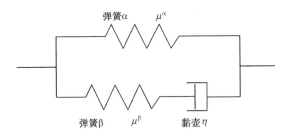

图 8.11　DE 材料的黏弹性流变模型

由图 8.10 可知,在电荷加载下,由于没有外部拉伸力,DE 材料的面内变形是等双轴的。定义其应变率为 $\lambda = \sqrt{a/A}$,即为弹簧 α 的应变率。假设 DE 材料的变形是均匀的,根据热力学理论以及 Neo-Hookean 应变能模型,可得电荷驱动下 DE 材料的本构关系为

$$\varepsilon E^2 = \mu^\alpha(\lambda^2 - \lambda^{-4}) + \mu^\beta(\lambda^2 \xi^{-2} - \lambda^{-4} \xi^4) \tag{8-18}$$

式中,ε 是 DE 材料的介电常数,假设与变形无关;μ^α 和 μ^β 分别是弹簧 α 和弹簧 β 的剪切模量;ξ 是黏壶的非弹性变形。弹簧 β 的变形由 λ^β 表示,大小可以由乘法法则确定,即为 $\lambda^\beta = \lambda/\xi$。黏壶被认为近似于牛顿流体,其应变速率可用 $\xi^{-1}\mathrm{d}\xi/\mathrm{d}t$ 表述,与应力的关系可以表示为

$$\frac{\mathrm{d}\xi}{\mathrm{d}t} = \frac{\mu^\beta}{6\eta}(\lambda^2 \xi^{-1} - \lambda^{-4} \xi^5) \tag{8-19}$$

式中,η 是黏壶的黏度。黏弹性松弛时间常数可定义为黏壶黏度与弹簧 β 的剪切模量之比,即为 $t_v = \eta/\mu^\beta$。对于电荷驱动的 DE 材料,其电场可表示为

$$E = \frac{Q_p}{\varepsilon A}\lambda^{-2} \tag{8-20}$$

则 DE 的本构关系变为

$$\frac{Q_p^2}{\varepsilon \mu A^2}\lambda^{-4} = \frac{\mu^\alpha}{\mu}(\lambda^2 - \lambda^{-4}) + \frac{\mu^\beta}{\mu}(\lambda^2 \xi^{-2} - \lambda^{-4} \xi^4) \tag{8-21}$$

式中,$\mu = \mu^\alpha + \mu^\beta$。

下面仍采用数值分析方法讨论电荷驱动下 DE 材料的耗散性能。在数值分析中采用以下典型的材料参数[7]：$\mu^\alpha=18\text{kPa}$，$\mu^\beta=42\text{kPa}$，$\varepsilon=3.98\times10^{-11}\text{F/m}$，这些参数均由实验结果拟合而得。为方便计算，在本节的计算中采用无量纲参数，即无量纲电荷 $\bar{Q}_p=Q_p/(A\sqrt{\varepsilon\mu})$ 和无量纲时间 $T=t/t_v$。

关于 DE 材料电荷泄漏的控制方程在 8.2 节已有论述，此处不再重复，本节仍然采用 R-C 时间常数的取值 $t_{RC}=1230\text{s}$，然而黏弹性松弛时间常数可从几百微秒到几百秒不等。在本节中，定义黏弹性松弛时间常数 t_v 与 R-C 时间常数的比值为 $\chi=t_v/t_{RC}$。通过对比黏弹性松弛时间常数和 R-C 时间常数的值，可以推断 χ 的值小于 1。因此在接下来的数值计算中采用相对较小的 χ。

接下来，结合以上公式研究电荷驱动的 DE 材料的耗散性能。图 8.12 所示为电荷驱动下 DE 材料的耗散及变形性能，图中分别对比了不同初始电荷 $\bar{Q}_{p0}$ 以及不同 χ 值下的耗散性能。根据上面建立的流变模型，假设在变形初始只有超弹性变形，也就是说在 $t=0$ 时刻只有弹簧发生变形，而黏壶并不发生形变，此时负载全部由流变模型中的两个弹簧承担。图 8.12(a)~(c)展示的是当 χ 取值为 0.05 时，不同初始电荷下 DE 材料的耗散性能。由图 8.12(a)可见，表面电荷逐渐减小并在最终消失；由图 8.12(b)和(c)可见，非弹性应变 ξ 以及总应变 λ 都随时间先增加后减小，且随着初始电荷量的增大，ξ 和 λ 增加段的时间逐渐减小。显然，初始阶段 ξ 以及 λ 的增大是由黏弹性的松弛导致的；随着初始电荷值的增大，电荷泄漏的速率逐渐增大，因而抑制了黏弹性松弛效应。图 8.12(d)~(f)展示的是当 $\chi=0.076$、初始电荷 $\bar{Q}_{p0}=3$ 时，不同 χ 值下的 DE 材料耗散性能。可见，在初始时刻总应变保持不变，这说明此时黏弹性蠕变和电荷泄漏完全相互抵消。当 $\chi<0.076$ 时，总应变先增大后减小，这是因为 χ 较小时，电荷泄漏速率较小，黏弹性松弛起主导作用。当 $\chi>0.076$ 时，总应变直接减小，不再出现增加阶段，而且 χ 越大，总应变的减小速度越快。这是因为在较大的 χ 值下，电荷泄漏速率较快。如果 $\chi>1$，电荷泄漏速率将会更大，而且总应变和表面电荷也会更加迅速地减小。在这种情况下，黏弹性的松弛将会被电荷泄漏完全抑制，此时 DE 材料薄膜将不会发生蠕变现象。

根据实验报导[1]：电荷激励下 DE 材料薄膜的变形是可逆的，即当撤掉电晕停止喷洒电荷后，DE 材料的变形将会逐渐消失并最终恢复到初始尺寸。由本章建立的 DE 材料薄膜耗散本构模型获得的图 8.12 也可看到，在足够长的时间后，由于漏电流的存在，DE 材料薄膜表面电荷将会逐渐减小到 0，相应的应变也会减小到 $\lambda=1$，也就是说 DE 材料薄膜恢复其初始厚度和初始表面积。

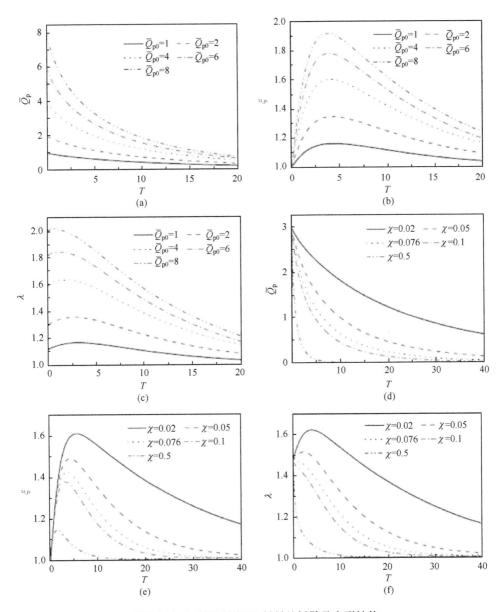

图 8.12　电荷驱动下 DE 材料的耗散及变形性能

8.3.2　面向稳定变形的电荷泄漏补偿方法

由前面分析可知,由于漏电电流,电荷控制的 DE 材料驱动器的变形会逐渐减小。为抑制这种应变减小的行为,可以通过持续喷洒电荷弥补泄漏的电荷来保持变形的稳定。

由图 8.12 可知,电荷越大总应变越大,而由图 8.12(f)可知,当 χ 大于 0.076 时,总应变由于电荷泄漏而直接减小,如果能够随着时间增加而不断调节补偿电荷,便可使 DE 材料的应变保持在初始阶段而不是直接减小。当 χ<0.076 时,总应变先增大后减小,此时喷洒调节补偿电荷的时间应该在总应变达到最大值以后;否则,总应变将会变得更大。

下面以图 8.13 为例具体描述此补偿方法。假设初始电荷 $\bar{Q}_{p0}=3$。在接下来的计算中,以 χ=0.05 为例,并且选择三个时刻来喷洒电荷:$T=2.2(\lambda=\lambda_{max}=1.514)$,$T=7.2(\lambda=1.4)$,$T=10.6(\lambda=1.3)$。图 8.13(a)~(c)中的实线表示未调节补偿表面电荷时的变形性能,以此作为对比研究调节补偿电荷的效果。图中虚线为 $T=2.2$ 时刻开始调节补偿电荷,此时刻总应变达到峰值,但非弹性应变小于总应变值,为确保图 8.13(c)中的总应变为恒定值,表面电荷的值应为图 8.13(a)中点划线所示。在 $T=7.2$ 时刻,总应变值已经小于最大值,且由于黏弹性滞后的原因非弹性应变略大于总应变,所以,如果要保持图 8.13(c)中此时刻的总应变为恒定值(图中点线),必须增大表面电荷以实现总应变保持不变,则表面电荷必须按照图 8.13(a)中点线变化进行调节补偿。$T=10.6$ 时刻的调节特性与 $T=7.2$ 时刻的调节基本一致。因此,为使总应变保持恒定,必须实现 ξ 和 λ 的最终值相等。同时在整个调节过程中,电荷产生的电致应力与 DE 内部弹性应力应在任意时刻始终保持平衡。

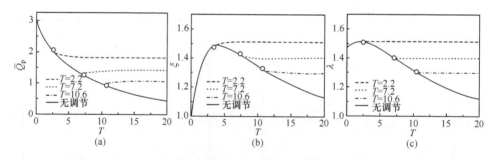

图 8.13 不同时刻调节 DE 材料表面电荷后的性能

为确保表面电荷能取得如图 8.13(a)所示的变化规律,必须使喷洒电荷的速率与 DE 材料表面电流的泄漏速率以及电荷变化率相匹配。接下来以 $T=2.2$ 时刻的调节为例说明这三者之间的关系。图 8.14(a)所示是调节补偿电荷的基本原理,即表面电荷的变化应等于喷洒电荷与泄漏电荷之差

$$\bar{Q}_{p}(T)-\bar{i}_{leak}\Delta T+v_{Q}\Delta T=\bar{Q}_{p}(T+\Delta T) \tag{8-22}$$

式中,$\bar{Q}_{p}(T)$ 表示 T 时刻的无量纲电荷;$\bar{Q}_{p}(T+\Delta T)$ 表示 $T+\Delta T$ 时刻的无量纲电荷;$\bar{i}_{leak}$ 表示无量纲漏电流,v_{Q} 表示无量纲电荷喷洒速率。故而表面电荷的变化率可定义为

$$\kappa=\frac{\overline{Q}_\mathrm{p}(T)-\overline{Q}_\mathrm{p}(T+\Delta T)}{\Delta T} \tag{8-23}$$

图 8.14(b) 所示是喷洒电荷速率、泄漏电流以及表面电荷变化率之间的关系，细虚线表示在没有喷洒电荷时的漏电电流 $\overline{i}'_\mathrm{leak}$ 随时间的变化关系，实线表示在 $T=2.2$ 时刻喷洒电荷后的漏电电流 $\overline{i}_\mathrm{leak}$ 随时间的变化关系。在 $T=2.2$ 时刻之前，$\overline{i}_\mathrm{leak}=\overline{i}'_\mathrm{leak}$，这是因为在这个阶段没有喷洒电荷。在 $T=2.2$ 时刻之后，由于喷洒电荷使 $\overline{i}_\mathrm{leak}$ 和 $\overline{i}'_\mathrm{leak}$ 的值不同，且由于表面电荷增大，会出现 $\overline{i}_\mathrm{leak}>\overline{i}'_\mathrm{leak}$。该图还描述了表面电荷变化率 κ、泄漏电流 $\overline{i}_\mathrm{leak}$ 与电荷喷洒速率 v_Q 的关系为 $\kappa=\overline{i}_\mathrm{leak}-v_Q$。这说明电荷喷洒速率 κ 应等于泄漏电流 $\overline{i}_\mathrm{leak}$ 与电荷喷洒速率 v_Q 之差。由图可知，泄漏电流 $\overline{i}_\mathrm{leak}$ 与电荷喷洒速率 v_Q 逐渐相互接近相等而电荷喷洒速率 κ 逐渐减小到 0，也就是说，足够长时间后表面电荷为一个恒定值。

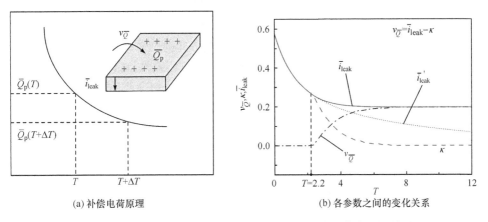

(a) 补偿电荷原理　　　　　　　　　　(b) 各参数之间的变化关系

图 8.14　喷洒电荷速率、泄漏电流以及表面电荷变化率之间的关系

作为力电耦合驱动器，为了能够精确地激励器件，DE 材料薄膜应该能够在规定的任意时刻得到一个稳定的变形值。本节介绍的这种调节变形思想可以用来设计一些实际的驱动器，从而得到稳定的激励性能。在实际应用中，DE 材料驱动器应该是可以重复使用的，由本章的分析可知，如果停止喷洒电荷，则 DE 材料薄膜上的电荷将会在足够长的时间内泄漏到 0，因而可以实现该驱动器的多次利用。

8.4　电荷泄漏对 DE 材料动态性能的影响

如 8.3 节所述，多数 DE 材料并非理想的电介质绝缘材料，当在其厚度方向施加一个电场时，DE 薄膜会存在一定的泄漏电流。为了研究电流泄漏对 DE 材料驱动器动态特性的影响，本节利用热力学理论建立 DE 材料的动态耗散模型[8]，在此基础上，讨论 DE 材料薄膜驱动器在交变力载荷下电荷泄漏对其动态特性的影响。

已有研究表明,DE 材料在纯剪切变形模态下能够产生稳定的大变形而不发生吸合失效,故而本节的研究对象为纯剪切状态的 DE 材料薄膜,如图 8.15 所示。

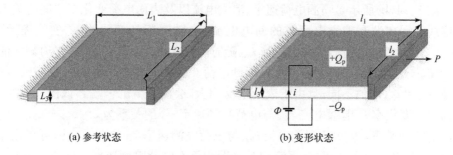

(a) 参考状态　　　　　　　　　　(b) 变形状态

图 8.15　纯剪切状态下 DE 材料驱动器

在图 8.15(a)所示的参考状态下,DE 材料的尺寸为长 L_1、宽 L_2、厚 L_3。为实现纯剪切变形模态,L_2 方向的变形被抑制。当施加拉伸力和电压后,DE 的尺寸变化为长 l_1、宽 l_2、厚 l_3,如图 8.15(b)所示。定义三个主方向的拉伸率为 $\lambda_i = l_i/L_i (i=1,2,3)$。由于 DE 材料是纯剪切变形模态以及材料的不可压缩性,可以得到 $\lambda_2 = \text{const} = 1$ 和 $\lambda_3 = 1/\lambda_1$。设 $\lambda_1 = \lambda$,可得 $\lambda_3 = 1/\lambda$。设 D 为 DE 材料薄膜的电位移,可得

$$D = \frac{Q}{l_1 l_2} = \frac{Q}{L_1 L_2 \lambda} \tag{8-24}$$

当施加交流电压或交变力载荷后,DE 材料薄膜会在其平衡位置附近振动。为能够准确分析这种力电行为,必须考虑惯性力的作用。根据相关报道[11],可以得到在方向 1 惯性力所做的总功为 $(-L_1^3 \rho L_2 L_3/3)(\text{d}^2\lambda/\text{d}t^2)\delta\lambda$。如前所述,DE 材料为黏弹性材料,为此,动力学建模中仍然采用流变模型来模拟黏弹性。本节采用Neo-Hookean 应变能模型,因此可得自由能密度函数为

$$W(\lambda,\xi,D) = \frac{\mu^\alpha}{2}(\lambda^2 + \lambda^{-2} - 2) + \frac{\mu^\beta}{2}(\lambda^2\xi^{-2} + \lambda^{-2}\xi^2 - 2) + \frac{D^2}{2\varepsilon} \tag{8-25}$$

式中,μ^α 和 μ^β 分别是弹簧 α 和弹簧 β 的剪切模量;ε 是 DE 材料薄膜的介电常数。对于一个任意系统,系统的自由能变化等于外力所做的总功,即

$$L_1 L_2 L_3 \delta W = \Phi\delta Q + PL_1\delta\lambda - \frac{L_1^3}{3}L_2 L_3 \rho \frac{\text{d}^2\lambda}{\text{d}t^2}\delta\lambda \tag{8-26}$$

结合式(8-24)~式(8-26),可得纯剪切状态的 DE 动力学控制方程为

$$\frac{P}{L_2 L_3} + \frac{\Phi^2\varepsilon}{L_3^2}\lambda - \frac{L_1^2\rho}{3}\frac{\text{d}^2\lambda}{\text{d}t^2} = \mu^\alpha(\lambda - \lambda^{-3}) + \mu^\beta(\lambda\xi^{-2} - \lambda^{-3}\xi^2) \tag{8-27}$$

同样,定义 $\mu = \mu^\alpha + \mu^\beta$,采用 $\mu^\alpha = 18\text{kPa}$,$\mu^\beta = 42\text{kPa}$,即 $\mu^\alpha/\mu^\beta = 3/7$,因此可得 $\mu^\alpha = 0.3\mu$,$\mu^\beta = 0.7\mu$,故而式(8-27)变为

$$\frac{\text{d}^2\lambda}{\text{d}T^2} + g(\lambda,\xi,P,\Phi) = 0 \tag{8-28}$$

式中,

$$g(\lambda, \xi, P, \Phi) = 0.3(\lambda - \lambda^{-3}) + 0.7(\lambda \xi^{-2} - \lambda^{-3} \xi^2) - \frac{P}{\mu L_2 L_3} - \frac{\varepsilon \Phi^2}{\mu L_3^2} \lambda \quad (8\text{-}29)$$

式中, $T = t / \sqrt{\rho L_1^2 / 3\mu}$ 为无量纲时间; $P/(L_2 L_3 \mu)$ 为无量纲拉力; $\Phi/(L_3 \sqrt{\mu/\varepsilon})$ 为无量纲电压。基于 DE 材料的流变模型假设,可得黏壶的应变速率为[8]

$$\frac{\mathrm{d}\xi}{\xi \mathrm{d}t} = \frac{\mu^\beta}{3\eta} (2\lambda^2 \xi^{-2} - 1 - \lambda^{-2} \xi^2) \quad (8\text{-}30)$$

如 8.3 节所述,DE 材料的黏弹性松弛时间常数定义为 $t_v = \eta/\mu^\beta$。从已有文献可知,DE 的黏弹性松弛时间常数可以从几百毫秒到几百秒不等,本节选用一个特定的值 $t_v = 4\mathrm{s}$。通过设定 DE 的密度及尺寸分别为 $\rho = 1.2 \times 10^3 \mathrm{kg/m^3}$ 和 $L_1 = 0.5\mathrm{m}$,可得 $t_v \approx 100 \sqrt{\rho L_1^2 / 3\mu}$。从而无量纲的时间可取为 $T = t / \sqrt{\rho L_1^2 / 3\mu} \approx 100 t / t_v$。因此式(8-30)可改写为

$$\frac{\mathrm{d}\xi}{\mathrm{d}T} = \frac{1}{300} (2\lambda^2 \xi^{-1} - \xi - \lambda^{-2} \xi^3) \quad (8\text{-}31)$$

本节主要讨论漏电电流对 DE 材料动态性能的影响,因此讨论的对象是一个在交变力载荷和直流电压作用下的 DE 材料薄膜。定义交变力载荷如下:

$$P = P_0 + \bar{P} \sin(\Omega t) \quad (8\text{-}32)$$

式中, P_0 表示非交变部分力载荷; $\bar{P}$ 表示交变力载荷的幅值; Ω 表示交变载荷频率。因此 DE 的动力学控制方程变为

$$\frac{\mathrm{d}^2 \lambda}{\mathrm{d}T^2} + 0.3(\lambda - \lambda^{-3}) + 0.7(\lambda \xi^{-2} - \lambda^{-3} \xi^2) - \frac{P_0}{\mu L_2 L_3} \left[1 + \frac{\bar{P}}{P_0} \sin(\bar{\Omega} T) \right] - \frac{\varepsilon \Phi^2}{\mu L_3^2} \lambda = 0$$

$$(8\text{-}33)$$

关于 DE 材料电荷泄漏的控制方程在 8.2 节已有论述,此处不再重复,本节选用的参数数值为 $E_B = 230\mathrm{MV/m}$, $t_{RC} = \varepsilon/\sigma_{c0} = 7\mathrm{s}$[8],因此可得 $t_{RC} = 1.75 t_v$。为研究漏电电流的影响,本节研究的是将外置电源撤离后的现象。由此,之前的 DE 驱动器变为电荷驱动。当电源被撤掉后,积累在 DE 材料薄膜电极上的电荷将会逐渐从 DE 薄膜泄漏,此时的漏电电流为

$$i_{\text{leak}} = -\frac{\mathrm{d}Q_p}{\mathrm{d}t} \quad (8\text{-}34)$$

其中, Q_p 为撤掉外置电源时在 DE 材料薄膜电极上积累的电荷。结合以上分析可得

$$\frac{\mathrm{d}Q_p}{\mathrm{d}t} = -\sigma_{c0} E \exp\left(\frac{E}{E_B}\right) l_1 l_2 = -\sigma_{c0} \frac{Q_p}{\varepsilon} \exp\left(\frac{E}{E_B}\right) \quad (8\text{-}35)$$

无量纲的时间为 $T = t / \sqrt{\rho L_1^2 / 3\mu} = 100 t / t_v = 175 t / t_{RC}$,故而式(8-35)可改写为

$$\frac{\mathrm{d}Q_p}{\mathrm{d}T} = -\frac{1}{175} Q_p \exp\left(\frac{E}{E_B}\right) \quad (8\text{-}36)$$

在纯剪切模式下,DE 材料的电压和电荷的关系为

$$\frac{\varepsilon\Phi^2}{\mu L_3^2}=\frac{Q_p^2}{\mu\varepsilon L_1^2 L_2^2}\lambda^{-4} \tag{8-37}$$

因此可得电压的变化时间历程为

$$\frac{\mathrm{d}\Phi}{\mathrm{d}T}=-\frac{1}{175}\Phi\exp\left(\frac{E}{E_B}\right)-2\lambda^{-1}\Phi\frac{\mathrm{d}\lambda}{\mathrm{d}T} \tag{8-38}$$

接下来,利用上述公式,通过数值计算分析电荷泄漏对交变力载荷作用下的 DE 材料的动态性能的影响,计算中,$P_0/(\mu L_2 L_3)=0.5$,$\varepsilon\Phi^2/(\mu L_3^2)=0.15$ 和 $\bar{P}/P_0=0.2$。选择 DE 薄膜运动到平衡位置的时刻撤掉外置电源,并将该时刻定义为 $T=0$。定义 DE 薄膜的振幅为应变的峰峰值之差的 $1/2$,平衡应变定义为应变的峰峰值之和的 $1/2$。

图 8.16 描述了漏电电流对交变力载荷作用下的 DE 材料动态特性的影响。图 8.16(a)展示的是漏电前后的幅频曲线。由图可见,在电荷泄漏之前,无量纲的共振频率大小为 0.70,而当电荷泄漏完以后,无量纲的共振频率增大到 1.04,这说明漏电电流会导致共振频率增大,然而共振频率处的幅值却因为电流泄漏而减小,这是因为电流泄漏导致外部输入能量的减小。图 8.16(b)展示的是漏电前后的平衡应变。由图可知,电流泄漏会导致平衡应变减小,原因同样是外部能量的减小。总体来说,电荷泄漏增加了共振频率而减小了振动的平衡应变。

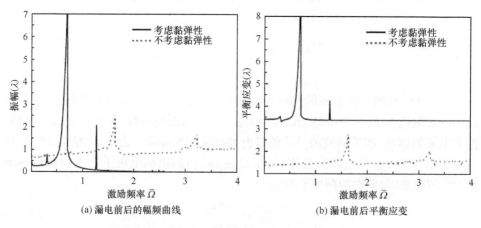

(a) 漏电前后的幅频曲线　　　　　(b) 漏电前后平衡应变

图 8.16　漏电流对纯剪切状态的 DE 材料的振幅

图 8.17 给出了表面电荷以及两表面电压随时间的变化历程。图 8.17(a)为不同频率下 DE 材料表面电荷的时间变化历程。由图可以看出,在不同频率、相同电压作用下,当 DE 材料薄膜运动到平衡位置时,上下两表面聚集的电荷量是不同的。这是由于频率不同,DE 材料薄膜到达的平衡应变的值不同。平衡应变的值越大,初始电荷的值也就越大。由图可知,在任何频率下,DE 材料的表面电荷均

会由于漏电电流的影响而逐渐减小到 0。图 8.17(b)为不同频率下的 DE 材料两表面电压的时间变化历程。由图可知，DE 材料两表面的电压是振荡减小的。这是因为在电荷泄漏阶段，DE 材料薄膜始终保持振动状态，从而导致 DE 材料的厚度也是振荡变化的，故而电压是振荡变化的。当无量纲的频率为 0.64 时(接近电荷泄漏前的共振频率)，电压变化曲线的峰值最大，这是因为在该激励频率下，拉伸率的振幅最大。与电荷类似，在任何频率下，DE 材料两表面的电压在足够长的时间内都会逐渐减小到 0。

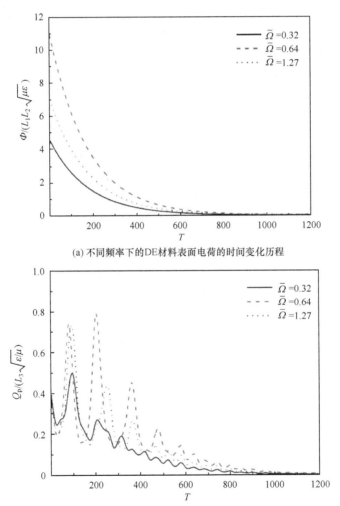

(a) 不同频率下的 DE 材料表面电荷的时间变化历程

(b) 不同频率下的 DE 材料两表面电压的时间变化历程

图 8.17　表面电荷及两表面电压变化的时间历程

8.5　本章小结

　　本章首先分析了电荷驱动下 DE 材料薄膜驱动器稳定性的物理机理,结果表明,相比于电压驱动的 DE 驱动器,电荷驱动下 DE 驱动器不会出现吸合不稳定现象。这是因为在恒定电荷驱动下,随着变形的增大,电荷产生的电场强度是逐渐减小的。然后,本章分析了电荷控制下 DE 驱动器的耗散性能,考虑了黏弹性和电荷泄漏的耦合性能以及电荷泄漏对 DE 驱动器性能的影响,本章给出了一种利用电荷补偿的方法来实现电荷驱动下 DE 驱动器的变形稳定性。最后,本章还分析了电荷泄漏对 DE 驱动器动态性能的影响,结果显示,电荷泄漏会导致共振频率增大,振幅以及平衡应变减小。

参 考 文 献

[1] Keplinger C, Nikitar N, Bauer S, et al. Röntgen's electrode-free elastomer actuators without electromechanical pull-in instability[J]. Proceedings of the National Academy of Sciences of the United States of America, 2010, 9:4505-4510.

[2] Li B, Zhou J X, Chen H L. Electromechanical stability in charge-controlled dielectric elastomer actuation[J]. Applied Physics Letters, 2011, 99:244101.

[3] Gent A N. A new constitutive relation for rubber[J]. Rubber Chemistry and Technology, 1996, 69:59-61.

[4] Bauer S, Paajanen M. Electromechanical characterization and measurement protocol for dielectric elastomer actuators[C]. Proceedings of SPIE, 2006, 6168:61682K.

[5] Zhao X, Suo Z. A theory of dielectric elastomer capable of giant deformation[J]. Physical Review Letters, 2010, 104:178302.

[6] Zhang J S, Chen H L, Sheng J J, et al. Leakage current of a charge-controlled dielectric elastomer[C]. Proceedings of SPIE, 2014, 9056:905632.

[7] Zhang J S, Chen H L, Li B. A method of tuning viscoelastic creep in charge-controlled dielectric elastomer actuation[J]. EPL, 2014, 108:57002.

[8] Zhang J S, Chen H L, Sheng J J et al. Dynamic performance of dissipative dielectric elastomers under alternating mechanical load[J]. Applied Physics A, 2014, 106:59-67.

[9] Keplinger C, Kaltenbrunner M, Arnold A, et al. Capacitive extensometry for transient strain analysis of dielectric elastomer actuators[J]. Applied Physics Letters, 2008, 92:192903.

[10] Di Lillo L, Schmidt A, Carnelli D A, et al. Measurement of insulating and dielectric properties of acrylic elastomer membranes at high electric fields[J]. Journal of Applied Physics, 2012, 111:024904.

[11] Foo C C, Cai S, Koh S J A, et al. Model of dissipative dielectric elastomers[J]. Journal of Applied Physics, 2012, 111:034102.

第9章 不同变形条件下 DE 材料的力电耦合特性

前面几章主要介绍的是 DE 材料在平面内产生的等双轴变形行为,事实上,DE 材料在作为驱动器应用时,往往根据实际需要,借助不同的机械结构设计使材料产生诸如单轴变形和纯剪切变形的变形模式,而在这些不同的变形模式下,边界条件的变化,DE 材料的力电耦合效果也会有不同的结果。因此,本章将介绍 DE 材料驱动器在不同变形条件下的力电耦合行为,并对其静态和动态的面内变形性能进行研究。最后,本章还将介绍 DE 材料在边界条件变化下的离面变形现象。

9.1 不同变形模式下 DE 材料的静态变形行为

DE 材料的快速可逆大变形行为特点与生物肌肉有类似的特性,因此广泛用于各种仿肌肉驱动器中,如柔性机器人[1]、人造假肢[2]等。而人造肌肉驱动器的一项重要的功能就是能够对外界的重物实现提升,或产生位移输出。在过去的十余年时间中,基于此功能的各种仿肌肉驱动器的设计层出不穷。

9.1.1 DE 材料驱动器的不同变形模式

当高弹性的 DE 材料应用于大变形驱动器结构时,其变形模式除了等双轴变形,还包括单轴变形和纯剪切变形。Wolf 等[3]采用如图 9.1 所示的方法研究了

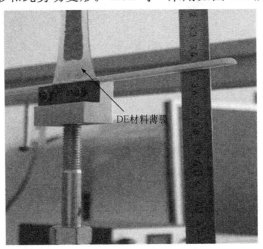

图 9.1 DE 材料驱动器的单轴变形[3]

DE 材料的单轴变形特性,即将条状 DE 材料薄膜悬挂起来后,在底端施加重物砝码,然后沿着材料厚度方向施加电压。研究结果显示,当电压超过 10000V 时,DE材料变形仍未发生失稳,只是变形较小,应变只有 5%。

　　此外,当对 DE 材料的预拉伸变形施加了平面单方向约束后,DE 材料在该方向上变形受到限制,因此可产生如图 9.2 所示的纯剪切变形。图 9.2(a)、(b)、(c)是纯剪切变形时的边界约束及变形示意图,而图 9.2(d)、(e)、(f)是纯剪切变形实验过程。根据文献报道,此时材料的最大电致变形可达到 260%[4]。

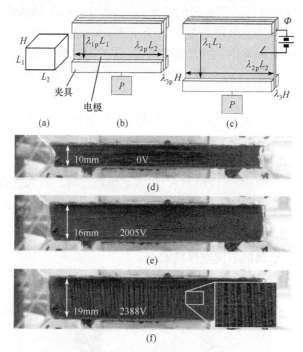

图 9.2　DE 材料驱动器的纯剪切变形[4]

　　在发生纯剪切变形的过程中,为了保证材料在一个方向受到固定约束,防止DE 材料产生向内凹陷收缩的颈缩现象,使其按照纯剪切的模式变形,研究人员常采用纤维约束的方法来保证纯剪切模式的产生,如图 9.3 所示。

　　材料的一般简单剪切变形与纯剪切变形的区别如图 9.4 所示。假设该材料为一薄片材料,为了使其发生剪切变形,可以约束其宽度(薄片厚度)y 向的变形,仅考虑高度 z 和长度 x 方向的变形。取一个二维的圆形为基本的变形单元,在图 9.4(a)中,当产生一般简单剪切(simple shear)变形时,材料变形后为椭圆形,椭圆的两个轴向为主应变方向,随着剪切变形的增大,主应变方向是旋转变化的。而在图 9.4(b)中,当约束了材料的 y 方向变形后,此时在高度 z 方向施加压应力

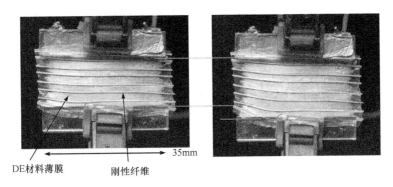

图 9.3　多层纤维约束下的 DE 材料驱动器的纯剪切变形[5]

或者在 x 方向施加拉应力，椭圆的主应变方向不随变形而变化，在橡胶类的超弹性材料中，定义这种变形模式为纯剪切变形（pure shear）[6]。

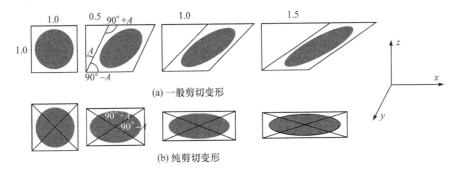

图 9.4　材料的一般剪切和纯剪切变形[6]

9.1.2　不同变形模式下的力电耦合分析模型

为了建立不同变形模式下 DE 材料驱动器的力电耦合模型，分析其变形规律，采用图 9.5 所示三种不同变形模式下的变形。未变形前的 DE 材料驱动器如图 9.5(a) 所示；如果施加重物 P_1 以及重物 P_2，则会产生双轴变形，当 $P_1 = P_2$ 时，材料产生等双轴变形，如图 9.5(b) 所示；如果仅施加单一方向的重物 P_1，此时的变形模式为单轴变形，如图 9.5(c) 所示；如果施加单一方向的重物 P_1，且在材料平面内的另一方向施加边界约束（图中为水平方向），则该方向的变形受到了限制，此时的变形模式为纯剪切，如图 9.5(d) 所示。本节将针对这三种变形模式建立其力电耦合分析模型。

假设施加给 DE 材料薄膜材料驱动器的电压为 Φ，其平面方向受到外力为 P_1 和 P_2，驱动器的尺寸从 $L \times L \times H$ 变形至 $\lambda_1 L \times \lambda_2 L \times \lambda_1^{-1} \lambda_2^{-1} H$，其中 λ_1 和 λ_2 是两个面内方向的变形。注意到在图 9.5(d) 中，刚性的约束材料将 DE 材料薄膜分割

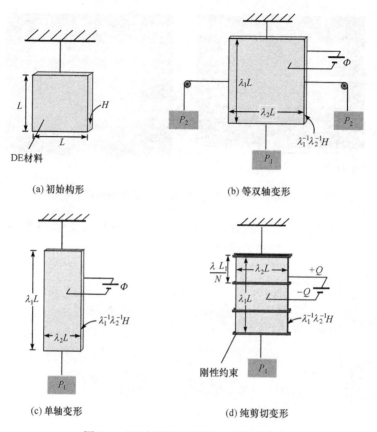

(a) 初始构形　　　　　　　(b) 等双轴变形

(c) 单轴变形　　　　　　　(d) 纯剪切变形

图 9.5　DE 材料驱动器的三种变形模式

成若干均等面积的单元,每个单元在竖直方向的变形是 λ',此时 λ' 和 λ_1 的关系为 $\lambda'=(\lambda_1-\eta)/(1-\eta)$,其中的 η 为约束材料在 DE 材料驱动器中的体积比例。考虑到约束材料为纤维,其对电场激励不敏感且体积较小,因此可近似认为 $\lambda'=\lambda_1$。在本节的研究中,不再区分 λ' 和 λ_1 变量,而统一用 λ_1 分析 DE 材料的变形。

假设 DE 材料驱动器的应变能密度为 $W_{stretch}$,在不考虑其制约取向极化和黏弹性松弛的情况下,其极化模式为线性的,则根据第 2 章的推导可以得到其本构关系为

$$\sigma_1 = \lambda_1 \frac{\partial W_{stretch}}{\partial \lambda_1} - \varepsilon E^2 \tag{9-1}$$

$$\sigma_2 = \lambda_2 \frac{\partial W_{stretch}}{\partial \lambda_2} - \varepsilon E^2 \tag{9-2}$$

式中,ε 为介电常数;$\sigma_1 = \lambda_1 P_1/(LH)$ 和 $\sigma_2 = \lambda_2 P_2/(LH)$ 为真实应力;$E = \Phi/(\lambda_1^{-1}\lambda_2^{-1}H)$ 为变形状态下的真实电场。

鉴于本章重点讨论不同变形模式的影响，可假设施加比较小的力载荷 P_1 和 P_2，从而无需考虑应变刚化的效应。此时，可采用经典的 Neo-Hookean 模型 $W_{\text{stretch}} = \dfrac{1}{2}\mu(\lambda_1^2 + \lambda_2^2 + \lambda_1^{-2}\lambda_2^{-2} - 3)$ 来分析其超弹性变形。为了方便起见，下面分别采用下标 EB(equal biaxial)、UA(uniaxial，其中下标 2 表示垂直于单轴预拉伸方向的变形)和 PS(pure shear)表示等双轴、单轴和纯剪切三种不同变形模式下的变形，则力载荷与变形见表 9.1。

表 9.1　不同变形模式下的力载荷和变形

变形模式	力载荷	变形
等双轴	$P_1 = P_2 = P$	$\lambda_1 = \lambda_2 = \lambda_{\text{EB}}$
单轴	$P_1 = P, P_2 = 0$	$\lambda_1 = \lambda_{\text{UA}}, \lambda_2 = \lambda_{\text{UA2}}$
纯剪切	$P_1 = P$	$\lambda_1 = \lambda_{\text{PS}}, \lambda_2 = 1$

在以上三种变形模式中，假设其竖直方向重物引起的应力均为 σ，根据表 9.1 中列出的关系，可将本构方程写成

$$\sigma_{\text{EB}} = \frac{P}{LH}\lambda_{\text{EB}} = \mu(\lambda_{\text{EB}}^2 - \lambda_{\text{EB}}^{-4}) - \varepsilon\left(\frac{\Phi_{\text{EB}}}{H}\right)^2\lambda_{\text{EB}}^4 \tag{9-3}$$

$$\sigma_{\text{UA}} = \frac{P}{LH}\lambda_{\text{UA}} = \mu(\lambda_{\text{UA}}^2 - \lambda_{\text{UA}}^{-2}\lambda_{\text{UA2}}^{-2}) - \varepsilon\left(\frac{\Phi_{\text{UA}}}{H}\right)^2\lambda_{\text{UA}}^2\lambda_{\text{UA2}}^2 \tag{9-4}$$

$$0 = \mu(\lambda_{\text{UA2}}^2 - \lambda_{\text{UA}}^{-2}\lambda_{\text{UA2}}^{-2}) - \varepsilon\left(\frac{\Phi_{\text{UA}}}{H}\right)^2\lambda_{\text{UA}}^2\lambda_{\text{UA2}}^2 \tag{9-5}$$

$$\sigma_{\text{PS}} = \frac{P}{LH}\lambda_{\text{PS}} = (\lambda_{\text{PS}}^2 - \lambda_{\text{PS}}^{-2}) - \varepsilon\left(\frac{\Phi_{\text{PS}}}{H}\right)^2\lambda_{\text{PS}}^2 \tag{9-6}$$

通过式(9-4)和式(9-5)，可以求解得到单轴变形中垂直于预拉伸方向的变形 $\lambda_{\text{UA2}} = \sqrt{\lambda_{\text{UA}}^2 - \lambda_{\text{UA}}P/(\mu LH)}$。

根据推导可知，对于多场耦合的软材料，材料的耦合变形刚度可以定义为[7,8]

$$Y = \frac{\partial\sigma}{\partial\lambda} \tag{9-7}$$

式中，σ 和 λ 为同一个方向上的真实应力和真实变形。借助该思想，也可以分析 DE 材料驱动器在力电耦合下的等效刚度。首先求解式(9-3)~式(9-6)中 DE 材料驱动器在平衡态下的电压，然后通过式(9-7)对本构方程进行求导，可以得到三种不同变形模式下的力电耦合刚度，即

$$Y_{\text{EB}} = \mu(-2\lambda_{\text{EB}} + 8\lambda_{\text{EB}}^{-5}) + 4\frac{P}{LH} \tag{9-8}$$

$$Y_{\text{UA}} = \mu \left[\begin{array}{l} \lambda_{\text{UA}} + \lambda_{\text{UA2}} - \lambda_{\text{UA}}^{-1}\lambda_{\text{UA2}}^{2} - \lambda_{\text{UA}}^{2}\lambda_{\text{UA2}}^{-1} \\ + 4\lambda_{\text{UA}}^{-3}\lambda_{\text{UA2}}^{-2} + 2\lambda_{\text{UA}}^{-2}\lambda_{\text{UA2}}^{-3}\left(1 + \dfrac{2\lambda_{\text{UA}} - P/(\mu LH)}{2\sqrt{\lambda_{\text{UA}}^{2} - \lambda_{\text{UA}}P/(\mu LH)}} \right) \end{array} \right] + \dfrac{P}{LH}\left(1 + \lambda_{\text{UA}}\lambda_{\text{UA2}}^{-1} \right)$$

$$\text{(9-9)}$$

$$Y_{\text{PS}} = \mu(4\lambda_{\text{PS}}^{-3}) - 2\frac{P}{LH} \tag{9-10}$$

显然,只有驱动器的等效刚度大于零时,驱动器才能发生稳定的变形。

9.1.3 不同变形模式下力电耦合行为分析

根据 9.1.2 节推导得到的本构关系和力电耦合刚度,就可以分析在不同变形模式下,DE 材料驱动器的力电耦合行为及其稳定性特征。

假设施加一个较小的外力载荷 $[P/(LH\mu) = 0.1]$,以保证 DE 材料驱动器处于张紧状态,在此条件下讨论不同变形模式下的电致变形行为。分析采用无量纲数值方法,图 9.6 给出了 DE 材料驱动器在三种变形模式下的电致变形和力电耦合的刚度曲线,其中,图 9.6(a)、(c)、(e) 的纵坐标为无量纲电压 $\Phi/(H\sqrt{\mu/\varepsilon})$,图 9.6(b)、(d)、(f) 的纵坐标为无量纲的等效耦合刚度 Y/μ,横坐标为变形 λ。

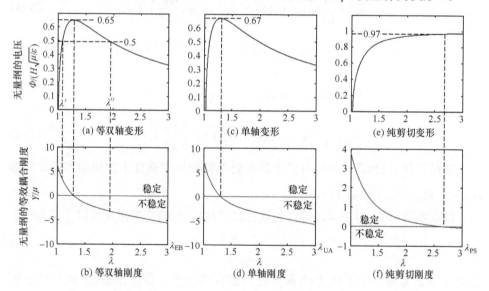

图 9.6　DE 材料驱动器在三种变形模式下的电致变形和力电耦合刚度

图 9.6(a)、(b) 表示的是等双轴变形模式下的电致变形和力电耦合刚度。由图 9.6(a) 可见,在等双轴变形中,当 DE 材料驱动器的电压-变形曲线到达峰值时,会发生吸合失稳,此时的临界电压为 $\Phi_{\text{EB}}/(H\sqrt{\mu/\varepsilon}) = 0.65$。在此之后驱动器进

入吸合失稳状态,其内部电场对变形的正反馈效应导致驱动器无节制的变形,最终达到破坏失效。图 9.6(b)是其等效力电耦合刚度和变形的关系,其中,$Y_{EB}/\mu=0$ 将变形区域分成两个部分,当 $Y_{EB}/\mu<0$ 时,变形是不稳定的,而当 $Y_{EB}/\mu>0$ 时,变形是稳定的。当 DE 材料驱动器的变形达到临界电压时,驱动器的等效耦合刚度为零,为稳定到不稳定状态的临界状态,即吸合失稳的开始点。当给 DE 材料驱动器施加的电压高于临界电压时,驱动器无法达到平衡状态;而当电压小于临界电压时,如 $\Phi_{EB}/(H\sqrt{\mu/\varepsilon})=0.5$,此时 DE 驱动器将产生两个平衡态,如图 9.6(a)所示的 λ' 和 λ''。其中,变形 λ' 对应稳定的变形,其刚度为正;而 λ'' 则是处于吸合状态的不稳定变形,其刚度为负。因此,稳定的力电耦合变形只有在其等效刚度为正的情况下才会发生。

　　类似的不稳定行为在单轴变形中也能看到,如图 9.6(c)和(d)所示。虽然吸合失稳也发生在单轴变形中,但是此时的临界电压要高于等双轴变形。为了进一步比较单轴和双轴的电致变形行为,图 9.7 给出了这两种变形模式在同等外力载荷下的电压和变形关系,其中采用聚丙烯酸酯材料参数:$\mu=0.1$MPa,$\varepsilon=4.5\times8.85\times10^{-12}$F/m,$H=1$mm。从图中可以看到,为了达到同等变形尺度,单轴变形模式下所需的电压要高于等双轴模式下的电压。此结论与前面介绍的文献[3]的实验结果基本一致。

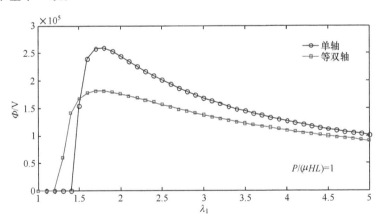

图 9.7　DE 材料单轴和等双轴的电致变形比较

　　图 9.6(e)~(f)表示的是纯剪切变形模式下的电致变形和力电耦合刚度。由图 9.6(e)可知,在纯剪切变形模式下,DE 材料驱动器可以实现非常大的变形而不失稳。当电压变形曲线趋近其稳定值 $\Phi_{PS}/(H\sqrt{\mu/\varepsilon})=0.97$ 时,较小的电压变化,也能产生较大的变形。该理论分析结果与文献[4]实验测量的现象一致。该文献在实验中发现,通过水平方向对 DE 材料进行约束,竖直方向的最大应变可达到 260%。由图 9.6(f)可见,当电压达到 $\Phi_{PS}/(H\sqrt{\mu/\varepsilon})=0.97$ 的临界值时,材料的

等效刚度为零,此时材料由于张力损失,将会产生颈缩现象。

9.2　不同力学边界下 DE 材料驱动器的动态特性

众所周知,除了静态变形,在实际应用中,DE 材料常用于动态驱动的场合,因此对其动态性能的研究也是一项重要的内容。显然,在动态特性分析中,边界条件对 DE 材料的性能有非常大的影响,本节将结合一个具体的结构分析其动态特性。

由 9.1 节分析可知,DE 材料驱动器在纯剪切变形中不会发生吸合失稳现象,且会产生较大的变形,因此,本节以纯剪切变形模式为对象分析不同边界条件下其动态特性。如图 9.8 所示,将 DE 材料薄膜拉伸后,固定在夹具上,借助导轨的滑动,使 DE 材料只能在面内的方向 1 上运动。当施加了交流电压后,DE 材料驱动器会发生非线性振动。图中,DE 材料的边界应力 P 可以根据应用场合不同而发生变化[9]。

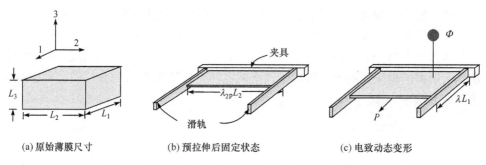

(a)原始薄膜尺寸　　　　　(b)预拉伸后固定状态　　　　　(c)电致动态变形

图 9.8　纯剪切变形下 DE 材料驱动器面内振动示意图

当处于振动时,DE 材料的受力变形与时间 t 有关,基于传统 Neo-Hookean 模型,此时的平衡方程为

$$\frac{P}{L_2L_3}+\frac{\Phi^2\varepsilon}{L_3^2}\lambda\lambda_{2p}^2-\frac{L_1^2\rho}{3}\frac{\mathrm{d}^2\lambda}{\mathrm{d}t^2}=\mu(\lambda-\lambda^{-3}\lambda_{2p}^{-2}) \tag{9-11}$$

式中,$\dfrac{P}{L_2L_3}$ 为边界应力;$\dfrac{\Phi^2\varepsilon}{L_3^2}\lambda\lambda_{2p}^2$ 为静电力;$\dfrac{L_1^2\rho}{3}\dfrac{\mathrm{d}^2\lambda}{\mathrm{d}t^2}$ 为动态振动中产生的应力;$\mu(\lambda-\lambda^{-3}\lambda_{2p}^{-2})$ 为根据 Neo-Hookean 模型得到的弹性应力。采用归一化的时间 $T=t/\sqrt{\rho L_1^2/3\mu}$,可将平衡状态方程写为

$$\frac{\mathrm{d}^2\lambda}{\mathrm{d}T^2}+g(\lambda,P,\Phi)=0 \tag{9-12}$$

式中,

$$g(\lambda)=(\lambda-\lambda^{-3}\lambda_{2p}^{-2})-\frac{P}{\mu L_2 L_3}-\left(\frac{\Phi}{L_3\sqrt{\mu/\varepsilon}}\right)^2\lambda\lambda_{2p}^2 \tag{9-13}$$

根据振动力学的定义,当 DE 材料在平衡态 λ_{eq} 振荡时,系统的固有频率 ω_0 为

$$\bar{\omega}_0^2=\frac{\partial g(\lambda)}{\partial \lambda}\bigg|_{\lambda_{eq}} \tag{9-14}$$

由式(9-11)可以看到,当边界条件变化时,其边界应力是不相同的,从而导致其动态性能也会有所改变。根据实际应用的情况,图 9.9 设计了三种边界情况:①由线性弹簧支撑的边界;②由刚性支撑或由阻挡力构成的边界;③由另一块 DE 材料薄膜构成的边界。下面针对这三种情况分别进行分析。

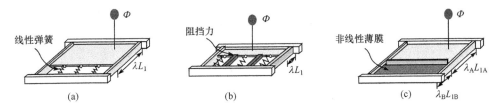

图 9.9　DE 材料驱动器的三种边界情况

9.2.1　弹簧边界

在图 9.9(a)所示的边界中,弹簧对 DE 材料具有拉伸作用,在交变电压 Φ 的作用下,DE 材料在 1 方向上产生振动。假设 DE 材料的初始长度为 L_1,宽度为 L_2,厚度为 L_3。为了保持 DE 材料处于张紧状态,将刚度为 k 的弹簧预拉伸位移 d 后与 DE 材料连接。此时边界力的表达式为

$$P=kd-k(\lambda-1)L_1 \tag{9-15}$$

施加正弦的交流电压 $\Phi=\Phi_0+\Phi_{AC}\sin(\bar{\Omega}T)$,其中 $\bar{\Omega}$ 为无量纲归一化的频率,Φ_0 为电压的直流量,Φ_{AC} 为交流电压的幅值,则 DE 材料的振动方程(9-11)可改写为

$$\frac{d^2\lambda}{dT^2}+(\lambda-\lambda^{-3})-\frac{k}{\mu L_2 L_3/d}\left[1-(\lambda-1)\frac{L_1}{d}\right]-\left(\frac{\Phi_0}{L_3\sqrt{\mu/\varepsilon}}\right)^2\left[1+\frac{\Phi_{AC}}{\Phi_0}\sin(\bar{\Omega}T)\right]^2\lambda\lambda_{2p}^2=0 \tag{9-16}$$

本节采取数值分析方法分析不同边界条件对 DE 材料动态特性的影响。假设 DE 材料振动的初始条件为:变形 $\lambda=1$,速度为 0。假设 $\Phi_{AC}/\Phi_0=0.1$,$[\Phi_0/(L_3\sqrt{\mu/\varepsilon})]^2=0.1$,$L_1/d=0.1$,$k/(\mu L_2 L_3/d)=0.1$。图 9.10 分别绘制了激励频率为 $\bar{\Omega}=0.5$、1.5、2 的三组振动曲线。由图可以看到,当频率较大时,DE 材

料振动波形出现了类似拍振的振动曲线。

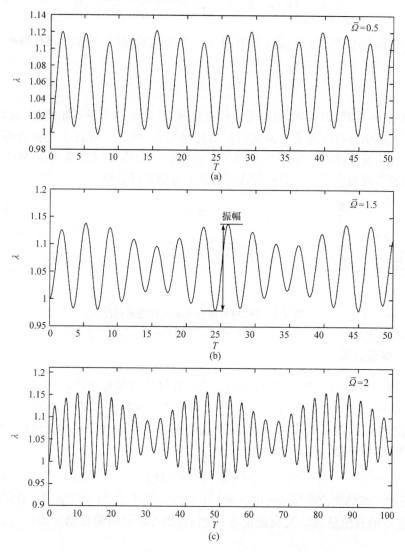

图 9.10　DE 材料在弹簧边界下的不同频率的振动曲线

　　图 9.11 给出了在较宽的频域内 DE 材料的幅频曲线,图中选取了两个弹簧的刚度。由图可见,随着支撑弹簧刚度的增大,提供给 DE 材料的边界应力增大,因此其振幅也是增大的。此外,系统的固有频率随着支撑弹簧刚度的增大而减小。

　　为了详细了解系统的固有频率随支撑弹簧刚度的变化规律,先求解 DE 材料的平衡位置然后再求解其固有频率。令施加的电压为直流电压,此时 DE 变形到平衡位置 λ_{eq},则公式为

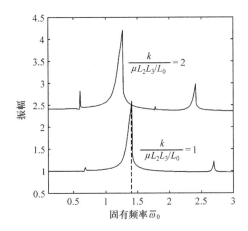

图 9.11　DE 材料驱动器在不同弹簧刚度下的频谱特性

$$(\lambda_{\mathrm{eq}}-\lambda_{\mathrm{eq}}^{-3})-\frac{k}{\mu L_2 L_3/d}\left[1-(\lambda_{\mathrm{eq}}-1)\frac{L_1}{d}\right]-\left(\frac{\Phi_0}{L_3\ \sqrt{\mu/\varepsilon}}\right)^2\lambda_{\mathrm{eq}}\lambda_{2\mathrm{p}}^2=0 \quad (9\text{-}17)$$

同时根据式(9-14)，可得

$$\bar{\omega}_0=\left\{(1+3\lambda_{\mathrm{eq}}^{-4})+\frac{k}{\mu L_2 L_3/d}\frac{L_1}{d}-\left(\frac{\Phi_0}{L_3\ \sqrt{\mu/\varepsilon}}\right)^2\lambda_{2\mathrm{p}}^2\right\}^{1/2} \quad (9\text{-}18)$$

将(9-17)和式(9-18)联立后可以得到固有频率的表达式。图 9.12 分析了固有频率与支撑弹簧刚度的关系随弹簧拉伸尺度的变化关系。由图可见，随着弹簧刚度的增大，固有频率是下降的，随着弹簧拉伸尺度的减小，固有频率是增大的。因此在这种结构中，通过选择支撑弹簧的刚度以及调整弹簧拉伸的尺度可以调节系统的固有振动特性。

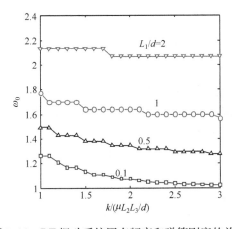

图 9.12　DE 振动系统固有频率和弹簧刚度的关系

9.2.2 阻挡力边界

对于图 9.9(b)所示的用弹簧对 DE 材料施加预拉伸、用刚性材料阻挡 DE 材料在方向 1 运动的边界,当 DE 材料驱动器振动时该边界能产生阻挡力,因此,DE 材料振幅很小。设定弹簧的刚度为 k,阻挡力为 F,则此时的边界力为 $P = kd - F$,相应的振动方程为

$$\frac{\mathrm{d}^2\lambda}{\mathrm{d}T^2} + (\lambda - \lambda^{-3}) + \frac{F}{\mu L_2 L_3/d}\left(1 - \frac{kd}{F}\right) - \left[\frac{\Phi_0}{L_3\sqrt{\mu/\varepsilon}}\right]^2 \left[1 + \frac{\Phi_{AC}}{\Phi_0}\sin(\overline{\Omega}T)\right]^2 \lambda\lambda_{2p}^2 = 0$$

$$(9\text{-}19)$$

根据式(9-19),设定参数 $\Phi_{AC}/\Phi_0 = 0.1$,$\left[\Phi_0/(L_3\sqrt{\mu/\varepsilon})\right]^2 = 0.1$,$L_1/d = 0.1$,$\overline{\Omega} = 0.5$,$kd/F = 0.5$,$k/(\mu L_2 L_3/d) = 0.1$,可以得到振动波形如图 9.13 所示,该图的上部为输入的交变电压波形,下部为输出的振动波形。与图 9.10 相比可见,在刚性材料阻挡条件下,DE 材料振动的幅值很小,部分能量转换成了输出的阻挡力。

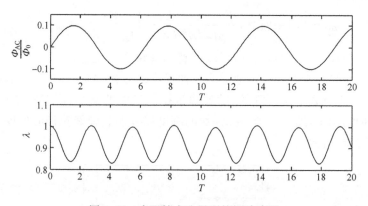

图 9.13 在阻挡力边界下的振动波形

图 9.14 给出了不同弹簧刚度与阻挡力比值下的振动幅频图。由图可以看到,该比值越大,共振峰值越大;在 $kd/F = 0.1$ 的情况下,有两个振动峰值存在,而且这两个峰值对应的频率非常接近,因此这两个谐振峰既不是超谐波也不是次谐波,而应该对应于两个振动模态。由于振动的模态不同,产生的振动幅值、波形也不相同,对应的输出阻挡力大小也不同。因此,通过调整 kd/F 的数值,能够控制 DE 材料谐振中不同模态的产生和合并,在手机或者手持平板电脑等需要触觉反馈的系统应用中可实现一种新颖的触觉反馈方式。

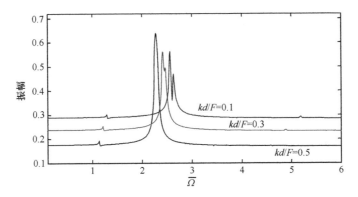

图 9.14　DE 材料驱动器在不同阻挡力下的幅频特性

9.2.3　双 DE 材料薄膜构成的边界

对于图 9.9(c)所示的双 DE 材料薄膜构成的边界实际上可分为两种类型,一种是两张薄膜同时施加电压;另一种是一张薄膜施加电压,而另一张不施加电压。下面分别对这两种类型进行分析。

1. 双薄膜加电压的振动分析

图 9.15 为双 DE 材料薄膜振动示意图,即在 A、B 薄膜上均施加驱动电压,两薄膜之间电绝缘但机械连接。为了提高 DE 材料振动的效率,通过将两张薄膜串联,同时施加电压,可大幅增加输出位移[9]。

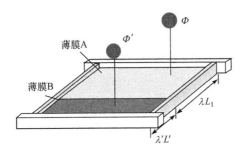

图 9.15　双 DE 材料薄膜振动的示意图

假设用 λ' 表示薄膜 B 的伸长,L' 为薄膜 B 的长度,$\Phi'=\Phi'_0+\Phi'_{AC}(\overline{\Omega}T)$ 表示薄膜 B 的电压。而薄膜 B 的宽度、厚度、方向 2 的预拉伸与薄膜 A 一致。参照式(9-11),可以得到薄膜 B 的振动方程为

$$\frac{P}{L_2 L_3}+\left(\frac{\Phi'}{L_3}\right)^2 \varepsilon \lambda' \lambda_{2p}^2-\frac{L_1^2 \rho}{3}\frac{\mathrm{d}^2 \lambda'}{\mathrm{d}t^2}=\mu(\lambda'-\lambda'^{-3}\lambda_{2p}^{-2}) \tag{9-20}$$

将边界力 P 代入后,得到对应的振动关系为

$$\left[1-\left(\frac{L}{L'}\right)^2\right]\frac{\mathrm{d}^2\lambda}{\mathrm{d}T^2}+(\lambda-\lambda^{-3}\lambda_{2\mathrm{p}}^{-2})-\left[\left(\frac{L_{\mathrm{total}}}{L'}-\frac{L}{L'}\lambda\right)-\left(\frac{L_{\mathrm{total}}}{L'}-\frac{L}{L'}\lambda\right)^{-3}\lambda_{2\mathrm{p}}^{-2}\right]$$

$$+\left(\frac{\Phi_0'}{L_3\sqrt{\mu/\varepsilon}}\right)^2\left[1+\frac{\Phi_{\mathrm{AC}}'}{\Phi_0'}\sin(\bar{\Omega}T)\right]^2\left(\frac{L_{\mathrm{total}}}{L'}-\frac{L}{L'}\lambda\right)\lambda_{2\mathrm{p}}^2 \tag{9-21}$$

$$-\left(\frac{\Phi_0}{L_3\sqrt{\mu/\varepsilon}}\right)^2\left[1+\frac{\Phi_{\mathrm{AC}}}{\Phi_0}\sin(\bar{\Omega}T)\right]^2\lambda\lambda_{2\mathrm{p}}^2=0$$

式中,$L_{\mathrm{total}}=\lambda'L'+\lambda L$ 是框架的总长度。

　　当两块薄膜同时运动时,其振动是两种运动相互协调的结果,这种协调关系受到多种因素影响,下面对其进行分析。

　　图 9.16 所示的是不同的薄膜 A 长度与薄膜 B 长度比值下的薄膜 A 的振动曲线。由图可见,薄膜 B 的长度对薄膜 A 的振动调制有显著的影响,随着比值减小,薄膜 A 的振幅是增大的,即随着薄膜 B 的增长,薄膜 A 的振动幅值逐渐增大,周期增长。

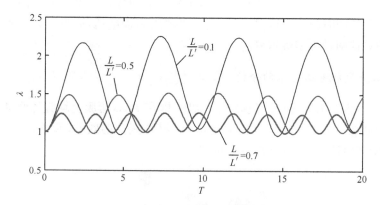

图 9.16　双膜协调振动下薄膜 A 的振幅

2. 单侧薄膜加电压的振动分析

　　下面介绍仅有一侧 DE 材料加电压的振动情况,其几何尺寸如图 9.17 所示,在 A、B 薄膜之间用一质量块 m 将两薄膜分开,这种结构称为对抗式 DE 材料驱动器。

　　假设薄膜 A 受到电压 Φ 的作用而变形,其变形为 $\lambda_{1\mathrm{A}}$、$\lambda_{2\mathrm{p}}$ 和 $\lambda_{3\mathrm{A}}$,薄膜 A 的尺寸为 $\lambda_{1\mathrm{A}}L_{1\mathrm{A}}$、$\lambda_{2\mathrm{p}}L_{2\mathrm{A}}$ 和 $\lambda_{3\mathrm{A}}H_{\mathrm{A}}$。根据材料的不可压缩性,有 $\lambda_{3\mathrm{A}}=\lambda_{1\mathrm{A}}^{-1}\lambda_{2\mathrm{p}}^{-1}$,因此薄膜 A 的电位移为

$$D=\frac{Q}{L_{1\mathrm{A}}L_{2\mathrm{A}}\lambda_{2\mathrm{p}}\lambda_{1\mathrm{A}}} \tag{9-22}$$

式中,Q 是薄膜表面积累的电荷。此时薄膜 A 的自由能密度为

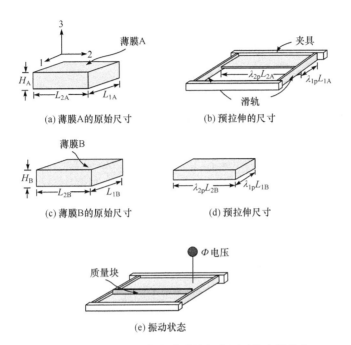

图 9.17　对单侧 DE 材料薄膜施加电压后的变形状态

$$W_A = -\frac{\mu_A J_{\text{limA}}}{2}\ln\left(1 - \frac{\lambda_{1A}^2 + \lambda_{2p}^2 + \lambda_{1A}^{-2}\lambda_{2p}^{-2} - 3}{J_{\text{limA}}}\right) + \frac{D^2}{2\varepsilon_A} \tag{9-23}$$

式中，μ_A 是 Gent 模型中的剪切模量；ε_A 是介电常数；J_{limA} 是 Gent 模型中的变形极限；角标"A"表示薄膜 A 的参数。在驱动变形中，惯性力在方向 1 随时间 t 做的功可表示为 $(-\rho_A L_{1A}^3 L_{2A} H_A/3)(\mathrm{d}^2\lambda_{1A}/\mathrm{d}t^2)\delta\lambda_{1A}$，其中 ρ_A 是材料的密度。因此薄膜 A 的自由能比变化等于做的功：

$$L_{1A}L_{2A}H_A\delta W_A = \Phi\delta Q + P_{1A}L_{1A}\delta\lambda_{1A} - \frac{\rho_A L_{1A}^3 L_{2A} H_A}{3}\frac{\mathrm{d}^2\lambda_{1A}}{\mathrm{d}t^2}\delta\lambda_{1A} \tag{9-24}$$

式中，P_{1A} 是边界施加的力。将式(9-23)代入后得到

$$\frac{\partial W_A}{\partial \lambda_{1A}} = \frac{\Phi D\lambda_{2p}}{H_A} + \frac{P_{1A}}{L_{2A}H_A} - \frac{\rho_A L_{1A}^2}{3}\frac{\mathrm{d}^2\lambda_{1A}}{\mathrm{d}t^2} \tag{9-25}$$

和

$$\frac{\partial W_A}{\partial D} = \frac{\Phi}{H_A}\lambda_{2p}\lambda_{1A} \tag{9-26}$$

联立式(9-25)和式(9-26)，消除变量 D，即为

$$\frac{\varepsilon_A \Phi^2 \lambda_{2p}^2}{\mu_A H_A^2}\lambda_{1A} + \frac{P_{1A}}{\mu_A L_{2A} H_A} - \frac{\rho_A L_{1A}^2}{3\mu_A}\frac{\mathrm{d}^2\lambda_{1A}}{\mathrm{d}t^2} = \frac{\lambda_{1A} - \lambda_{1A}^{-3}\lambda_{2p}^{-2}}{1 - (\lambda_{1A}^2 + \lambda_{2p}^2 + \lambda_{1A}^{-2}\lambda_{2p}^{-2} - 3)/J_{\text{limA}}} \tag{9-27}$$

通过类似的方法对薄膜 B 进行受力分析。薄膜 B 没有施加电压，因此自由能

变化的表达式为

$$L_{1B}L_{2B}H_B\delta W_B = P_{1B}L_{1B}\delta\lambda_{1B} - \frac{\rho_B L_{1B}^3 L_{2B} H_B}{3}\frac{d^2\lambda_{1B}}{dt^2}\delta\lambda_{1B} \tag{9-28}$$

$$\frac{\partial W_B}{\partial\lambda_{1B}} = \frac{P_{1B}}{L_{2B}H_B} - \frac{\rho_B L_{1B}^2}{3}\frac{d^2\lambda_{1B}}{dt^2} \tag{9-29}$$

同样采用 Gent 应变能模型 $W_B = -\frac{\mu_B J_{limB}}{2}\ln\left(1 - \frac{\lambda_{1B}^2 + \lambda_{2p}^2 + \lambda_{1B}^{-2}\lambda_{2p}^{-2} - 3}{J_{limB}}\right)$，可得到

$$\frac{P_{1B}}{\mu_B L_{2B}H_B} - \frac{\rho_B L_{1B}^2}{3\mu_B}\frac{d^2\lambda_{1B}}{dt^2} = \frac{\lambda_{1B} - \lambda_{1B}^{-3}\lambda_{2p}^{-2}}{1 - (\lambda_{1B}^2 + \lambda_{2p}^2 + \lambda_{1B}^{-2}\lambda_{2p}^{-2} - 3)/J_{limB}} \tag{9-30}$$

运动中，质量块 m 的受力为

$$P_{1A} - P_{1B} + mL_{1A}\frac{d^2\lambda_{1A}}{dt^2} = 0 \tag{9-31}$$

将式(9-27)和式(9-30)代入式(9-31)后，得到动态方程

$$\mu_A L_{2A}H_A\frac{\lambda_{1A} - \lambda_{1A}^{-3}\lambda_{2p}^{-2}}{1 - (\lambda_{1A}^2 + \lambda_{2p}^2 + \lambda_{1A}^{-2}\lambda_{2p}^{-2} - 3)/J_{limA}} - \mu_B L_{2B}H_B\frac{\lambda_{1B} - \lambda_{1B}^{-3}\lambda_{2p}^{-2}}{1 - (\lambda_{1B}^2 + \lambda_{2p}^2 + \lambda_{1B}^{-2}\lambda_{2p}^{-2} - 3)/J_{limB}}$$

$$\left(\mu_A L_{2A}H_A\frac{\rho_A L_{1A}^2}{3\mu_A} + mL_{1A}\right)\frac{d^2\lambda_{1A}}{dt^2} - \mu_B L_{2B}H_B\frac{\rho_B L_{1B}^2}{3\mu_B}\frac{d^2\lambda_{1B}}{dt^2} - L_{2A}\frac{\varepsilon_A \Phi^2 \lambda_{2p}^2}{H_A}\lambda_{1A} = 0$$

$$\tag{9-32}$$

假设滑轨的总长度为 L，方向 1 的预拉伸为 λ_{1p}。总长度是固定的，因此

$$\lambda_{1p}(L_{1A} + L_{1B}) = \lambda_{1A}L_{1A} + \lambda_{1B}L_{1B} = L \tag{9-33}$$

假设薄膜 A 和 B 的宽度和厚度相同，即 $L_{2B} = L_{2A} = L_2$ 和 $H_B = H_A = H$。定义 $L_{1B} = \alpha L_{1A}$ 作为两个薄膜的尺寸比，因此有 $\lambda_{1B} = \lambda_{1p}(1 + 1/\alpha) - \lambda_{1A}/\alpha$ 和 $\frac{d^2\lambda_{1B}}{dt^2} = -\frac{1}{\alpha^2}\frac{d^2\lambda_{1A}}{dt^2}$。采用无量纲化的时间 $\overline{T} = t/\sqrt{\frac{\mu_A}{\mu_B}\frac{\rho_A L_{1A}^2}{3\mu_A} + \frac{mL_{1A}}{\mu_B L_2 H} - \frac{1}{\alpha^2}\frac{\rho_B L_{1B}^2}{3\mu_B}}$ 和电压 $\overline{\Phi} = \Phi/(H\sqrt{\mu_B/\varepsilon_A})$，此时的振动方程为

$$\frac{\mu_A}{\mu_B}\frac{\lambda_{1A} - \lambda_{1A}^{-3}\lambda_{2p}^{-2}}{1 - (\lambda_{1A}^2 + \lambda_{2p}^2 + \lambda_{1A}^{-2}\lambda_{2p}^{-2} - 3)/J_{limA}}$$

$$- \frac{\{\lambda_{1p}(1 + 1/\alpha) - \lambda_{1A}/\alpha\} - \{\lambda_{1p}(1 + 1/\alpha) - \lambda_{1A}/\alpha\}^{-3}\lambda_{2p}^{-2}}{1 - (\{\lambda_{1p}(1 + 1/\alpha) - \lambda_{1A}/\alpha\}^2 + \lambda_{2p}^2 + \{\lambda_{1p}(1 + 1/\alpha) - \lambda_{1A}/\alpha\}^{-2}\lambda_{2p}^{-2} - 3)/J_{limB}}$$

$$+ \frac{d^2\lambda_{1A}}{d\overline{T}^2} - \overline{\Phi}^2\lambda_{1A}\lambda_{2p}^2 = 0$$

$$\tag{9-34}$$

假设 $\mu_A/\mu_B = J_{limB}/J_{limA}$，此值反映薄膜 B 相对于薄膜 A 的硬度。例如，$\mu_A/\mu_B = J_{limB}/J_{limA} = 10$，表示薄膜 B 比薄膜 A 软；$\mu_A/\mu_B = J_{limB}/J_{limA} = 0.1$，表示薄

膜 B 比薄膜 A 硬。图 9.18 给出了当 $J_{limA}=100$，$\alpha=1$，$\lambda_{2p}=1$ 和 $\lambda_{2p}=1$ 时，在不同的预拉伸下，静态电压下对抗式 DE 材料驱动器的平衡位置变化。从图中可以看到，在相同的电压作用下，随着薄膜 B 的弹性模量增大，在相同的预拉伸下，薄膜 B 产生的边界拉伸应力增大，因此引起薄膜 A 的电致变形增大。

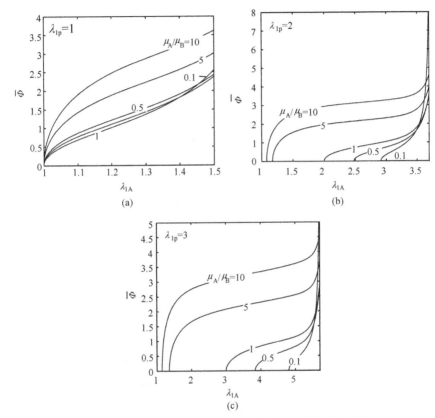

图 9.18　不同预拉伸下对抗式 DE 材料驱动器的平衡位置

在动态振动中，令电压为 $\Phi=\Phi_0+\Phi_{AC}\sin(\Omega t)=\Phi_0\left[1+\dfrac{\Phi_0}{\Phi_{AC}}\sin(\overline{\Omega T})\right]$，$\overline{\Phi}=\dfrac{\Phi_0}{H}\sqrt{\epsilon_A/\mu_B}$，其值为 $\overline{\Phi}=0.1$，$\Phi_0/\Phi_{AC}=10$，频率为 $\overline{\Omega}=\Omega\sqrt{\dfrac{\mu_A\rho_A L_{1A}^2}{\mu_B\ 3\mu_A}+\dfrac{mL_{1A}}{\mu_B L_2 H}+\dfrac{1}{\alpha}\dfrac{\rho_B L_{1B}^2}{3\mu_B}}=1$。图 9.19 所示是当薄膜 A 和 B 的长度不相等时的薄膜 A 的振动波形。由图可见，其变形受两个薄膜长度比的影响很大。当薄膜 B 的长度远大于薄膜 A 的长度时 ($\alpha=5$)，薄膜 A 的振动近似为正弦变化，而当远小于薄膜 A 的长度时 ($\alpha=0.2$)，薄膜 A 的振动出现拍振现象。

图 9.20 给出了其振动频谱图。由图可见，随着刚度比 μ_A/μ_B 增加，薄膜 A 的共振峰频率增加；随着刚度比 μ_A/μ_B 减小，薄膜 A 的主要振动频率向低频移动，且成分

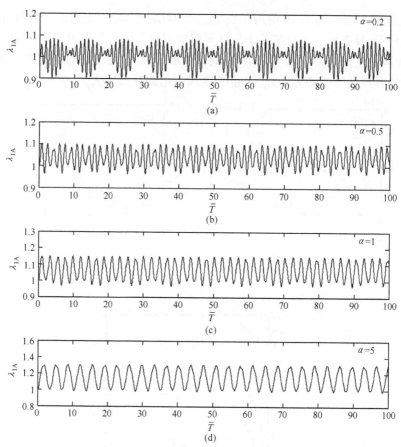

图 9.19 对抗式 DE 材料驱动器在不同的几何尺寸构型下的振动波形

更加丰富,振动出现混沌效应。可见,通过双膜结构中调整材料的力学参数或几何结构,能够激发出多种多样的动态变形,最大限度地挖掘 DE 材料的力电耦合变形性能。

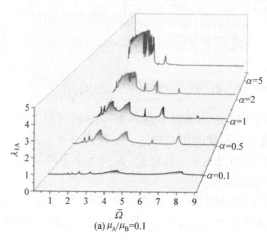

(a) $\mu_A/\mu_B = 0.1$

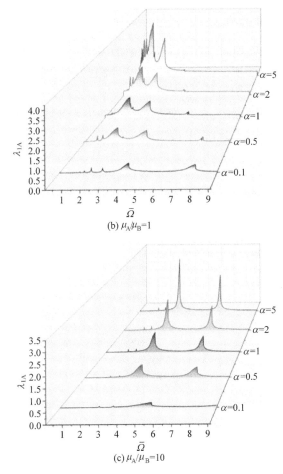

图 9.20　不同剪切模量下对抗式 DE 材料薄膜的振动频谱图

9.3　DE 材料的离面起皱现象

由 DE 材料的变形机理可知,当给材料施加电压时,一般情况下 DE 材料会发生厚度减小、面积扩大的面内变形,但借助于流体压力等条件,DE 材料会发生离面变形。本节不讨论这种类型的离面变形现象,而主要讨论在平面变形过程中,在一定条件下发生的离面起皱或者褶皱现象,显然,一般情况下这种起皱和褶皱现象是人们不希望的变形现象,它属于一种失稳现象,但如果人们能够掌握其起皱规律,不仅可以达到控制其不发生此种失稳的目的,而且可以在一定场合下加以利用。为此,本节以等双轴变形为例简单分析离面变形失稳现象。

9.3.1　不规则的起皱现象

对于等双轴变形的 DE 材料,在本书前面的讨论中均认为其预变形受到的外界力为恒定值,即预应力不变。但在实际变形中,随着 DE 材料的电致变形增大,预应力会逐渐减小。图 9.21 所示是一种圆形 DE 材料驱动器等双轴变形实验。DE 材料被预拉伸后固定在一个刚性边框上,然后在试件的中心区域涂敷碳膏作为电致变形的活性区域。在施加电压的过程中,涂电极的活性区域发生扩展变形,未涂电极的被动区域发生收缩变形。当未涂电极的区域收缩到其预拉伸前的原始尺寸时,其内部弹性预应力被释放,变成不受力的状态。此时若继续增大电压,活性区域继续扩张,会受到来自被动区域的挤压,从而导致活性区域的 DE 材料发生起皱变形,图 9.22 给出了 DE 材料发生起皱变形时的受力情况,其中在厚度方向压缩 DE 材料的是活性区域所受到的静电应力,而在径向压缩 DE 材料的是被动区域施加给活性区域的边界阻力,当此边界阻力大于一定值时,DE 材料就有可能发生起皱现象[10]。

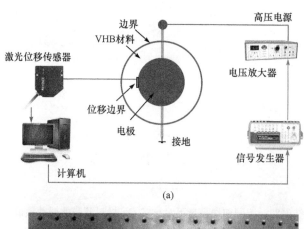

(a)

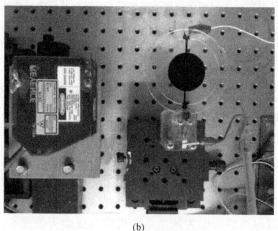

(b)

图 9.21　DE 材料的等双轴实验

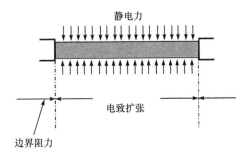

图 9.22　DE 材料在发生离面变形时的受力情况

　　下面将建立 DE 材料受力变形模型以便分析其起皱变形特性。为了简化,简化图 9.22 所示的具有弹性边界的 DE 材料的受力变形如图 9.23 所示。

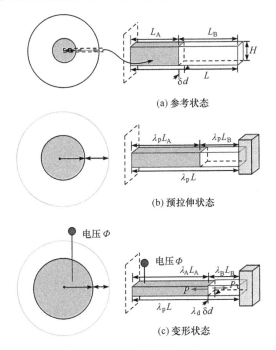

图 9.23　DE 材料的受力情况

　　以图 9.23 中右侧的变形单元为例进行分析。假设该单元体的体积为 $L \times d \times H$,涂电极的活性区域为区域 A,长度为 L_A,未涂电极的被动区域为区域 B,长度为 L_B,总长度 $L = L_A + L_B$。经过预拉伸 λ_p 后,长度变为 $\lambda_p L = \lambda_p L_A + \lambda_p L_B$,其中的 λ 表示变形前后的拉伸比。在电压 $\varPhi$ 作用下,区域 A 扩张、区域 B 收缩,总长度不变,宽度变为 $\lambda_d d$。由于 DE 材料的不可压缩性,其厚度的变形可通过平面内两方向的变形来表示。

根据第 2 章关于 DE 材料的热力学分析理论,区域 A 和区域 B 的弹性自由能为

$$W_A = -\frac{J_m}{2}\mu\ln\left(1 - \frac{\lambda_A^2 + \lambda_d^2 + \lambda_A^{-2}\lambda_d^{-2} - 3}{J_m}\right) \tag{9-35}$$

$$W_B = -\frac{J_m}{2}\mu\ln\left(1 - \frac{\lambda_B^2 + \lambda_d^2 + \lambda_B^{-2}\lambda_d^{-2} - 3}{J_m}\right) \tag{9-36}$$

式中, λ_A 和 λ_B 分别为 A 区域和 B 区域的纵向变形; λ_d 为宽度方向的变形。

区域 A 的受力平衡方程为

$$\sigma_L + \sigma_E = \sigma_\lambda \tag{9-37}$$

式中, σ_L 是边界应力; σ_E 是静电应力; σ_λ 是弹性应力。显然,弹性应力为 $\sigma_\lambda = \lambda_A\frac{\partial W_A}{\partial\lambda_A}$,静电应力为 $\sigma_E = \varepsilon\left(\frac{\Phi}{H}\right)^2\lambda_A^2\lambda_d^2$ 。

假设 DE 材料活性区域与被动区域边界的相互作用力为 P ,则对于区域 A,边界的名义应力为 $\frac{P}{Hd}$,其真实应力为 $\sigma_L = \lambda_A\frac{P}{Hd}$ 。所以区域 A 的平衡方程为

$$\lambda_A\frac{P}{L_A H} + \varepsilon\left(\frac{\Phi}{H}\right)^2\lambda_A^2\lambda_d^2 = \lambda_A\frac{\partial W_A}{\partial\lambda_A} \tag{9-38}$$

在区域 B 中,由于没有静电力,因此方程为

$$\lambda_B\frac{P}{Hd} = \lambda_B\frac{\partial W_B}{\partial\lambda_B} \tag{9-39}$$

对自由能 W_A 和 W_B 分别进行求导,根据边界上受力平衡条件

$$\frac{P}{Hd} = \frac{\partial W_B}{\partial\lambda_B} = \frac{\partial W_A}{\partial\lambda_A} - \varepsilon\left(\frac{\Phi}{H}\right)^2\lambda_A\lambda_d^2 \tag{9-40}$$

将考虑等双轴变形条件 $\lambda_d = \lambda_A$ 代入式(9-38)后,得到区域 A 的受力平衡方程

$$\mu\frac{\lambda_B - \lambda_B^{-3}\lambda_A^{-2}}{1 - \dfrac{\lambda_B^2 + \lambda_A^2 + \lambda_B^{-2}\lambda_A^{-2} - 3}{J_m}} + \varepsilon\left(\frac{\Phi}{H}\right)^2\lambda_A^3 = \mu\frac{\lambda_A - \lambda_A^{-5}}{1 - \dfrac{2\lambda_A^2 + \lambda_A^{-4} - 3}{J_m}} \tag{9-41}$$

下面通过数值分析方法讨论 DE 材料在不同的边界条件下的力电耦合特性,重点分析被动区长度对活性区域的影响。为了直观起见,令 $L_B = \alpha L_A$,其中, α 表示被动区长度与主动区长度之比,则有 $\lambda_B = \lambda_p\left(1 + \frac{1}{\alpha}\right) - \frac{\lambda_A}{\alpha}$,然后主要分析不同 α 下的变形特性。数值分析中采用材料参数 $\mu = 95 \times 10^3\,\text{Pa}$, $J_m = 70$, $\varepsilon = 3.98 \times 10^{-11}\,\text{F/m}$ 。

图 9.24 给出了在预拉伸条件下，长度比值 $\alpha=1$ 材料的边界应力随着电压变化的过程。由图可以看到，无论名义应力(力/变形前的原始截面积)还是真实应力(力/变形中的截面积)，均是随着电压的升高而降低的，因此，当应力衰减为零时，有可能发生起皱的现象。

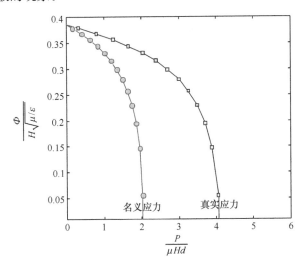

图 9.24 DE 材料预应力随电压的变化关系

图 9.25 分别给出了 $\alpha=2.5$、1.3、0.75、0.4 四种长度比条件下 DE 材料电压与变形的关系，图中还分别给出了考虑与不考虑被动变形区对主动变形区边界影响的计算结果。计算中不考虑被动变形区影响时认为 P 是恒定值的理想边界，考虑被动变形区影响时采用本节给出的位移协调边界方法计算，并与图 9.21 给出的实验方法获得的实验结果进行比较。

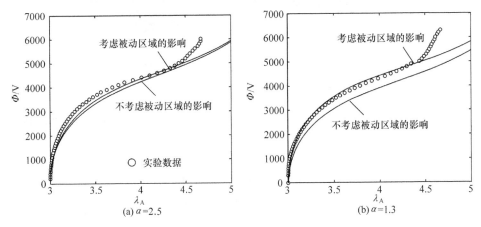

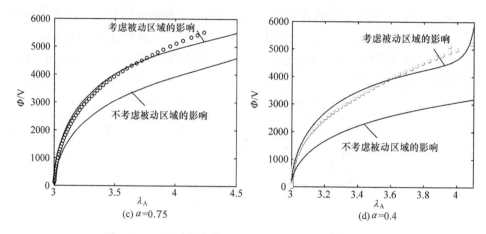

图 9.25　不同边界条件下 DE 材料的力电耦合性能比较

由图 9.25 可见,考虑被动区对活性区预应力的影响时,计算结果与实验结果比较吻合,不考虑此影响时,计算结果与实验结果随着 α 的减小而相差变大,因此在这种情况下,必须考虑非线性弹性边界应力的影响。此外还可看出,随着 α 的减小,相同的变形下需要给 DE 材料施加的电压较低。或者说,在相同电压下,α 越小则变形越大。

当边界预应力衰减为 0 时,DE 材料的变形将处于从面内变形转变成离面的起皱变形的临界状态,当电压高于临界值时则可能发生起皱失稳,如图 9.26 所示。

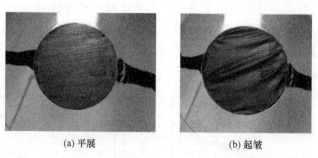

(a) 平展　　　　　　　　　　　(b) 起皱

图 9.26　DE 材料的离面起皱现象[10]

临界状态的判定条件可以令 $P=0$,也可以令 $\lambda_B=1$,两者是等效的,然后按照本节给出的公式就可以获得其临界电压,也就是说可以对起皱的电压进行预测。图 9.27 是利用上述方法得到的起皱失稳判据。其中,图 9.27(a) 和(c) 采用 $\lambda_B=1$ 求得失稳的临界条件。图 9.27(b) 和(d) 采用 $P=0$ 求得失稳的临界条件。图 9.27(a) 和(b) 的预拉伸为 $\lambda_p=2$,而图 9.27(c) 和(d) 的预拉伸为 $\lambda_p=4$。图中,虚线左边为稳定区,右边为起皱区。

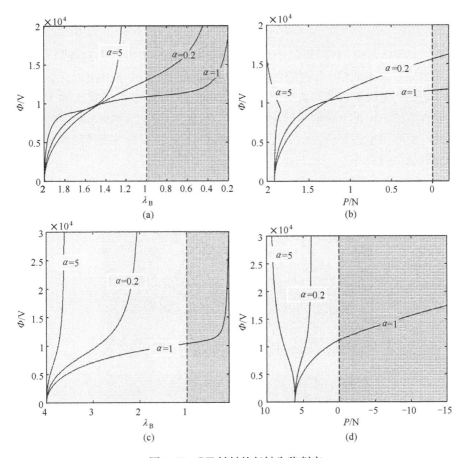

图 9.27　DE 材料的起皱失稳判定

从图 9.27 可以看到,起皱现象的发生受到预拉伸 λ_p 和 A/B 区域的尺寸比例 α 影响。在同样的尺寸比下,如 $\alpha=0.2$,在预拉伸 $\lambda_p=2$ 的情况下可能会发生起皱,而在 $\lambda_p=4$ 的情况下不会发生起皱。这是因为较大的预拉伸需要更高的电压才能完全释放其应力,而随着电压的增大,材料有可能直接发生击穿破坏。由于受到预拉伸倍数和电极面积的影响,产生起皱现象电压并非常数,而是存在非线性关系。根据判定条件 $\lambda_B=1$ 结合具体受力平衡条件,则可以对起皱电压进行优化设计。

依据上述给出的关于 DE 材料起皱行为的判据,可有效地控制 DE 材料起皱的产生。需要说明的是,DE 材料起皱失稳与前面章节介绍的电击穿失稳或突跳失稳是不同的,起皱发生后,DE 材料不会发生电击穿,电压撤除后它还可以恢复到原始形态,继续工作。因此,这种起皱现象在某些情况下可以加以利用,例如,用于柔性机器人,可以通过其起皱变形的控制实现其变形控制功能。

9.3.2 规则的褶皱现象

9.3.1 节介绍的 DE 材料的电极区域是圆形,其起皱时产生的条纹形貌一般是不规则的。如果调整 DE 材料的电极区域为如图 9.28 所示的矩形,则可以将离面的非规则起皱规范成规则的周期性褶皱现象。由于矩形的长宽比较大,起皱后会沿着长度的方向排列成均匀周期的褶皱。相比无规则的起皱现象,规则的褶皱无疑具有更多的应用场合,例如,用于柔性的光学开关、周期性吸声结构、具有微尺度形貌的仿生材料等。

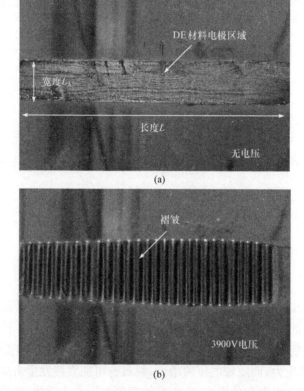

图 9.28　DE 材料在长条形电极下产生的褶皱现象[11]

为了获得矩形电极的 DE 材料起皱规律,研究人员首先采用实验方法对其进行研究。实验中采用长度为 L、宽度为 L_A 的矩形电极作为电致变形的区域。在五种等双轴预拉伸条件下,测量了三种长宽比 L/L_A 电极的 DE 材料的褶皱发生电压或击穿电压,结果如图 9.29 所示。观察此图发现,DE 材料的褶皱行为可以分成三种类型。

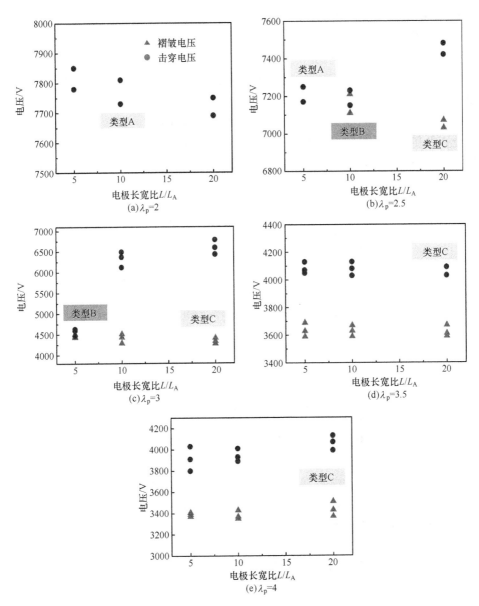

图 9.29　DE 材料在不同预拉伸下的三种类型褶皱行为

类型 A,DE 材料不发生褶皱而直接击穿,如图 9.29(a)所示,因此只能记录到击穿电压。

类型 B,DE 材料发生褶皱,但是随着电压值微小增大后(50～100V),立刻发生电击穿,因此是不稳定的褶皱,如图 9.29(b)和(c)所示。

类型 C,DE 材料发生褶皱,而且褶皱形貌在一定的电压区间内(约>500V),

都会保持稳定的褶皱特性,如图 9.29(d)和(e)所示。

可以看出,对于同等预拉伸条件下,DE 材料发生何种类型的褶皱行为是由其电极的长宽比决定的。例如,在图 9.29(b)中,随着长宽比的增大,DE 材料的褶皱行为从类型 A 经过类型 B 发展到类型 C,这是由于在不同的长宽比下,DE 材料承受的边界应力不同,导致在施加电压过程中,边界应力的衰减程度也不一样,最后形成了不同的褶皱行为。图 9.30 对这三种行为进行归纳。由图可见,在较小的长宽比以及较小的预拉伸条件下,一般发生的是类型 A 的褶皱行为;而在较大的长宽比以及较大的预拉伸条件下,一般发生的是类型 C 的褶皱行为;介于这两者之间的是类型 B 的褶皱行为。

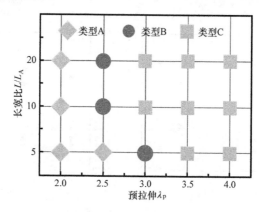

图 9.30　预拉伸和长宽比下对不同褶皱行为的归纳

下面,通过理论建模对褶皱现象进行分析。图 9.31 中给出了分析模型,假设 DE 材料薄膜为矩形薄膜,仅在中间部分涂覆了矩形电极作为活性区,两边为未涂覆电极的被动区。DE 材料的原始尺寸为 $L_0 \times L_0 \times H$,薄膜覆盖电极的部分为区域 A,原始的宽度为 L_{A0};而未覆盖电极的区域 B 的宽度为 L_{B0},且有 $L_0 = L_{A0} + 2L_{B0}$。整块薄膜等双轴预拉伸 λ_p,则预拉伸后宽度为 $\lambda_p L_0 = L = \lambda_p L_{A0} + 2\lambda_p L_{B0}$。在电压 Φ 的作用下,A 区域扩张,B 区域收缩,此时的材料尺寸为 $L = L_A + 2L_B$。根据材料的不可压缩性,A 区域的厚度为 $\lambda_A^{-1} \lambda_p^{-1} H$。

根据前面的分析可知,在平衡状态下,DE 材料的受力为

$$\sigma_M + \sigma_E = \sigma_\lambda \tag{9-42}$$

式中,σ_M 是边界应力;σ_E 是静电应力;σ_λ 是变形的弹性应力。

本节主要分析在方向 1 的变形应力,因此方向 2 的变形保持为 λ_p。A、B 区域的弹性能 W_A、W_B 同样均采用前面的 Gent 函数。则方向 1 的真实应力为

$$\sigma_{\lambda 1} = \lambda_A \frac{\partial W_A}{\partial \lambda_A} \tag{9-43}$$

静电力可用 Maxwell 应力表示:

$$\sigma_{E1} = \sigma_{E2} = \varepsilon E^2 = \varepsilon \left(\frac{\Phi}{H} \right)^2 \lambda_A^2 \lambda_p^2 \quad (9\text{-}44)$$

显然,方向 1 的边界应力是由区域 B 提供的,可根据区域 B 变形的真实应力得到

$$\sigma_{M1} = \lambda_B \frac{\partial W_B}{\partial \lambda_B} \quad (9\text{-}45)$$

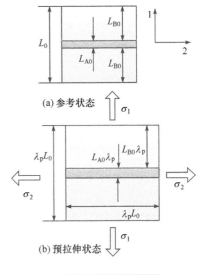

(a) 参考状态

因此,区域 A 的应力平衡公式为

$$\lambda_B \frac{\partial W_B}{\partial \lambda_B} + \varepsilon \left(\frac{\Phi}{H} \right)^2 \lambda_A^2 \lambda_p^2 = \lambda_A \frac{\partial W_A}{\partial \lambda_A} \quad (9\text{-}46)$$

当区域 A 在电压激励下发生扩张变形时,只有方向 2 的边界应力消失,才会形成离面褶皱,因此褶皱的临界条件为 $\sigma_{M2} = 0$。此时,方向 2 的应力平衡为

$$\varepsilon \left(\frac{\Phi}{H} \right)^2 \lambda_A^2 \lambda_p^2 = \lambda_p \frac{\partial W_A}{\partial \lambda_p} \quad (9\text{-}47)$$

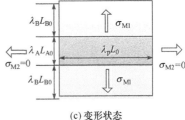

(b) 预拉伸状态

由于几何结构的条件约束 $\lambda_p L_0 = L = \lambda_A L_{A0} + 2\lambda_B L_{B0} = L_A + 2L_B$,设定 $L/L_A = \alpha$,因此区域 B 的变形表达为

$$\lambda_B = \frac{\alpha \lambda_p - \lambda_A}{\alpha - 1} \quad (9\text{-}48)$$

将式(9-48)代入式(9-46),可得到

(c) 变形状态

图 9.31　变形中的受力示意图

$$\mu \frac{\lambda_B^2 - \lambda_B^{-2} \lambda_A^{-2}}{1 - \dfrac{\lambda_B^2 + \lambda_p^2 + \lambda_B^{-2} \lambda_p^{-2} - 3}{J_m}} + \varepsilon \left(\frac{\Phi}{H} \right)^2 \lambda_A^2 \lambda_p^2 = \mu \frac{\lambda_A^2 - \lambda_A^{-2} \lambda_p^{-2}}{1 - \dfrac{\lambda_A^2 + \lambda_p^2 + \lambda_A^{-2} \lambda_p^{-2} - 3}{J_m}} \quad (9\text{-}49)$$

式中,材料参数为 $\mu = 100 \times 10^3 \text{Pa}, J_m = 100, \varepsilon = 3.98 \times 10^{-11} \text{F/m}$。

根据上述公式,图 9.32 中计算了不同预拉伸、不同长宽比下 DE 材料的电致变形,其中在曲线上标记了褶皱产生的临界点,同时根据文献[4]中对击穿电压的预测,将电击穿的曲线也绘制在图中。由图可以看到,在理论计算结果中也出现了 DE 材料发生褶皱的三种类型,即第一种,在电致变形过程中,电击穿在褶皱之前,为类型 A;第二种,电击穿曲线和褶皱的电压距离非常近,为类型 B;第三种,褶皱发生在电击穿之前,而且与电击穿之间有一定的电压距离,为类型 C。同样发现,当预拉伸倍数和长宽比较小时,电击穿现象先于离面的褶皱现象发生,属于类型 A 的褶皱行为;而在较大的长宽比以及较大的预拉伸条件下,离面褶皱现象先于电击穿现象发生,属于类型 C 的褶皱行为;介于这两者之间的是类型 B 的褶皱行为。

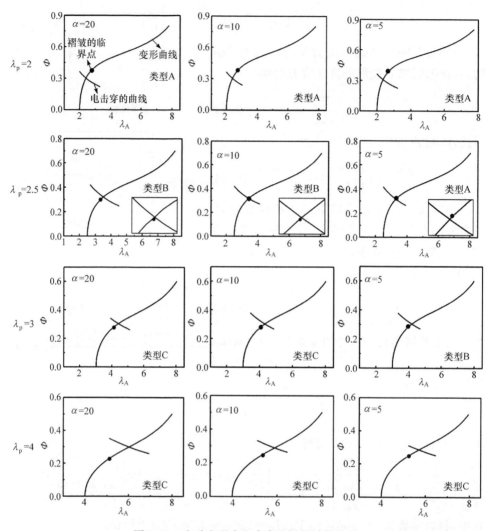

图 9.32　电致变形中电击穿和褶皱计算结果

　　因此,可以通过本节给出的理论模型预测褶皱的产生,利用电极的位置和长宽比来调整褶皱产生的位置和电压,从而对 DE 材料的离面变形的性能进行控制。

9.4　本章小结

　　本章首先介绍了 DE 材料驱动器工作的三种变形模式,推导了三种变形模式下的力电耦合分析本构方程及等效刚度方程,分析了三种不同变形模式下的力电耦合特性。结果发现,在单轴变形以及等双轴变形中,DE 材料驱动器有可能发生吸合失稳现象,为了达到同等变形尺度,单轴变形模式下所需的电压要高于等双轴模式下的电压;而在纯剪切变形中,DE 材料驱动器不会发生吸合失稳现象,且会产生较大的变形。此外,当材料的等效耦合刚度为正时,其变形是稳定的;而当等效耦合刚度为负时,其变形是不稳定的。

接着,本章分析了在纯剪切模式下,弹簧边界、阻挡力边界、两个 DE 材料谐调振动边界等三种不同力学边界条件下 DE 材料驱动器的动态性能。结果表明,在弹簧边界条件下,不同刚度的弹簧对 DE 材料驱动器的幅频特性有不同的影响,弹簧刚度越大,DE 材料驱动器平衡位置变形越大;随着弹簧刚度增大,固有频率减小而振幅增大。在阻挡力边界条件下,不同弹簧刚度与阻挡力比值对振动幅频图影响较大,该比值越大,共振峰值越大;在 $kd/F=0.1$ 的情况下,有两个振动的峰值存在,即出现了多模态耦合现象。在两个 DE 材料协调振动边界下,随着刚度比 μ_A/μ_B 增加,薄膜 A 的共振峰频率增加;随着刚度比 μ_A/μ_B 减小,薄膜 A 的主要振动频率向低频移动,且成分更加丰富,振动出现混沌效应。这些行为对研究 DE 材料以及软物质学科的发展都有借鉴意义。

最后,本章分析了 DE 材料驱动器在非线性弹性边界条件下,随着 DE 材料的电致变形增大而出现的离面起皱现象。分析表明,在等双轴的模式下,当边界预应力衰减为 0 时,DE 材料的变形将处于从面内变形转变成离面的起皱变形的临界状态,当电压高于临界值时则可能发生起皱失稳现象;当非线性弹性的被动变形区比电致变形的活性变形区小得多时,必须考虑非线性弹性边界的影响。通过采用长宽比较大的电极图形,可以将无规则的起皱转变成规则的周期性褶皱。褶皱产生的电压和位置可以通过预拉伸和电极尺寸进行调整,一般来讲,预拉伸倍数和电极的长宽比较小时,电击穿现象先于离面的褶皱现象发生,即不会发生皱褶现象,而在较大的长宽比以及较大的预拉伸条件下,离面褶皱现象先于电击穿现象发生,会发生皱褶现象。

参 考 文 献

[1] Shepherd R F, Ilievski F, Choi W, et al. Multigait soft robot[J]. Proceedings of the National Academy of Sciences of the United States of America, 2011, 108(51):20400-20403.

[2] Biddiss E, Chau T. Dielectric elastomers as actuators for upper limb prosthetics: Challenges and opportunities[J]. Medical Engineering and Physics, 2008, 30(4):403-418.

[3] Wolf K, Röglin T, Haase F, et al. An electroactive polymer based concept for vibration reduction via adaptive supports[C]. Proceedings of SPIE, 2008, 6927:69271F.

[4] Kollosche M, Zhu J, Suo Z, et al. Complex interplay of nonlinear processes in dielectric elastomers[J]. Physical Review E, 2012, 85(5):051801.

[5] Bolzmacher C, Biggs J, Srinivasan M. Flexible dielectric elastomer actuators for wearable human-machine interfaces[C]. Proceedings of SPIE, 2006, 6168:616804.

[6] 罗贤光. 橡胶中简单剪切与纯剪切的关系[J]. 高分子学报,1994,1(4):385-391.

[7] Han Y, Hong W, Faidley L A E. Field-stiffening effect of magneto-rheological elastomers[J]. International Journal of Solids and Structures,2013,50(14):2281-2288.

[8] Li B, Chen H, Zhou J. Modeling of the muscle-like actuation in soft dielectrics: Deformation mode and electromechanical stability[J]. Applied Physics A,2013,110(1):59-63.

[9] Li B, Zhang J, Liu L, et al. Modeling of dielectric elastomer as electromechanical resonator [J]. Journal of Applied Physics,2014,116(12):124509.

[10] Li B, Liu X, Liu L, et al. Voltage-induced crumpling of a dielectric membrane[J]. EPL, 2015,112:56004.

[11] Liu X, Li B, Chen H, et al. Voltage-induced wrinkling behavior of dielectric elastomer[J]. Journal of Applied Polymer Science,2016,133(10):43258.

第 10 章　DE 材料驱动器力电耦合大变形有限元数值模拟及应用

10.1　引　　言

　　基于 DE 材料电致变形的特点,近年来研究人员设计了种类繁多的柔性器件,包括驱动器、俘能器、振荡器、马达、可调光学器件、飞艇以及软机器等。这些基于 DE 柔性器件的设计、应用和调控需要对器件的工作原理、运动变形规律以及响应控制有深入的认识和理解。为了更好地辅助器件的设计和制造,以及更好地调控器件的运动和变形,对器件在设计阶段进行计算机仿真就显得尤为重要。

　　DE 材料最大的特点是在电场作用下能产生非常大的电致变形,这种力电耦合大变形的数值模拟为非线性连续介质力学的丰富和发展提供了很好的素材,其中大量有趣的力学、物理问题期待人们去发展更好的数值模拟方法,以期加深对问题的认识和理解。基于此,本章重点介绍 DE 材料驱动器力电耦合大变形有限元数值模拟的基本理论和数值求解方案,并介绍 DE 材料有限元数值模拟的典型程序和数值模拟算例。

　　DE 材料力电耦合大变形数值模拟的理论基于 Suo 等提出的介电弹性体非线性场理论[1],其基本思想是将基本物理量(应力、应变和电场、电位移)都表示为相对于原始参考构型的量,即采用名义电场和名义电位移。这样做的优点是所有物理量都是功共轭的(work-conjugate),从而避免了以前介电弹性体力电耦合有限变形理论基于当前构型的真实量不是功共轭的物理量而带来的理论描述和数值实现上的困难。类似的思路也被 Dorfmann 等提出[2]。

　　对于 DE 软材料力电耦合数值模拟的很多思路可以参考借鉴传统硬材料力电耦合的实现方案,如压电材料,其力电耦合有限元数值模拟可以追溯到 20 世纪 70 年代 Allik 等[3]的工作。类似的工作包括 Hwang 等[4]、Gaudenzi 等[5]、Xu 等[6]、Wang 等[7]。但是,与这些小变形的线弹性材料不同的是,DE 材料是典型的力电耦合非线性材料,其非线性不仅体现在非线性的几何关系上,也体现在非线性的材料本构关系上,这些强非线性给 DE 材料力电耦合大变形有限元数值模拟带来了很大的困难。

　　为了模拟 DE 材料力电耦合行为,早期的研究者在数值实现上进行了一些近似和类比。Wissler 等[8]用 ABAQUS 模拟 DE 材料的电致变形,将电致变形类比为热膨胀,在具体实现过程中将电场和机械变形进行解耦,即采取的是顺序耦合求解方法。Carpi 等[9]模拟了 DE 材料圆筒驱动器的电致变形,在计算中假设 DE 材料是小变形的各向同性材料。为了克服前面这些有限元数值模拟方法的缺点,特别是直接考虑 DE 材料的几何和材料非线性耦合,Zhou 等[10]建立了基于 Suo 非线性场理论的 DE 材料力电耦合大变形有限元数值模拟方法,成功地模拟了平面薄膜中失稳的传播现象。这种数值方法是一种静态求解方法,在模拟褶皱失稳等问题时会遇到收敛性困难。在此基础上,Park 等[11]通过引入惯性项,给出了一种三维动态求解方法,可以有效地模拟 DE 材料的褶皱失稳。后来,Park 等[12]又发展了一种考虑 DE 材料黏弹性特性的有限元数值模拟方法。

为了将这些求解方法开发成用户子程序嵌入商用有限元软件中,拓展有限元数值模拟方法模拟复杂问题的能力,为 DE 材料器件设计提供强有力的仿真工具,也有一些学者开展了卓有成效的工作,其中代表性的工作是 Zhao 等[13]开发的 DE 用户材料子程序(UMAT)和 Bertoldi 小组开发的 DE 用户子单元(UEL)[14]。

因此,本章除了介绍 DE 材料力电耦合大变形理论及其数值求解方法,还简要介绍相应的求解软件,为基于 DE 材料的器件开发奠定基础。

10.2　DE 材料力电耦合大变形分析理论

设在参考构型某个物质点的物质坐标为 X_I,在 t 时刻其当前坐标为 $x_i = x_i(X_I, t)$,运动和变形状态可由变形梯度来描述:

$$F_{iJ}(X_K, t) = \frac{\partial x_i}{\partial X_J} \tag{10-1}$$

类似地,定义名义电场为电势对物质坐标的梯度,即

$$\tilde{E}_I(X_K, t) = \frac{\partial \Phi}{\partial X_I} \tag{10-2}$$

在机械和电场耦合作用下,DE 材料内产生应力和电位移。为了描述力电耦合平衡状态,仍然采用名义应力和名义电位移。名义应力 s_{iJ} 的定义应满足

$$\int_V s_{iJ} \frac{\partial \xi_i}{\partial X_J} \mathrm{d}V = \int_V \tilde{b}_i \xi_i \mathrm{d}V + \int_A \tilde{t}_i \xi_i \mathrm{d}A \tag{10-3}$$

式中,ξ_i 为任意试探函数;$\tilde{b}_i$ 是参考构型每单位体积的体力;$\tilde{t}_i$ 是参考构型每单位面积上的面力。与此类似,所定义的名义电位移 $\tilde{D}_I$ 应满足

$$-\int_V \tilde{D}_I \frac{\partial \eta}{\partial X_I} \mathrm{d}V = \int_V \bar{q}\eta \mathrm{d}V + \int_A \tilde{\omega}\eta \mathrm{d}A \tag{10-4}$$

式中,η 是任意的试探函数;$\bar{q}$ 是参考构型每单位体积的电荷密度;$\tilde{\omega}$ 是参考构型每单位面积的电荷密度。

式(10-3)和式(10-4)中的体积积分和面积积分都是针对参考构型的体积 V

和面积 A 进行的,其物理含义是力学和静电平衡方程的弱形式,如果 ξ_i 和 η 取为虚位移和虚电势,则式(10-3)和式(10-4)分别表示力学和电学的虚功原理。

针对一个可逆过程,所有对材料所做的功都以自由能的形式存储于材料中,即对任意小的变形梯度和电位移变化,自由能的变化为

$$\delta W = s_{iJ}\,\delta F_{iJ} + \widetilde{E}_K \delta \widetilde{D}_K \tag{10-5}$$

式中,W 是每参考构型单位体积存储的自由能。通过 Legendre 变换,引入 Gibbs 自由能 $\hat{W}$,即

$$\hat{W} = W - \widetilde{E}_I \widetilde{D}_I \tag{10-6}$$

其变分可表示为

$$\delta \hat{W} = s_{iJ}\,\delta F_{iJ} - \widetilde{D}_K \delta \widetilde{E}_K \tag{10-7}$$

这样,DE 材料的力电耦合可逆过程完全由系统的 Gibbs 自由能 $\hat{W}$ 来决定,它是变形梯度 $\boldsymbol{F}$ 和名义电场 $\widetilde{\boldsymbol{E}}$ 的函数,名义应力和名义电位移由下面的导数关系式给出:

$$s_{iJ}(\boldsymbol{F},\widetilde{\boldsymbol{E}}) = \frac{\partial \hat{W}(\boldsymbol{F},\widetilde{\boldsymbol{E}})}{\partial F_{iJ}}, \quad \widetilde{D}_I(\boldsymbol{F},\widetilde{\boldsymbol{E}}) = -\frac{\partial \hat{W}(\boldsymbol{F},\widetilde{\boldsymbol{E}})}{\partial \widetilde{E}_I} \tag{10-8}$$

式(10-8)给出了 DE 材料本构关系的一种描述方式。然而,由于变形梯度依赖于刚体旋转,为了保证自由能在刚体旋转下保持不变性,引入右 Cauchy-Green 变形张量 $C_{IJ} = F_{kI}F_{kJ}$ 将自由能表示成 $\boldsymbol{C}$ 和 $\widetilde{\boldsymbol{E}}$ 的函数

$$\hat{W} = \hat{W}(\boldsymbol{C},\widetilde{\boldsymbol{E}}) \tag{10-9}$$

这样,对于一种 DE 材料,只要其 Gibbs 自由能 $\hat{W}(\boldsymbol{C},\widetilde{\boldsymbol{E}})$ 的形式给定,其本构关系可以由以下的关系给出:

$$s_{iJ}(\boldsymbol{C},\widetilde{\boldsymbol{E}}) = 2F_{iK}\frac{\partial \hat{W}(\boldsymbol{C},\widetilde{\boldsymbol{E}})}{\partial C_{JK}}, \quad \widetilde{D}_I(\boldsymbol{C},\widetilde{\boldsymbol{E}}) = -\frac{\partial \hat{W}(\boldsymbol{C},\widetilde{\boldsymbol{E}})}{\partial \widetilde{E}_I} \tag{10-10}$$

式(10-3)和式(10-4)、本构关系(10-10)加上适当的边界条件就完整地描述了 DE 材料力电耦合大变形问题,一般选择位移 u_i 和电势 Φ 作为基本未知量。

除了本构关系(10-10),在非线性有限元实现过程中很重要的环节是需要计算切线刚度。名义应力 s_{iJ} 和名义电位移 $\widetilde{D}_I$ 对应于变形梯度和名义电场的微小变化的变分为

$$\begin{cases} \delta s_{iJ} = H_{iJkL}\,\delta F_{kL} - e_{iJK}\,\delta \widetilde{E}_K \\ \delta \widetilde{D}_K = e_{iJK}\,\delta F_{iJ} + \varepsilon_{KL}\,\delta \widetilde{D}_L \end{cases} \tag{10-11}$$

由此,切线刚度可由自由能分别对变形梯度和名义电场求二阶导数而得到,即

$$H_{iJkL} = \frac{\partial s_{iJ}(\boldsymbol{C},\widetilde{\boldsymbol{E}})}{\partial F_{kL}} = 2\delta_{ik}\frac{\partial \hat{W}(\boldsymbol{C},\widetilde{\boldsymbol{E}})}{\partial C_{JL}} + 4F_{iM}F_{kN}\frac{\partial \hat{W}(\boldsymbol{C},\widetilde{\boldsymbol{E}})}{\partial C_{JM}\partial C_{LN}} \tag{10-12}$$

$$e_{iJK} = -\frac{\partial s_{iJ}(\boldsymbol{C},\widetilde{\boldsymbol{E}})}{\partial \widetilde{E}_K} = \frac{\partial \widetilde{D}_K(\boldsymbol{C},\widetilde{\boldsymbol{E}})}{\partial F_{iJ}} = -2F_{iM}\frac{\partial \hat{W}(\boldsymbol{C},\widetilde{\boldsymbol{E}})}{\partial C_{JM}\partial \widetilde{E}_K} \tag{10-13}$$

$$\varepsilon_{KL} = \frac{\partial \widetilde{D}_K(\boldsymbol{C},\widetilde{\boldsymbol{E}})}{\partial \widetilde{E}_L} = -\frac{\partial \hat{W}(\boldsymbol{C},\widetilde{\boldsymbol{E}})}{\partial \widetilde{E}_K \partial \widetilde{E}_L} \tag{10-14}$$

对于给定的系统 Gibbs 自由能,只需要计算如下的偏导数: $\dfrac{\partial \hat{W}(C,\tilde{E})}{\partial C_{JL}}$、$\dfrac{\partial \hat{W}(C,\tilde{E})}{\partial C_{JM}\partial C_{LN}}$、

$\dfrac{\partial \hat{W}(C,\tilde{E})}{\partial C_{JM}\partial \tilde{E}_K}$ 和 $\dfrac{\partial \hat{W}(C,\tilde{E})}{\partial \tilde{E}_K\partial \tilde{E}_L}$,切线刚度即可确定,并且所有的这些导数都是关于旋转不变的。

10.3　有限元离散及迭代求解

为了数值求解式(10-3)和式(10-4),需要对场变量进行离散。这里有众多的数值离散方法可供选择,通常的有限元和无网格方法都可以用来进行数值离散。下面以有限元方法为例进行说明。

若已构造好单元的形状函数 $N_a(\boldsymbol{X})$,则单元内任意一点的位移和电势可以用下面的插值函数来近似:

$$u_i(\boldsymbol{X}) = \sum_{a=1}^{n} N_a(\boldsymbol{X})u_{ai}, \quad \Phi(\boldsymbol{X}) = \sum_{a=1}^{n} N_a(\boldsymbol{X})\Phi_a \qquad (10\text{-}15)$$

式中,n 对有限元法是单元的节点数,对无网格方法则是覆盖某个空间点的所有节点个数;u_{ai} 和 Φ_a 是对应于节点 a 的离散节点位移和节点电势。有限元方法和无网格方法的主要区别是形状函数的构造,一旦形状函数构造好,两者的具体实现流程都是一样的。

基于方程(10-15),则变形梯度可以被离散为

$$F_{iJ} = \delta_{iJ} + \sum_{a=1}^{n} \frac{\partial N_a}{\partial X_J}u_{ai} \qquad (10\text{-}16)$$

仍然采用同样一套形状函数来离散和近似试探函数,即

$$\xi_i = \sum_{a=1}^{n} N_a\xi_{ai}, \quad \eta = \sum_{a=1}^{n} N_a\eta_a \qquad (10\text{-}17)$$

式中,ξ_{ai} 和 η_a 是对应于节点 a 的试探函数离散节点值。将方程(10-15)和方程(10-17)代入式(10-3)和式(10-4),考虑到试探函数节点值 ξ_{ai} 和 η_a 的任意性,得到矩阵形式的平衡方程:

$$\begin{cases} \displaystyle\int_V \boldsymbol{B}^{\mathrm{T}}s\mathrm{d}V = \int_V \{\boldsymbol{N}\tilde{\boldsymbol{b}}\}\mathrm{d}V + \int_A \{\boldsymbol{N}\tilde{\boldsymbol{t}}\}\mathrm{d}A \\[2mm] \displaystyle -\int_V \boldsymbol{B}_\Phi^{\mathrm{T}}\tilde{\boldsymbol{D}}\,\mathrm{d}V = \int_V \tilde{q}\boldsymbol{N}\mathrm{d}V + \int \bar{\omega}\boldsymbol{N}\mathrm{d}A \end{cases} \qquad (10\text{-}18)$$

式中,s 是名义应力向量;$\tilde{\boldsymbol{D}}$ 是名义电位移向量;$\boldsymbol{B}$ 是几何矩阵;$\boldsymbol{N}$ 是形状函数列向量 $\boldsymbol{N} = \{N_1, N_2, \cdots, N_n\}^{\mathrm{T}}$;向量 $\{\boldsymbol{N}\tilde{\boldsymbol{b}}\}$ 和 $\{\boldsymbol{N}\tilde{\boldsymbol{t}}\}$ 按一定的规律组装,如 $\{\boldsymbol{N}\tilde{\boldsymbol{b}}\} = \{N_1\tilde{b}_1, N_1\tilde{b}_2, \cdots, N_a\tilde{b}_1, N_a\tilde{b}_2, \cdots, N_n\tilde{b}_1, N_n\tilde{b}_2\}^{\mathrm{T}}$。

方程(10-18)最终是如下的关于未知量 $\boldsymbol{u} = \{\boldsymbol{u}_1^{\mathrm{T}}, \cdots, \boldsymbol{u}_n^{\mathrm{T}}, \boldsymbol{\Phi}_1, \cdots, \boldsymbol{\Phi}_n\}^{\mathrm{T}}$ 的一系列非线性方程组:

$$\boldsymbol{\Psi}(\boldsymbol{u}) = \mathbf{0} \tag{10-19}$$

式中,

$$\boldsymbol{\Psi} = \left\{ \begin{matrix} \displaystyle\int_V \boldsymbol{B}^{\mathrm{T}} \boldsymbol{s} \mathrm{d}V - \int_V \{\boldsymbol{N}\tilde{\boldsymbol{b}}\} \mathrm{d}V - \int_A \{\boldsymbol{N}\tilde{\boldsymbol{t}}\} \mathrm{d}A \\ -\displaystyle\int_V \boldsymbol{B}_\Phi^{\mathrm{T}} \widetilde{\boldsymbol{D}} \mathrm{d}V - \int_V \tilde{q} \boldsymbol{N} \mathrm{d}V - \int_A \tilde{\omega} \boldsymbol{N} \mathrm{d}A \end{matrix} \right\} \tag{10-20}$$

方程组(10-19)可以采用 Newton-Raphson 方法来求解。假设 m^{th} 迭代步,已经求得近似解 $\boldsymbol{u}^{(m)}$,未知量向量的增量 $\Delta \boldsymbol{u}$ 可由下面方程给出:

$$\left[\frac{\partial \boldsymbol{\Psi}^{(m)}}{\partial \boldsymbol{u}} \right] \Delta \boldsymbol{u} = -\boldsymbol{\Psi}[\boldsymbol{u}^{(m)}] \tag{10-21}$$

式中,上标 m 代表变量或函数在第 m^{th} 迭代步的取值,下一迭代步的值可以预估为

$$\boldsymbol{u}^{(m+1)} = \boldsymbol{u}^{(m)} + \Delta \boldsymbol{u} \tag{10-22}$$

如此迭代,直到方程组的残差小于某个设定的残差值,即认为获得收敛的系统解。

基于切线模量的定义,迭代方程组(10-21)可以进一步被写为如下的矩阵形式:

$$\begin{bmatrix} \boldsymbol{K}_{uu}^{(m)} & \boldsymbol{K}_{u\Phi}^{(m)} \\ \boldsymbol{K}_{u\Phi}^{(m)\,\mathrm{T}} & \boldsymbol{K}_{\Phi\Phi}^{(m)} \end{bmatrix} \Delta \boldsymbol{u} = \left\{ \begin{matrix} \boldsymbol{F}_u - \boldsymbol{R}_u^{(m)} \\ \boldsymbol{F}_\Phi - \boldsymbol{R}_\Phi^{(m)} \end{matrix} \right\} \tag{10-23}$$

式中,子矩阵表达式为

$$\boldsymbol{K}_{uu}^{(m)} = \int_V \boldsymbol{B}^{\mathrm{T}} \boldsymbol{H}^{(m)} \boldsymbol{B} \mathrm{d}V \tag{10-24a}$$

$$\boldsymbol{K}_{u\Phi}^{(m)} = -\int_V \boldsymbol{B} \boldsymbol{e}^{(m)} \boldsymbol{B}_\Phi \mathrm{d}V \tag{10-24b}$$

$$\boldsymbol{K}_{\Phi\Phi}^{(m)} = -\int_V \boldsymbol{B}_\Phi^{\mathrm{T}} \boldsymbol{\varepsilon}^{(m)} \boldsymbol{B}_\Phi \mathrm{d}V \tag{10-24c}$$

而右边项中的列向量为

$$\boldsymbol{F}_u = \int_V \{\boldsymbol{N}\tilde{\boldsymbol{b}}\} \ \mathrm{d}V + \int_{A^0} \{\boldsymbol{N}\tilde{\boldsymbol{t}}\} \mathrm{d}A \tag{10-25a}$$

$$\boldsymbol{F}_\Phi = \int_V \tilde{q} \boldsymbol{N} \mathrm{d}V + \int_A \tilde{\omega} \boldsymbol{N} \mathrm{d}A \tag{10-25b}$$

$$\boldsymbol{R}_u^{(m)} = \int_V \boldsymbol{B}^{\mathrm{T}} \boldsymbol{s}^{(m)} \ \mathrm{d}V \tag{10-25c}$$

$$\boldsymbol{R}_\Phi^{(m)} = -\int_V \boldsymbol{B}_\Phi^{\mathrm{T}} \widetilde{\boldsymbol{D}}^{(m)} \ \mathrm{d}V \tag{10-25d}$$

式(10-24)和式(10-25)中的所有积分都离散到每个单元上采用数值积分如高斯积分等来进行计算,然后对所有单元积分求和。

　　Newton-Raphson 法收敛需要提供一个较好的初值估计。在实际计算中,通常与迭代方法配合使用的是增量方法,即将外载荷向量(10-25a)和(10-25b)分成一定数目的小的载荷增量,然后针对每一个载荷增量求解方程(10-23)直到获得收敛的解,将收敛的结果作为下一个载荷步的初始估计。

10.4　DE 材料本构关系

　　在许多情况下,介电弹性体材料可以视为理想介电体,即材料的介电性能不受变形的影响。基于此假设,DE 材料的自由能可以表示为

$$\hat{W}=W_0-\frac{\varepsilon}{2}JC_{IJ}^{-1}\tilde{E}_I\tilde{E}_J \tag{10-26}$$

式中,W_0 是橡胶网络的弹性自由能;ε 是材料的介电常数;$J=\det\boldsymbol{F}$ 是变形梯度的行列式,C_{IJ}^{-1} 是右 Cauchy-Green 变形张量的逆。

　　W_0 可以采用许多橡胶超弹性模型来近似,经常采用的有 Neo-Hookean 模型、Gent 模型、Mooney-Revlin 模型、Yeoh 模型、Ogden 模型以及 Aurrda-Boyce 模型等[15]。这些不同的模型,在应变不太大的时候,差别不是很明显。假设 W_0 是右 Cauchy-Green 变形张量的第一不变量 I_1 和第三不变量 $I_3=(\det\boldsymbol{F})^2=J^2$ 或 J 的函数,DE 材料的自由能可以写成如下的普遍形式:

$$\hat{W}(\boldsymbol{C},\tilde{\boldsymbol{E}})=\mu_0 f(I_1)+\frac{1}{2}\lambda_0(\ln J)^2-2\mu_0 f'(I_1)\ln J-\frac{\varepsilon}{2}JC_{IJ}^{-1}\tilde{E}_I\tilde{E}_J \tag{10-27}$$

其中,f 是 I_1 的无量纲函数,$f'(I_1)$ 是其导数;λ_0 和 μ_0 是 Lame 常数,μ_0 是弹性体的剪切模量,λ_0 是体积模量。

　　为了便于计算,通常将 λ_0/μ_0 取为很大的数来代表近似不可压缩材料。如果采用 Arruda-Boyce[15] 模型,则函数 f 可表示为

$$f(I_1)=\frac{1}{2}(I_1-3)+\frac{1}{20N}(I_1^2-9)+\frac{11}{1050N^2}(I_1^3-27)+\frac{19}{7000N^3}(I_1^4-81)+\cdots \tag{10-28}$$

式中,N 是交联程度的度量,当 $N\to\infty$ 时 Arruda-Boyce 模型退化为 Neo-Hoodean 模型。

　　名义应力可以将式(10-27)代入式(10-10)来计算,$s_{iJ}(\boldsymbol{C},\tilde{\boldsymbol{E}})=2F_{iK}\partial\hat{W}(\boldsymbol{C},\tilde{\boldsymbol{E}})/\partial\boldsymbol{C}_{JK}$,其中

$$\frac{\partial\hat{W}(\boldsymbol{C},\tilde{\boldsymbol{E}})}{\partial\boldsymbol{C}_{IJ}}=\mu_0 f'(I_1)\delta_{IJ}+\left[\frac{\lambda_0}{2}\ln J-\mu_0 f'(I_1)\right]C_{IJ}^{-1}+\frac{\varepsilon J}{2}\tilde{E}_K\tilde{E}_L\left(C_{KI}^{-1}C_{LJ}^{-1}-\frac{1}{2}C_{KL}^{-1}C_{IJ}^{-1}\right) \tag{10-29}$$

　　名义电位移的表达式为

$$\widetilde{D}_I = \varepsilon J \widetilde{E}_I C_{IJ}^{-1} \tag{10-30}$$

在切线刚度的计算中,要用到自由能对右 Cauchy-Green 变形张量的二阶导数,其具体计算过程较为烦琐,这里直接给出其结果:

$$4\frac{\partial \hat{W}(\boldsymbol{C},\widetilde{\boldsymbol{E}})}{\partial C_{IJ} \partial C_{KL}} = 4\mu_0 f''(I_1)\delta_{IJ}\delta_{KL} + [2\mu_0 f'(I_1) - \lambda_0 \ln J](C_{IK}^{-1}C_{JL}^{-1} + C_{IL}^{-1}C_{JK}^{-1})$$

$$+\lambda_0 C_{IJ}^{-1}C_{KL}^{-1}$$

$$+\varepsilon J \widetilde{E}_M \widetilde{E}_N \left[\frac{1}{2} C_{MN}^{-1}(C_{IK}^{-1}C_{JL}^{-1} + C_{IL}^{-1}C_{JK}^{-1}) + C_{MK}^{-1}C_{NL}^{-1}C_{IJ}^{-1} \right.$$

$$\left. +(C_{MI}^{-1}C_{NJ}^{-1} - \frac{1}{2}C_{MN}^{-1}C_{IJ}^{-1})C_{KL}^{-1} \right]$$

$$-\varepsilon J \widetilde{E}_M \widetilde{E}_N \left[C_{MI}^{-1}(C_{NK}^{-1}C_{JL}^{-1} + C_{NL}^{-1}C_{JK}^{-1}) + C_{NJ}^{-1}(C_{IK}^{-1}C_{ML}^{-1} + C_{IL}^{-1}C_{MK}^{-1}) \right] \tag{10-31}$$

$$2\frac{\partial \hat{W}(\boldsymbol{C},\widetilde{\boldsymbol{E}})}{\partial C_{JK} \partial \widetilde{E}_I} = -\varepsilon J \widetilde{E}_L (C_{KL}^{-1}C_{IJ}^{-1} - C_{KI}^{-1}C_{JL}^{-1} - C_{IL}^{-1}C_{JK}^{-1}) \tag{10-32}$$

$$\varepsilon_{IJ} = -\frac{\partial \hat{W}(\boldsymbol{C},\widetilde{\boldsymbol{E}})}{\partial \widetilde{E}_K \partial \widetilde{E}_L} = \varepsilon J C_{IJ}^{-1} \tag{10-33}$$

10.5　DE 材料力电耦合大变形数值模拟算例

Zhou 等[10]基于上述 DE 材料力电耦合大变形理论和数值求解方法,采用再生核质点无网格方法(RKPM)离散场变量,编写了二维 MATLAB 程序,可以成功地模拟 DE 材料力电耦合大变形及不稳定的扩展。

图 10.1 所示为一个 DE 材料橡胶块平面应变问题的案例。矩形长宽比为 8∶1,上下表面施加电压。为了模拟不稳定的扩展现象,在材料的上表面人为制造了一个凹坑作为缺陷,图中缺陷是故意夸大后的示意图,在实际计算中仅需要引入很小的缺陷即可。图 10.2 给出了模拟的 DE 橡胶块的典型变形图,它成功地模拟了失稳的扩展和传播现象。由于采用的是无网格方法,在计算中无需生成计算网格,所以这里仅给出节点的变形图,其中,状态 A 是原始的参考状态,此时的电压为 0;状态 B 表示当电压增大时,DE 块厚度方向均匀变薄,长度方向均匀伸长,此时 DE 材料的均匀变形是稳定的;当电压进一步增加到某个临界值时电压保持固定,边界条件切换为电荷边界条件,逐渐增加上表面电荷则如状态 C 所示,DE 块中厚度薄的区域从小的缺陷开始扩展逐渐增加,厚度薄的区域和厚的区域共存,厚度薄的区域扩展,厚度厚的屈曲逐渐萎缩,一直到达到状态 D 给出的均匀变形状态。当从状态 D 开始卸载电荷时,DE 材料又可以从状态 D 经历 B 回到原始的 A 状态。

在 Zhou 等工作的基础上,Park 等[11]通过引入惯性项,将静力学问题转化为

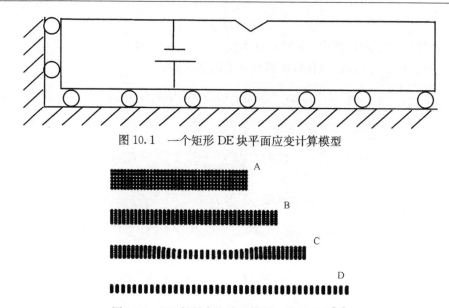

图 10.1　一个矩形 DE 块平面应变计算模型

图 10.2　DE 材料中失稳的扩展和传播现象[10]

动力学问题来求解,当时间足够大时动力学问题的解将收敛到静态的平衡解,基于此编制了 DE 材料力电耦合大变形三维有限元数值模拟程序,可以成功地模拟三维 DE 材料的褶皱失稳现象。图 10.3 是 DE 材料三维褶皱失稳的数值模拟,其中,图 10.3(a)给出了一块 DE 条在未通电时的参考构型,其两端位移约束,图 10.3(b)是通电后的褶皱失稳现象。在基础上,Park 又进一步拓展,给出了黏弹性 DE 材料力电耦合大变形的有限元数值模拟[12]。

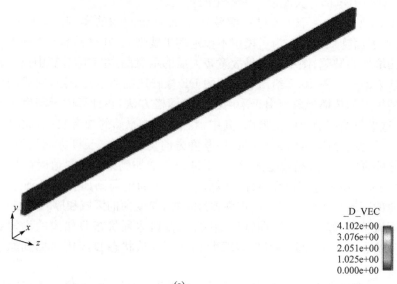

(a)

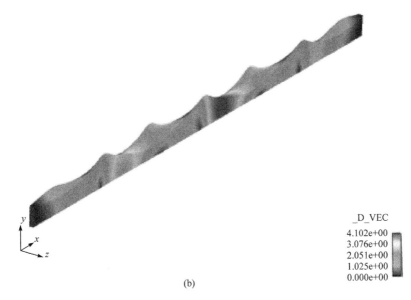

图 10.3　DE 材料三维褶皱失稳数值模拟[11]

　　前面论述的 DE 材料力电耦合大变形有限元程序都是研究者自己编制的程序,对 DE 研究领域的其他学者来说很难获得和读懂这些复杂源程序代码,并且这些程序的前后处理功能、处理复杂问题的能力等受到很大的限制。如果能编制针对商用有限元软件的用户子程序并将这些用户子程序嵌入商用有限元程序中,借助商用软件强大的前后处理能力和方程组求解能力,将极大地提高这些程序模拟复杂问题的能力。基于这样的认识,Zhao 等[13]首先编制了 DE 材料力电耦合模拟用户材料子程序(UMAT),将 UMAT 嵌入 ABAQUS 非线性有限元分析软件,可以模拟众多 DE 材料驱动器的大变形问题,图 10.4 就是利用 ABAQUS 用户材料

图 10.4　ABAQUS 用户材料子程序模拟的 DE 材料抓手驱动器[13]

子程序模拟的 DE 材料抓手驱动器。类似地，Bertoldi 等[14]编写了用户单元子程序(UEL)，可以用来模拟 DE 驱动器和俘能器的力电耦合大变形问题。

这些 DE 用户子程序在使用过程中有很多技巧，对一些刚刚接触这个问题的读者来说，如果不注意这些细节，往往得不到正确的结果。下面以图 10.5 所示的管状驱动器电致变形为例，来说明 UMAT 子程序使用的具体步骤和应注意的细节。

第一步，建立管状驱动器的几何模型及坐标系。此处的管状驱动器内径 $A=0.5\mathrm{mm}$，外径 $B=1\mathrm{mm}$，管轴向长度 5mm，图 10.5(a)给出了所建立的管的几何模型。ABAQUS 中默认的坐标系为笛卡儿坐标系，此处需要建立柱坐标系，可以选择管上的三个点建立柱坐标，坐标系选择"Cylinder"。

第二步，材料定义。如图 10.5(b)所示，在"Material Behaviors"中明确指定材料为"User Material"，即用户定义材料。在 DE 用户子程序 UMAT 中，一些参数的设置非常重要，需要在"Mechanical Constants"一栏中填写。第一个参数是 DE 剪切模量的 1/2，假设研究的 DE 材料的剪切模量为 60kPa，则第一个参数应为 30kPa。第二个参数是超弹性材料的体积模量的倒数，对于近似不可压缩的橡胶材料，可将第二个参数设置为非常小的一个数，这里为 9×10^{-8}。第三个参数是介电常数，真空的介电常数 $\varepsilon_0=8.85\times10^{-12}\mathrm{F/m}$，常用的 DE 材料 VHB 丙烯酸酯的相对介电常数 $\varepsilon_r=4.2$，则第三个参数是 DE 材料的绝对介电常数 $\varepsilon_0\varepsilon_r=3.72\times10^{-11}\mathrm{F/m}$。第四个参数设置电场方向，这里输入"1"表示电场沿着柱坐标的径向方向。第七、八、九三个参数分别代表 DE 材料沿坐标系 1、2、3(对柱坐标而言就是径向、周向和轴向)方向的预拉伸。这里均设置为 1 表示没有施加任何预拉伸。

第三步，定义材料方向。如图 10.5(c)所示，ABAQUS 中默认的坐标系包括材料方向都是笛卡儿坐标系，因此要将材料方向定义为柱坐标系。

第四步，添加分析步。如图 10.5(d)所示，定义分析类型为静力分析"Static Genenral"，定义最大增量步数 100，定义初始增量、最小增量等。

第五步，施加边界条件。如图 10.5(e)所示，将管状驱动器一端的两个方向的位移(轴向和周向)约束，只允许径向位移。

第六步，定义温度场。如图 10.5(f)所示。ABAQUS 中将电场类比为温度场，此处定义的是名义电场强度，名义电场乘以初始管厚度 0.5mm，即可以计算出实际施加的电压值 $2.7\times10^7\times0.510^{-3}=13.5\mathrm{kV}$。

第七步，划分网格。关联子程序，提交运算如图 10.5(g)所示。

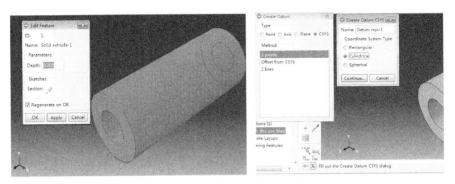

(a) 管状驱动器几何建模及坐标系

(b) 定义用户材料和材料参数

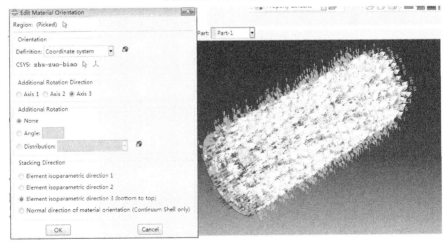

(c) 定义材料方向

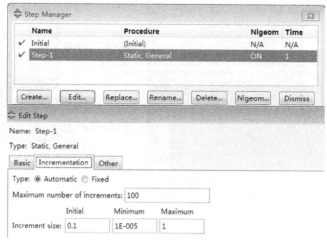

(d) 添加分析步

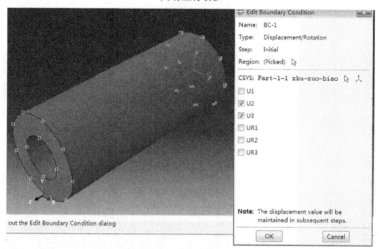

(e) 施加边界条件

(f) 定义温度场

(g) 关联子程序

图 10.5　在 ABAQUS 中调用 UMAT 子程序模拟管状驱动器的分析步骤

图 10.6 给出了用 UMAT 子程序计算的管状驱动器的数值解和解析解的对比,其中横坐标是电致有效驱动应变,纵坐标是无量纲的电压,其中管状驱动器的解析解由文献[16]给出。

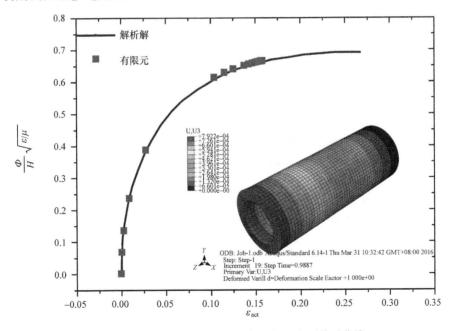

图 10.6　管状驱动器轴向变形与无量纲电压关系曲线

$$\Phi = \sqrt{\frac{\mu}{\varepsilon} \left(\frac{-A^2 + \lambda_Z a^2}{\lambda_Z^2} + \frac{2a^2 b^2}{B^2 - A^2} \ln \frac{aB}{bA} \right) \ln \frac{b}{a}} \tag{10-34}$$

$$P = \mu\pi \left[\left(\frac{A^2 - \lambda_Z a^2}{\lambda_Z^2} \right) \ln \frac{B}{A} + \frac{(\lambda_Z^3 - 1)(B^2 - A^2)}{\lambda_Z^2} - \frac{2a^2 b^2}{B^2 - A^2} \ln \frac{aB}{bA} \ln \frac{b}{a} \right]$$

$$\tag{10-35}$$

其中,Φ 是施加的电压;P 是轴向外载荷;a 和 b 是变形后的管内外径;λ_Z 是轴向拉伸比。

10.6　本章小结

介电弹性体的电致变形是典型的力电耦合力学问题,与传统的压电等硬材料相比,其最大的特点是具有很大的电致应变,这给其分析和计算带来了很大的困难,也为非线性连续介质力学带来了很好的新的研究课题。

有限元方法是力学分析方法中功能最强大、应用范围最广、软件发展最完备的数值模拟方法。发展介电弹性体材料力电耦合大变形有限元数值模拟的理论、方法和程序,是介电弹性体软活性物质力学研究中的重要课题,备受国内外学者的广泛关注。发展高效的介电弹性体数值算法,开发功能强大的用户子程序并嵌入到大型有限元分析软件中,对介电弹性体的各种器件的电致变形和运动规律进行准确建模和仿真,将对介电弹性体软机械的设计、制造、控制提供重要的指导和帮助,并最终推动整个领域的迅速发展。

参 考 文 献

[1] Suo Z, Zhao X, Greene W H. A nonlinear field theory of deformable dielectrics[J]. Journal of the Mechanics and Physics of Solids, 2008, 56: 467-486.

[2] Dorfmann A, Ogden R W. Nonlinear electroelastic deformations[J]. Journal of Elasticity, 2006, 82: 99-127.

[3] Allik H, Hughes T J R. Finite element method for piezoelectric vibration[J]. International Journal for Numerical Methods in Engineering, 1970, 2: 151-157.

[4] Hwang W S, Park H C. Finite element modeling of piezoelectric sensors and actuators[J]. AIAA Journal, 1993, 31: 930-937.

[5] Gaudenzi P, Bathe K J. An iterative finite element procedure for the analysis of piezoelectric continua[J]. Journal of Intelligent Materials Systems and Structures, 1995, 6: 266-273.

[6] Xu C G, Fiez T S, Mayaram K. Nonlinear finite element analysis of a thin piezoelectric laminate for micro power generation[J]. Journal of Microelectromechanical Systems, 2003, 12: 649-655.

[7] Wang D W, Tzou H S, Lee H J. Control of nonlinear electro/elastic beam and plate systems

(finite element formulation and analysis)[J]. Journal of Vibration and Acoustics,2004,126: 63-70.

[8] Wissler M,Mazza E. Modeling and simulation of dielectric elastomer actuators[J]. Smart Materials and Structures,2005,14:1396-1402.

[9] Carpi F,Rossi D D. Dielectric elastomer cylindrical actuator:Electromechanical modeling and experimental evaluation[J]. Materials Science and Engineering:C,2004,24:555-562.

[10] Zhou J,Hong W,Zhao X,et al. Propagation of instability in dielectric elastomers[J]. International Journal of Solids and Structures,2008,45,3739-3750.

[11] Park H S,Suo Z,Zhou J,et al. A dynamic finite element method for inhomogeneous deformation and electromechanical instability of dielectric elastomer transducers[J]. International Journal of Solids and Structures,2012,49:2187-2194.

[12] Park H S,Nguyen T D. Viscoelastic effects on electromechanical instabilities in dielectric elastomers[J]. Soft Matter,2013,9:1031-1042.

[13] Zhao X,Suo Z. Method to analyze programmable deformation of dielectric elastomer layers[J]. Applied Physics Letters,2008,93:251902.

[14] Henann D L,Chester S A,Bertoldi K. Modeling of dielectric elastomer:Design of actuators and energy harvesting devices[J]. Journal of the Mechanics and Physics of Solids,2013,61: 2047-2066.

[15] Arruda E M,Boyce M C. A three-dimensional constitutive model for the large stretch behavior of rubber elastic materials[J]. Journal of the Mechanics and Physics of Solids, 1993,41:389-412.

[16] Zhu J,Stoyanov H,Kofod G,et al. Large deformation and electromechanical instability of a dielectric elastomer tube actuator[J]. Journal of Applied Physics,2010,108:074113.

第11章 离子导体驱动DE的基本理论及其应用

为了扩展DE材料驱动器或传感器的应用范围,本章介绍一种可拉伸的、透明的离子导体作为电极驱动DE结构,将重点综述离子导体驱动DE的基本理论、基本特性及其应用,并展望未来的研究方向和存在的问题。

11.1 引　言

如前所述,基于DE材料的驱动器(DEA)是一种三明治结构,中间为介电弹性体材料,上下两层均为柔性电极。目前用于DEA的电极主要有碳基电极(碳膏电极、碳颗粒以及含碳颗粒的橡胶)、液态金属、金属薄膜电极(褶皱电极、微裂纹薄膜电极)、石墨烯、银纳米线以及碳纳米管等[1-5]。这些电极在DEA的发展中起到了重要作用,但是在某些应用中却具有一定的局限性:首先,这些电极的拉伸性能有限,限制了介电弹性体的大变形;其次,所有电极的透明性并不理想,限制了DEA在光学方面的应用;再次,它们的稳定性问题尤其是流体电极性能很不稳定。为了克服现有电极材料的这些局限性,研制透明、可拉伸、稳定的新型电极材料就成为DEA研究的重要而迫切的研究课题之一。

2013年,哈佛大学Suo等在 Science 上发表题为"可拉伸的透明离子导体"的论文[6],为柔性导体的发展打开了另一扇大门。区别于以上所述的电子导体,离子导体通过离子的迁移来传递信号。离子导体广泛存在于生活之中,如生物体内的神经就是离子导体,只是人们一直没有关注到其在工程中的潜在应用。离子导体的电导率的确低于电子导体,但是通过巧妙的设计,离子导体不但可以用于DEA,亦可以长距离传递高频信号[7]。

Suo等学者所制备的离子导体是固态的,含有大量自由的可电离的金属盐离子的水凝胶(hydrogel)。水凝胶是一种含水的聚合物网络,水分子被包含在相互交联的高分子链之间,如图11.1(a)所示[8],其中,左下图是不含水状态,右下图是含水状态。生活中常见的水凝胶有果冻、豆腐、凉粉等,一般这些合成的水凝胶力学性能很差,不可能用来做工程材料。但是,随着科学技术的发展,近十年来开发的高强度水凝胶研究取得了重要进展,可以获得拉伸20倍、断裂能密度达到9000J/m²的水凝胶,图11.1(b)左边给出的是一个拉伸17倍而裂纹不扩展的实例[9]。同时,也可以获得模量达到兆帕量级的水凝胶,以及厚度方向可以压缩接近100%的凝胶,如图11.1(b)右边所示的就是厚度压缩90%的实例[10]。这些高强

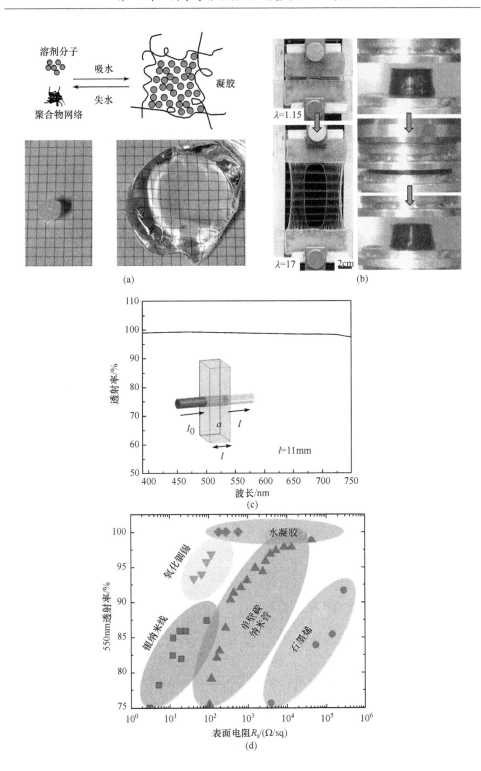

(a)

(b)

(c)

(d)

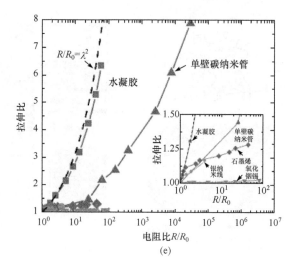

图 11.1　水凝胶离子导体及其基本特性

度水凝胶在工程上应用具有巨大的潜力。通过给水凝胶中加入电解质获得的离子导体是高度透明的,其对于可见光光谱透光率接近 100%,如图 11.1(c)所示[6]。相比于其他的透明导体,离子导体兼顾了高透明度、巨大的拉伸比和稳定的电导率,图 11.1(d)表明基于水凝胶的离子导体在保持高透明度的同时具有较低电阻,而图 11.1(e)则表明离子导体的电阻随拉伸倍数的变化符合理想电阻电阻率不变的特点。

　　凝胶离子导体在透明电极领域,尤其是在柔性电子器件领域具有广阔的前景,下面几节将简要介绍其基本理论及应用。

11.2　离子导体驱动 DE 的基本理论

　　本节首先介绍离子导体驱动介电弹性体的工作原理,然后介绍描述离子导体驱动介电弹性体的数学模型,为其实际应用奠定基础。

11.2.1　离子导体驱动 DE 的工作原理

　　目前在实验室所采用的 DE 材料主要是 3M 公司生产的 VHB 系列聚丙烯酸酯胶带,其厚度一般为毫米级别。基于 VHB 材料的 DEA 需要高电压来驱动,最高可达几千甚至上万伏。在此高电压作用下,如何保证离子导体不被电解,是一项充满意义和挑战的工作。

　　众所周知,任何电子导体和电解质接触都会产生电极电势差,有些情况下会有自发的电化学反应,这取决于具体的电极和电解质的化学活泼性。对于惰性的电极,如金、银、碳等,在没有外加电压时,与常见的盐溶液的接触基本是稳定的,但是在电解质与电极接触的界面上将会形成一个电双层,其本质就是一个电容。当外加电压超过电双层所能够承受的电压时,电双层被破坏,产生法拉第电流,发生电化学反应,而这在离子导体的使用中是要绝对避免的。对于水溶液,通常认为电双层所承受的电压小于 1V,此值与基于 VHB 材料的 DEA 需要的几千伏高电压相比相差甚远。

Suo 等借助简单的三明治结构实现了对于电双层界面电势差的有效控制,并基于此设计了高度透明的柔性扬声器[6],下面以 DEA 扬声器为例,来说明离子导体驱动 DEA 的工作原理。

图 11.2 是离子导体驱动 DEA 的工作原理及其在透明扬声器中的应用。其中,图 11.2(a)所示是其工作原理及等效电路。其结构是由金属电极、离子导体和介电弹性体构成的串联电容组,信号从一端的电极传递至另一端的电极。电双层单位面积电容 $C_{电双层}$ 的典型值大约为 10^{-1}F/m^2[11],而介电弹性体和两侧的离子导体构成的单位面积电容与介电弹性体材料的介电常数和厚度有关,常用的 VHB

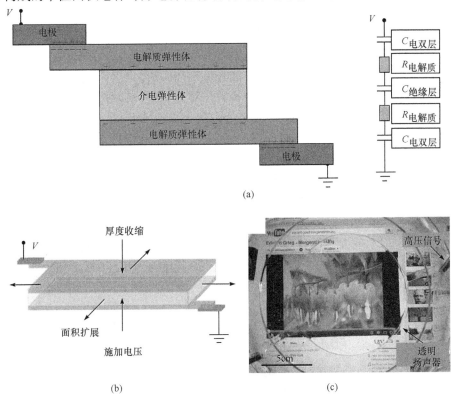

图 11.2　离子导体驱动 DEA 的工作原理及其在透明扬声器中的应用

材料,其相对介电常数约为 4.7,厚度为 1mm 的 VHB 和离子导体构成的电容 $C_{绝缘层}$ 大约为 $10^{-8}\mathrm{F/m^2}$。在平衡态下,该串联的电双层和介电弹性体电容共同分担了外接电压,因此只要能够合理控制电双层的面积,就可以将电双层两端的电压维持在 1V 以内。例如,当电双层的面积 $A_{电双层}$ 大于介电弹性体电容面积 $A_{绝缘层}$ 的 1% 时,即使外接 10kV 电压,电双层上的压降也不会超过 1V。这种设计成功地避免了电化学反应的发生,且非常简单实用。

除了外接电极是金属薄膜,整个装置均由软材料构成[6],在电压作用下,离子导体驱动的 DEA 厚度收缩,面积扩张,其面积应变可达 167%,如图 11.2(b)所示。在驱动器正常工作的电压下,驱动器能够对电场的变化进行快速响应。研究表明,在较低的频率下,驱动器以面内变形为主,随着频率的增加,面内变形逐渐消失,驱动器主要表现为面外高频振动。离子导体驱动的薄膜驱动器在音频范围内可以很好地进行机电转换,可以直接作为透明的扬声器,图 11.2(c)所示就是利用离子导体和介电弹性体制作的透明扬声器。

11.2.2　离子导体驱动 DE 热力学理论

相比于实验室大量使用的膏状碳膏电极,离子导体是具有一定弹性的固体,其弹性对 DE 材料变形的影响在器件设计、分析和实验中都是不可忽略的重要因素,因此,需要在构造离子导体-介电体系统的自由能时予以考虑。Bozlar 等[12]最早研究了 PDMS-炭黑固体电极在等双轴变形下电极弹性对 DE 材料薄膜驱动器变形的影响。

图 11.3 给出了离子导体驱动的 DE 常见的两种变形模式:等双轴变形 [图(a)][13]和纯剪切变形[图(b)][14]。图 11.3(a)中,中间圆形区为等双轴 DEA 的主动区,外部圆环为刚性框架,两者之间的环形区域为被动区。图 11.3(b)中,上下为支撑框架,中间为离子导体驱动的 DE。如图 11.3(c)是主动区域微元体的参考态、预拉伸态及驱动状态,其中,P 表示所受外力,L 和 l 分别表示参考和变形状态下的尺寸,Φ 表示外接电压。

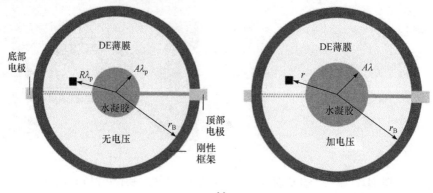

(a)

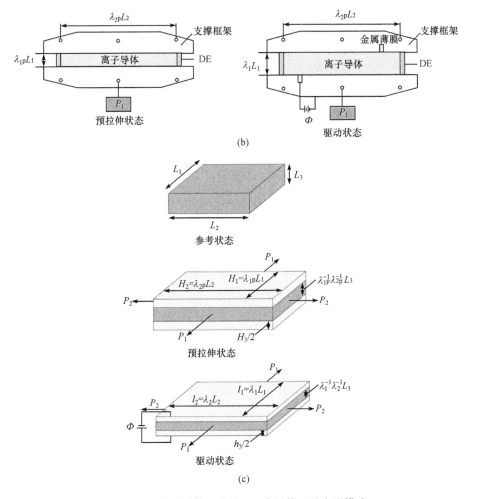

图 11.3　离子导体驱动的 DE 常见的两种变形模式

整个热力学系统的自由能可以写为

$$G = V^{DE}W_{elast}^{DE} + V^{IC}W_{elast}^{IC} + V^{DE}\frac{\varepsilon E^2}{2} - P_1 l_1 - P_2 l_2 - \Phi Q \tag{11-1}$$

其中,W_{elast}^{DE} 和 W_{elast}^{IC} 分别表示 DE 和离子导体的应变能密度;V 表示体积;E 表示电场强度;ε 表示 DE 的介电常数;Q 表示电极上的电荷。应变能密度可用常用的 Gent 模型表示为

$$W_{elast}(\lambda_1, \lambda_2) = -\frac{\mu}{2}J_{lim}\ln\left(1 - \frac{\lambda_1^2 + \lambda_2^2 + \lambda_1^{-2}\lambda_2^{-2} - 3}{J_{lim}}\right) \tag{11-2}$$

式中,μ 为剪切模量;J_{lim} 是与拉伸极限相关的参数[15]。

从系统总的自由能表达式(11-1)出发,可以很容易得到离子导体驱动 DE 的

本构关系。对均匀变形有

$$\phi^{DE} s_i \lambda_i + \phi^{DE} ED = \frac{\phi^{DE} \mu^{DE} (\lambda_i^2 - \lambda_1^{-2} \lambda_2^{-2})}{1 - (\lambda_1^2 + \lambda_2^2 + \lambda_1^{-2} \lambda_2^{-2} - 3)/J_{\lim}^{DE}}$$

$$+ \frac{\phi^{IC} \mu^{IC} (\lambda_i^2 \lambda_{pi}^2 - \lambda_1^{-2} \lambda_2^{-2} \lambda_{p1}^2 \lambda_{p2}^2)}{1 - (\lambda_1^2 \lambda_{p1}^2 + \lambda_2^2 \lambda_{p2}^2 + \lambda_1^{-2} \lambda_2^{-2} \lambda_{p1}^2 \lambda_{p2}^2 - 3)/J_{\lim}^{IC}} \tag{11-3}$$

式中，$i=1$、2 为两个正交方向；ϕ 表示体积分数，有 $\phi^{DE} = V^{DE}/(V^{DE} + V^{IC})$ 和 $\phi^{IC} = 1 - \phi^{DE}$，上标 DE 表示介电弹性体，IC 表示离子导体。对于等双轴变形，由于 $s_1 = s_2$ 且 $\lambda_1 = \lambda_2$，则以上两个方程组可合并为一个方程。方程组(11-3)适用于粘贴离子导体的主动变形区域在均匀变形下的力电耦合分析。对于图 11.3(a)所示的圆形驱动器等双轴变形，方程(11-3)给出的应力表达式自动满足平衡条件。对于被动变形区域的非均匀变形，还需要平衡方程和相应的界面边界条件，采用打靶法予以求解[16]。

对于常用的 VHB 材料，其显著的特点是黏弹性。表征黏弹性常用的热力学流变模型是一个剪切模量为 μ_α 的弹簧 α 和一个黏度为 η 的黏壶串联后与另一个剪切模量为 μ_β 的弹簧 β 并联，则该模型的变形关系为 $\lambda_\beta = \lambda_\alpha \xi$，其中，$\lambda_\alpha$、$\lambda_\beta$、$\xi$ 分别为弹簧 α、β 以及黏壶的拉伸比。对于等双轴变形的黏弹体，有 $\lambda_{\beta1} = \lambda_{\beta2}$，$\xi_1 = \xi_2$，假设黏壶本构满足牛顿流体，则其演化方程为

$$\frac{d\xi^j}{\xi^j dt} = \frac{1}{\eta^j} \frac{\phi^i \mu_\alpha^j [(\lambda_\beta^j/\xi^j)^2 - (\xi^j/\lambda_\beta^j)^4]}{1 - (2(\lambda_\beta^j/\xi^j)^2 + (\xi^j/\lambda_\beta^j)^4 - 3)/J_{\lim}^{\alpha i}} \tag{11-4}$$

式中，$j=DE, IC$。

因此，如果考虑 DE 材料的黏弹性并使用黏弹性模型，则式(11-1)中弹性体应变能密度应重新表示为 $W_{elast}^i = W_\beta^j(\lambda_{\beta1}, \lambda_{\beta2}) + W_\alpha^i(\lambda_{\beta1}/\xi_1, \lambda_{\beta2}/\xi_2)$，此时需重新推导式(11-3)，在等式右侧将会出现与 ξ 相关的项[17]，然后与方程(11-4)联立，就可分析考虑黏性效应后的离子导体驱动 DE 材料的力电耦合特性。

离子导体驱动介电弹性体的变形模式除了等双轴变形和纯剪切变形，介电弹性体常见的变形模式还有单轴拉伸。但已有的研究表明，等双轴变形模式是最优的，单轴拉伸是最差的变形模式，纯剪切变形介于两者之间[18,19]，因此，一般情况下，单轴拉伸模式很少采用。

针对水凝胶离子导体驱动 DEA，Chen 等[13,14]分别研究了如图 11.3(a)所示的等双轴和如图 11.3(b)所示的纯剪切变形下驱动器的电致变形。结果表明：等双轴变形下最大电致变形为 167%，纯剪切变形下获得的最大电致变形为 140%。Bai 等[17]研究了等双轴变形下驱动器在循环电压下的动态黏弹性行为，发现在循环电压激励下，圆形驱动器的残余变形随频率的增加发生了漂移，这主要是由 VHB 材料的黏弹性造成的。

11.3　离子导体性能及其对 DEA 的影响

显然,基于水凝胶的离子导体驱动的 DEA 的工作性能不仅取决于 DE 材料的力电特性,也取决于离子导体的力电特性及其稳定性,为此,本节对其进行简要介绍。

11.3.1　离子导体的稳定性

柔性电极的使用寿命不仅与其力学、电学性能相关,热稳定性也是十分重要的因素。其中,基于水凝胶的离子导体的保水性或失水性是其性能稳定性的一个重要因素。

水凝胶的含水量一般为 80%~90%,而在一般环境中(水面环境、湿地热带雨林等除外)空气的含水量较低,相对湿度均低于这个水平,显然,单纯的水凝胶失水是不可避免的。因此,基于水凝胶的离子导体可能会由于水分的散失而刚度增加、透明度下降。

水凝胶离子导体除了含有水,还包含一定浓度的正负离子。事实上,离子对于离子导体的热稳定性会有一定的影响。为此,Bai 等[20]研究了多种离子对聚丙烯酰胺(PAM)水凝胶离子导体失水的影响,给出了适用于水凝胶的最佳离子对。

图 11.4(a)给出了 25℃、20%相对湿度下含有不同种类离子对的 PAM 水凝胶导体在一段时间后的形貌变化[6],图中比较了氯化锂(LiCl)、乙酸钾(KAc)、

(a)

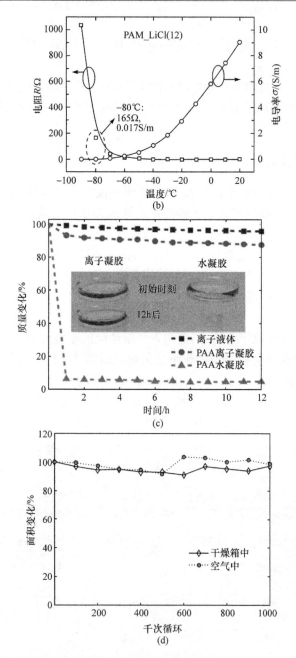

图 11.4　离子凝胶基本特性

氯化镁（MgCl₂）、氯化钠（NaCl）等四种盐对 PAM 水凝胶导体形貌的影响。其中，上面一行为初始状态，中间一行为 12h 的状态，下面一行为 58h 的状态。由图可见，不同盐离子对 PAM 水凝胶导体的失水性影响显著不同。其中，含氯化钠的

PAM 水凝胶失水的现象最为严重(盐析出,结晶),甚至超过不含任何盐离子的 PAM 水凝胶,而含其他三种离子的 PAM 水凝胶均表现出一定程度的保水性能, 氯化镁的保水性能最好。

图 11.4(b)是含有 12mol/L 氯化锂的 PAM 水凝胶的电阻和电导率随温度的变化情况[20]。由图可见,在较低温度下,电阻值随着温度升高而显著降低,而在较高温度下,电阻值随着温度升高变化不明显;电导率随着温度升高而逐渐上升。

引起水凝胶离子导体保水性能和力学性能差异的根本原因是盐离子和水分子的相互作用。水凝胶离子导体中既含有自由水,又含有水合离子团。自由水的挥发主要克服分子间的作用力,而结合水还需要挣脱与离子间的相互作用。因此,含有更多盐离子的凝胶水分子更难逃脱。此外,不同离子和水分子结合的能力有显著区别,例如,在 25℃ 下,氯化钠的饱和盐溶液只存在于相对湿度大于 75% 的环境中,而一水合氯化锂的饱和盐溶液只需要相对湿度大于 11% 即可[21]。在众多的盐中,氯化锂基本上是保水性能最为优越的,在相对湿度大于 11% 的环境中,含有氯化锂的 PAM 水凝胶不但不失水,而且还会从空气中吸收水。根据实验证明,含有氯化锂的 PAM 水凝胶能够在一般的室内环境中长期使用而性能稳定。当然,不同的离子对组合也可以对保水性能进行调节。

值得注意的是,虽然在常温下含较高浓度氯化锂的水凝胶离子导体能够保持一定的水分,但在高温下大部分的水分仍然会丧失。如果能够有一种在较大温度范围内都稳定的溶剂来代替水,则可以极大地拓展离子导体的使用范围。离子液体(ionic liquid)就是很好的替代品。离子液体就是在常温下熔融的盐,只不过其正负离子都是有机分子官能团。离子液体从被发现至今的数十年里,其家族成员已经非常庞大[22,23]。含有离子液体的凝胶即被称为离子凝胶(ionogel)。然而已有的离子凝胶模量太高,拉伸性能差,无法作为电极来驱动 DE。Chen 等[24]改进了离子凝胶的力学性能,使其具有良好的拉伸性能,可以达到 300% 的应变,模量仅为 4～5kPa,而且电导率几乎不随应变而改变。图 11.4(c)对照了聚丙烯酸(PAA)水凝胶和含有[C_2mim][$EtSO_4$]的 PAA 离子凝胶的在 100℃ 恒温箱中放置 12h 的质量变化。由图可以看到,离子凝胶比单纯的水凝胶具有更好的热稳定性。图 11.4(d)是利用离子凝胶和 DE 制作的等双轴驱动器 DEA 的 100 万次电压驱动的变形结果[24]。由图可见,经过 100 万次循环之后,依然保持很好的力电性能。在常温的干燥箱中,离子凝胶不会挥发,而在室内,由于离子凝胶还有一定的吸水性,吸水后的离子凝胶电导率有一定的提高。

此外,有些离子的浓度对于离子导体的力学性能也有一定的影响,文献[20]的研究发现,在相同的温度和相对湿度下,含有 6mol/L 乙酸钾的 PAM 水凝胶与含有 8mol/L 乙酸钾的 PAM 水凝胶的杨氏弹性模量和断裂应变有明显的差别。而有些离子导体的断裂应变则对离子浓度不敏感,如含有氯化锂和氯化镁的 PAM 水凝胶就不敏感。但总体来说,含有较低浓度的离子导体的杨氏弹性模量偏高一点。

11.3.2　离子导体对 DEA 力电耦合变形的影响

Chen 和 Bai 等研究了离子导体厚度和预拉伸对 DEA 电致变形的影响。在他们的研究中,离子导体为在聚丙烯酰胺水凝胶中加入少量氯化锂盐。研究结果如图 11.5 所示。其中,图 11.5(a)是离子导体厚度对于驱动器等双轴变形的影

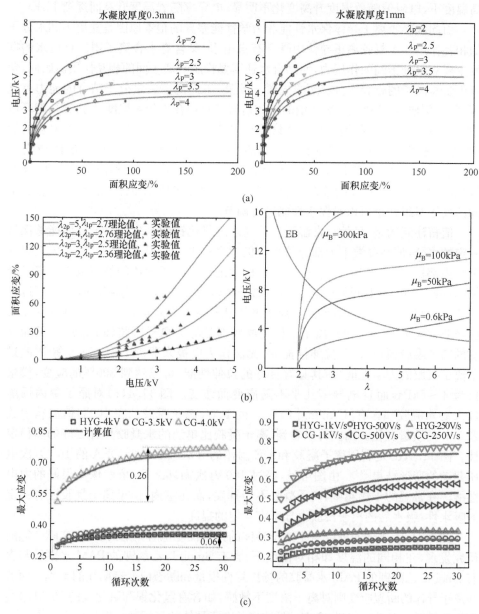

图 11.5　离子导体对 DEA 电致变形的影响

响[13]，左图的电极厚度为 0.3mm，右图的电极厚度为 1mm；图 11.5(b) 是纯剪切驱动器的电致变形[14]，左图是预拉伸对变形的影响，右图是电极刚度的影响；图 11.5(c) 是离子导体和碳膏电极在循环载荷下的变形漂移[17]，左图是同一升压速率下不同电压下的响应，右图是同一电压下不同升压速率下的响应。

由图 11.5(a) 和 (b) 可以看出，无论等双轴变形还是纯剪切变形，对于同种模量的离子导体，离子导体对 DEA 变形均有限制作用，厚度越大限制越明显。对于 0.3mm 厚度的离子导体，等双轴 DEA 的面积应变依然可以达到 140% 以上，与利用流体状的碳膏电极相差无几，特别是厚度小于 0.3mm 的离子导体对于 DEA 变形的影响很小。此外，对于离子导体，预拉伸同样对 DEA 的电致变形有明显的影响，在相同驱动电压下，预拉伸越大变形越大。

由图 11.5(c) 可以看出，在循环载荷下，由于 VHB 材料的黏弹性，DEA 的残余变形明显发生漂移，低频下使用碳膏电极时漂移尤为明显 (26%)，显然这将影响 DEA 的使用寿命。相比之下，离子导体由于具有一定的弹性，有效地抑制了变形漂移 (6%)，而且离子导体驱动的介电弹性体的残余变形漂移与频率基本无关。这些结果对于使用 DEA 作为扬声器、能量收集器等器件的工作频段、效率、寿命等参数的设计具有一定的指导意义。

11.4　离子导体的应用

11.4.1　离子导体驱动的 DE 传感器和离子导线

针对机器人和机械手臂使用的传统传感器体积大、不可拉伸的问题，Sun 等[25] 利用离子导体和介电弹性体设计了柔性电容式应变/应力传感器，称为"离子皮肤"。离子导体传感器不但对于被测物体的变形没有约束作用，而且具有轻质、透明、测量变形范围大等特点。透明的柔性传感器在可穿戴电子、人体传感、人机交互、触摸屏等方面都有重要的潜在应用价值。

Sun 等设计的柔性传感器使用了与图 11.2(a) 相同的三明治结构，可以测量单轴拉伸、等双轴拉伸等大变形状态下的应变值 (1%～500%)。单轴拉伸时，柔性传感器的电容值和应变呈线性比例关系；等双轴拉伸时，柔性传感器的电容值和应变的四次方呈正比例关系。传感器在循环加载中具有稳定的传感性能。如图 11.6(a)、(b) 所示，该传感器可以贴在人体皮肤表面，测量人体不同部位不同姿态下的变形，从而可以传感人体的动作和姿态。除了测量变形，在施加垂直压力时，该传感器的电容值和所承受压力近似为正比关系，能够测量出低至 1kPa 的压力。因此，该传感器可以用来测量人体和外界轻微接触时所受到的压力[25]，如图 11.6(c) 所示，且由于该传感器是透明的，可以作为透明的可穿戴触摸屏。

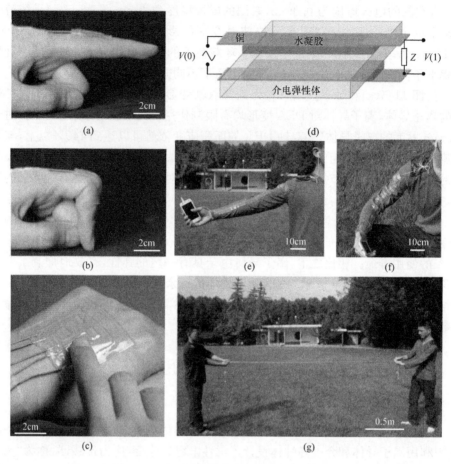

图 11.6　离子导体在传感器及导线中的应用

　　除了柔性传感器,可拉伸的导线也是柔性可拉伸器件研究的重点和热点之一。
Yang 等[7]利用离子导体和介电弹性体设计了透明可拉伸的离子导线,区别于工业
机械中使用的电子导体(金属、碳等)来传输电信号。借助于动物神经通过离子迁
移来传递电信号的启发,离子导线巧妙地模拟了人体神经轴突的工作方式,能够在
很长的距离内高速地传递电信号,并且信号衰减很小。图 11.6(d)所示为离子导
线的结构示意图,本质上也是离子导体/介电弹性体/离子导体的三明治结构,只不
过在离子导体两端连接了两个电子导体。离子导体不但能够传递电信号而且能够
以独特的方式传递电功率来点亮 LED 灯[7]。以 1m 的离子导体为例,它能够传递
100MHz 内的电压,满足音频、视频等信号传递的需要。电信号在离子导体中的扩
散速度为 $10^7\,\mathrm{m^2/s}$,比离子在溶液中的扩散速率高出 16 个数量级,所以信号不会
发生延迟,也不会因为离子扩散而发生畸变。将离子导线尺寸等比例地放大或者

缩小不会改变其传递电信号的能力,因此能够实现柔性电路的微型化设计。离子导线能够拉伸八倍左右而不破坏,即使不进行封装也能够长期在空气中使用,如图 11.6(e)~(g)所示,其中,图 11.6(e)与(f)是利用柔性的离子导线传递音乐信号,图 11.6(g)则展示了离子导线具有很好的拉伸性能。因此,可拉伸的离子导线在展开结构、机械臂、人机接口等方面的应用有望发挥重要作用,同时也能够为人造神经的实现提供新的可能。

11.4.2　离子导体驱动的柔性 DE 电致发光器件

离子导体具有极高的透明度,因而在变色、显示、光学调节等方面具有特别的优势。Wang 等[26]将螺吡喃机械响应聚合物融合在 DE 材料中,利用盐溶液作为透明的柔性离子导体驱动电-力-化学响应的弹性体,实现了柔性基体的图案显示和颜色改变。DE 材料加电压发生变形后,聚合物中某些化学键断裂,分子空间构型和吸光形式发生了转变,从而使得弹性体材料在拉伸前后的颜色会发生变化,然而这种变化是可逆的。图 11.7(a)是利用电-力-化学响应弹性体和离子导体制成的柔性显示器件[26]。左图是原理示意图,中图是材料复合的结构示意图,右图是加压变形的示意图。显然,通过设计特定的表面图纹的变化来产生特定区域的颜色变化,可以实现线条、圆圈以及字母的显示。使用含有盐离子的无色溶液作为柔性电极,这种柔性电极不仅是透明的,而且能够保证柔性电极随 DE 进行共形变化,是实现这种电致发光变色器件的重要保证。

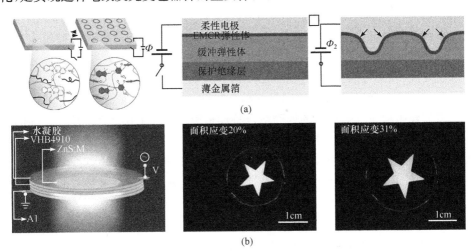

图 11.7　离子导体驱动的柔性 DE 电致发光器件

图 11.7(b)所示是 Yang 等[27]利用离子导体和电致发光粉末制备的柔性发光装置,左图是结构原理示意图,即将电致发光的粉末硫化锌铺展在 DE 薄膜之间,

在外层两侧利用含氯化锂水凝胶作为固态的离子导体,制作了柔性电致发光器件。中图是20%面积应变下的发光图,右图是31%面积应变下的发光图。该器件在交流电压的激励下工作,其发光的亮度和颜色取决于电致发光粉末的特性,有多种电致发光粉末可供选择。该柔性发光器件的拉伸面积应变能够达到1500%,利用DE驱动器装置,面积应变可以达到30%以上,可在空气中长期工作。

11.5　本章小结

离子导体驱动的介电弹性体器件,是两种软物质的集成。本章综述了离子导体驱动的介电弹性体的基本原理及其在驱动器、传感器、扬声器、电致发光器件以及离子导线等方面的应用。离子导体的引入为某些具有特殊需求器件的发展开拓了更广阔的空间,也为解决工程中的一些难题提供了新思路。展望未来,离子导体驱动的介电弹性体有望在超级电容等能量转化器件、人机界面等领域有新的应用。现有的离子导体驱动的介电弹性体器件,都是很简单的原理性装置,还有很多的理论和技术问题需要解决,下面一些问题在未来的研究中应给予足够的重视。

1) 离子导体驱动的介电弹性体器件多物理场建模

目前关于离子导体驱动的介电弹性体器件主要是实验研究,理论建模研究是非常迫切的研究课题。通过建立多物理场耦合模型,模拟金属导线/离子导体界面和离子导体/介电弹性体界面的电场分布、离子分布,对于理解离子导体驱动介电体的物理和电化学机理具有重要意义,也为设计新的器件提供重要理论指导。

在理论建模方面,可以借鉴聚合物金属复合材料(IPMC)多物理场建模以及聚电解质水凝胶在电场作用下的多物理场耦合建模方法。需要考虑系统的弹性力学平衡方程、离子传输方程、静电泊松方程等[28]。

2) 离子导体和介电弹性体的界面结合特性

离子导体和介电弹性体的界面结合特性是影响器件工作特性和使用寿命的重要问题。目前研究的离子导体驱动介电弹性体器件,其所用的介电弹性体材料是黏性非常好的聚丙烯酸酯胶带,尽管如此,其和水凝胶的界面结合强度也不是很高,所以在长时间工作条件下的界面结合程度是影响其寿命的关键。两种软材料的界面结合和脱开,也是非常有趣的断裂力学问题,应开展更多的理论和实验研究来深入地研究该问题。

3) 电子导体/离子导体杂化电路设计及其界面调控

离子导体驱动介电弹性体软机器,不可避免地会遇到同时使用电子导体和离子导体的情形。需要设计特殊的电子导体/离子导体杂化电路,通过电路设计和结构设计,实现两种导体界面调控,避免离子导体的电化学反应,这样可以发挥两种导体在一个器件中的共存并发挥各自的优势。

4) 微电路/微电子器件在离子导体中的植入

离子导体是一种很好的导电基体,如果在离子导体中植入微电子元器件或微电路,则有望实现一些特殊的功能,如无线发射、微电路能量收集等。在未来的生物工程应用领域,可以利用离子导体的良好生物兼容性和离子导电特性,实现离子导体和生物组织、神经细胞等的友好界面和无缝集成,同时利用植入的微电路或微电子器件实现生物组织信号的采集、传输和监测。

5) 新型离子导体和介电弹性体材料研制

新型离子导体和介电弹性体材料是这一研究领域永恒的课题。除传感器件外,目前所研制的离子导体驱动介电弹性体软机器,都需要高电压来驱动,这是限制其实际应用的最大障碍。研制高介电常数、高拉伸比、微米厚度的介电弹性体材料,一直是人们不懈的追求。各种聚合物复合技术层出不穷,也提出了大量的非均质材料力电耦合问题,但相关的研究进展还很有限。关于离子导体,以离子液体为溶剂的离子液体凝胶有望发挥更大的作用。两种软材料的制备和合成的实质性突破,必然带来离子导体驱动的介电弹性体在工程应用中的新突破。

参 考 文 献

[1] Rosset S, Shea H R. Flexible and stretchable electrodes for dielectric elastomer actuators[J]. Applied Physics A, 2013, 110: 281-307.

[2] Shian S, Diebold R M, Clarke D R. Tunable lenses using transparent dielectric elastomer actuators[J]. Optics Express, 2013, 21: 8669-8676.

[3] Hu L, Yuan W, Brochu P, et al. Highly stretchable, conductive, and transparent nanotube thin films[J]. Applied Physics Letters, 2009, 94: 161108.

[4] Scardaci V, Coull R, Coleman J N. Very thin transparent, conductive carbon nanotube films on flexible substrates[J]. Applied Physics Letters, 2010, 97: 023114.

[5] Zang J, Ryu S, Pugno N, et al. Multifunctionality and control of the crumpling and unfolding of large-area graphene[J]. Nature Materials, 2013, 12: 321-325.

[6] Keplinger C, Sun J Y, Foo C C, et al. Stretchable transparent ionic conductors[J]. Science, 2013, 341: 984-987.

[7] Yang C H, Chen B, Lu J J, et al. Ionic cable[J]. Extreme Mechanics Letters, 2015, 3: 59-65.

[8] Ono T, Sugimoto T, Shinkai S, et al. Lipophilic polyelectrolyte gels as super-absorbent polymers for nonpolar organic solvents[J]. Nature Materials, 2007, 6: 429-433.

[9] Sun J Y, Zhao X, Illeperuma W R, et al. Highly stretchable and tough hydrogels[J]. Nature, 2012, 489: 133-136.

[10] Gong J, Katsuyama Y, Kurokawa T, et al. Double-network hydrogels with extremely high mechanical strength[J]. Advanced Materials, 2003, 15: 1155-1158.

[11] Lee K H, Kang M S, Zhang S, et al. "Cut and stick" rubbery ion gels as high capacitance gate dielectrics[J]. Advanced Materials, 2012, 24: 4457-4462.

[12] Bozlar M, Punckt C, Korkut S, et al. Dielectric elastomer actuators with elastomeric electrodes[J]. Applied Physics Letters, 2012, 101: 091907.

[13] Chen B, Bai Y, Xiang F, et al. Stretchable and transparent hydrogels as soft conductors for dielectric elastomer actuators[J]. Journal of Polymer Science, Part B: Polymer Physics, 2014, 52: 1055-1060.

[14] Wang Y, Chen B, Bai Y, et al. Actuating dielectric elastomers in pure shear deformation by elastomeric conductors[J]. Applied Physics Letters, 2014, 104: 064101.

[15] Gent A N. A new constitutive relation for rubber[J]. Rubber Chemistry and Technology, 1996, 69: 59-61.

[16] Koh S J A, Li T, Zhou J, et al. Mechanisms of large actuation strain in dielectric elastomers[J]. Journal of Polymer Science, Part B: Polymer Physics, 2011, 49: 504-515.

[17] Bai Y, Jiang Y, Chen B, et al. Cyclic performance of viscoelastic dielectric elastomers with solid hydrogel electrodes[J]. Applied Physics Letters, 2014, 104: 062902.

[18] Wang Y, Zhou J X, Wu X H, et al. Energy diagrams of dielectric elastomer generators under different types of deformations. Chinese Physics Letters, 2013, 30: 066103.

[19] Huang J, Shian S, Suo Z, et al. Maximizing the energy density of dielectric elastomer generators using equi-biaxial loading[J]. Advanced Functional Materials, 2013 23: 5056-5061.

[20] Bai Y, Chen B, Xiang F, et al. Transparent hydrogel with enhanced water retention capacity by introducing highly hydratable salt[J]. Applied Physics Letters, 2014, 105: 151903.

[21] Young J F. Humidity control in the laboratory using salt solutions—A review[J]. Journal of Applied Chemistry, 1967, 17: 241-245.

[22] Werner S, Haumann M, Wasserscheid P. Ionic liquids in chemical engineering[J]. Annual Review of Chemical and Biomolecular Engineering, 2010, 1: 203-230.

[23] Bideau J L, Viau L, Vioux A. Ionogels, ionic liquid based hybrid materials[J]. Chemical Society Reviews, 2011, 40: 907-925.

[24] Chen B, Lu J J, Yang C H, et al. Highly stretchable and transparent ionogels as nonvolatile conductors for dielectric elastomer transducer[J]. ACS Applied Materials and Interfaces, 2014, 6: 7840-7845.

[25] Sun J Y, Keplinger C, Whitesides G M, et al. Ionic skin[J]. Advanced Materials, 2014, 26: 7608-7614.

[26] Wang Q, Gossweiler G R, Craig S L, et al. Cephalopod-inspired design of electro-mechanochemically responsive elastomers for on-demand fluorescent patterning[J]. Nature Communication, 2014, 5: 4899.

[27] Yang C H, Chen B, Zhou J, et al. Electroluminescence of giant stretchability[J]. Advanced Materials, 2015, DOI: 10. 1002/adma. 201504031.

[28] Li H, Zhou J, Li M. Multiphysics modeling of self-oscillations of polyelectrolyte gel actuators[J]. International Journal of Applied Mechanics, 2011, 3: 355-363.

第 12 章　基于 DE 材料的驱动器结构设计

鉴于 DE 材料具有较宽的频率响应特性和快速大变形行为,近年来,基于 DE 材料的各种静态和动态变形结构的设计层出不穷,不少研究者设计开发出各种基于 DE 材料的驱动器结构,并探索将其应用于生物医学、航空航天、智能机器人等领域。本章根据基于 DE 材料的驱动器设计特点及工作机理,将基于 DE 材料的驱动器分为三类,即单层 DE 材料驱动器、多层堆栈式 DE 材料驱动器以及圆柱卷形 DE 驱动器,分别从工作机理,设计方法以及潜在的应用领域等角度分类介绍一些基于 DE 材料的驱动器结构设计案例,以期对读者有所启发。

12.1　单层 DE 材料驱动器结构设计

如前所述,DE 材料的驱动力主要来源于 DE 薄膜两侧表面电荷间相互吸引而产生的 Maxwell 应力,如图 12.1 所示,在无边界束缚状态下,Maxwell 应力在 DE 薄膜厚度方向压缩材料,从而引起面内方向的扩张变形,借助此变形可以驱动相关对象发生变形或者运动,这就是基于 DE 材料的驱动器的基本原理。因此,基于 DE 薄膜的面内变形特点来设计驱动器是最为直接和简单的方法,此外,在一定预应力和外界条件下,如气压、液压、弹性支撑、重力等,单层 DE 薄膜也可以实现复杂的面外变形。本节将分别阐述单层 DE 材料的面内变形和面外变形驱动器的结构设计案例及其工作原理。

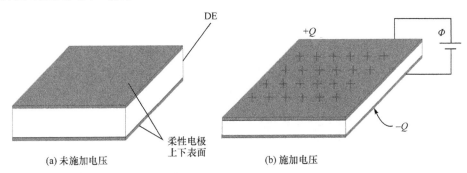

(a) 未施加电压　　　　　　　(b) 施加电压

图 12.1　DE 材料的工作原理

12.1.1　单层 DE 材料面内变形驱动器

在实际应用中,如图 12.1 所示的完全自由边界的驱动器是不可能存在的,也就是说它会有不同的边界约束条件,导致其变形状态也不同,本节就来介绍一些具有不同边界约束的、只受电压载荷作用的 DE 材料平面变形结构驱动器案例。

1. 基于 DE 材料驱动的平面变形结构

图 12.2 所示是一种平面对抗式变形结构[1],这种结构形式驱动器通常由电活性区域和非电活性区域组成。在实际制作过程中,活性区域和非活性区域是由同一张 DE 材料薄膜经过预拉伸后得到的,活性区域和非活性区域是通过柔性电极的涂抹区域划分的,即涂覆有柔性电极的区域为活性区域,非涂覆柔性电极的区域为非活性区域。在这种对抗式变形驱动器结构中,预拉伸的意义不仅是之前章节里提到的增加机电稳定性等作用,更重要的是在非活性区域内储存一定的弹性势能,当活性区域加载电压变形,超过非活性区域扩张时,非活性区域会将弹性能逐渐释放出来,这样不但为活性区域提供一个弹性边界,增大了变形,同时通过几何的协调关系也能很好地维持面内变形状态。

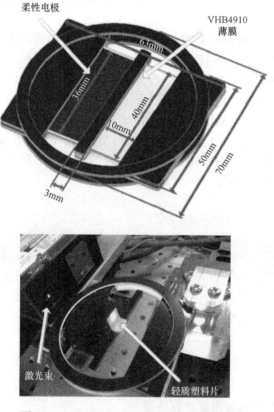

图 12.2 平面对抗式 DE 材料驱动器结构图

图 12.3 是其工作原理示意图。即在活性区域 A 加载电压后, 活性区域发生面内扩张变形, 此变形可以用做平面驱动器驱动 A、B 之间的连接杆发生直线移动。

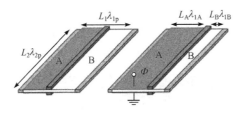

图 12.3 平面对抗式 DE 驱动器工作原理示意图

对于薄膜结构, 薄膜的张力会直接影响系统的刚度, 从而影响到固有频率[2]。利用这一特点, 通过施加不同偏置电压及改变预拉伸倍数, 可以有效地改变谐振器系统共振频率, 因此这种结构也被认为是一种智能谐振器结构。在静态电压下, 这种谐振器会达到一个确定的平衡位置, 但如果施加周期性信号激励, 这种谐振器由于非线性特性, 可能会存在多个共振频率, 在不同的共振频率下也就存在不同的振动形式。

图 12.4 是一个平面对抗式 DE 驱动器的预拉伸及外部电压对结构固有频率的影响。图 12.4(a) 是当薄膜驱动方向预拉伸倍数一定时 (即 $\lambda_{1p}=2$), 如果非变形方向的预拉伸较小, 如 $\lambda_{2p}=1$、2 时, 系统的固有频率随着电压的升高而逐渐降低, 直到应力完全损失; 而对于在非变形方向具有较大预拉伸的情况 ($\lambda_{2p}=4$), 系统的固有频率随着电压载荷的增加出现了先缓慢降低后急剧升高的趋势。因此, 当非驱动方向具有较大倍数预拉伸时, 固有频率的可调范围可以通过施加电压而大幅增加。图 12.4(b) 描述了在非驱动方向的预拉伸量恒定时 (即 $\lambda_{2p}=2$), 驱动方向不同的预拉伸量对固有频率调节的影响。由图可见, 在 $\lambda_{1p}=2$ 和 4 时, 随着电压的升高固有频率逐渐下降, 而当 $\lambda_{1p}=1$ 时, 驱动器的固有频率随电压的升高呈现先升高后降低的趋势。

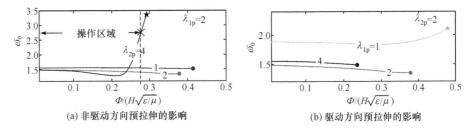

(a) 非驱动方向预拉伸的影响   (b) 驱动方向预拉伸的影响

图 12.4 平面对抗式 DE 材料驱动器的预拉伸及外部电压对结构固有频率的影响

图 12.5 所示为设计者利用平面对抗式 DE 材料驱动器面内变形的特点设计

了一款可调毫米波移相器[3]。虽然图中的驱动器具有两部分电极活性区域,但两侧并不同时加载电压载荷。当一侧活性区域加载电压时,未加载的一侧自然充当起非活性区域的角色,在两侧 DE 材料薄膜的对抗作用下驱动调节共面波导与金属加载条间的位置来实现相位的调整,并通过连续调节电压的大小可实现对相位的连续调节。相较图 12.2 中的对抗式驱动器,这种驱动结构可以通过选择加载不同的活性区域来实现位移控制对象的双向运动。

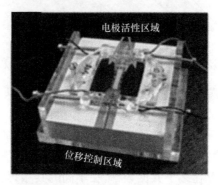

图 12.5　基于平面对抗式 DE 材料驱动器的一款可调毫米波移相器

　　上面给出的这类驱动器在工作时,非活性区为活性区提供相应的张力,呈现出一种对抗式机制。还有一类面内驱动器,它们并没有非活性区域,工作时依靠外部力载荷提供张力或者持续的力边界。图 12.6 所示为基于机械铰链结构的受拉式 DE 材料直线驱动器[4,5],它是全活性区域的平面变形 DE 材料驱动器,DE 材料薄膜是完全涂满电极的,没有施加电压前,DE 材料薄膜的预拉伸靠外界提供的力载荷维持,施加电压载荷后,在电压和外界力载荷同时作用下,驱动器发生面内扩张变形,从而实现拉伸式直线驱动功能。图 12.7 所示是一种基于双弹簧片结构的受压式 DE 材料直线驱动器[4,5],未施加电压前,DE 材料薄膜的预拉伸通过弹簧片提供,施加电压后,由于 DE 材料薄膜的电致面内变形使其面积扩大,引起弹簧片高度降低,从而实现高度方向的直线驱动功能。这里的外力机械载荷实际上类似于前面所述的非活性区域提供的张力,所不同的是,非活性区域提供的张力在驱动器

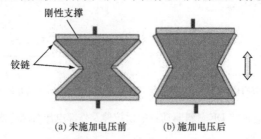

图 12.6　基于机械铰链结构的受拉式 DE 材料直线驱动器

的电致变形过程中是逐渐减小的,是无法控制的,而这里给定的外力载荷可以控制为恒定的张力。相对而言,外部载荷恒定的驱动器变形要更大一些。

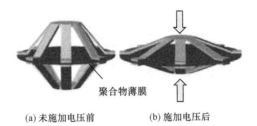

(a) 未施加电压前　　　　　　(b) 施加电压后

图 12.7　基于双弹簧片结构的受压式 DE 材料直线驱动器

2. 基于 DE 材料驱动的弯曲变形结构

实际上,前面提及的平面对抗式结构与人体主动肌-拮抗肌结构非常相似,通过对其深入理解,可以将这种结构从平面领域拓展到空间领域。图 12.8(a)就是利用人体主动肌-拮抗肌原理设计的基于 DE 材料电致变形的单节摆动驱动器[6],设计者利用铰链结构,在保持 DE 材料面内变形的前提下,实现了空间的两自由度弯曲运动。在此结构中,具有相同预拉伸倍数的 DE 材料薄膜被安装在铰链两侧,在没有施加电压的状态下,由于两侧薄膜的张力及尺寸相同,驱动器在中间位置保持稳定状态。当对一侧 DE 材料薄膜施加电压后,该侧薄膜发生面内扩张变形,而另一侧薄膜由于回缩变形释放一定预拉伸力,借助铰链机构,该驱动器向未施加电压的一侧转动,反之亦然。图 12.8(b)是利用空间对抗式结构设计的仿鱼形悬浮

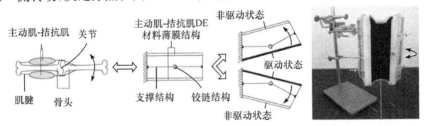

(a) 利用人体主动肌-拮抗肌原理设计的单节摆动驱动器

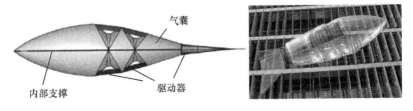

(b) 利用空间对抗式结构设计的仿鱼形悬浮飞行器

图 12.8　空间对抗式结构的应用

飞行器[7]，设计者将 DE 材料薄膜分布在充入氢气的仿鱼形气球两侧以及鱼尾部，借助 DE 材料薄膜主动肌-拮抗肌的驱动机理，可同时实现飞行器的转向和驱动功能。对比图 12.2 所示驱动器可知，它们的工作机理实际上是完全一样的。

图 12.9 所示的设计也是利用 DE 材料的面内变形组成的多自由度弯曲变形结构。这些驱动器由许多 DE 材料平面驱动器与一个个机械关节连接而成[8]，其弯曲变形方向及大小是通过给不同方位的 DE 材料加电及加电大小来实现的。

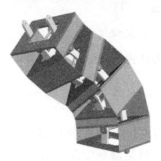

图 12.9　利用面内变形驱动单元与机械铰链结构设计的多自由度弯曲驱动器

3. 基于 DE 材料驱动的旋转结构

前面所述的结构是借助 DE 材料的面内变形实现对结构的直线驱动或弯曲驱动。图 12.10 是一种多活性区域的平面马达驱动器结构设计[9]，如图 12.10(a)所

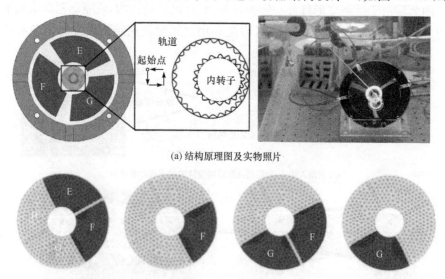

(a) 结构原理图及实物照片

(b) 驱动加载示意图

图 12.10　多活性区域的平面马达驱动器

示。设计者在一张圆形 DE 材料薄膜上环状分布多个电活性区域,在该环形驱动器的中心位置安装了行星轮机构。通过对活性区域依次加载电压载荷,如图 12.10(b)所示,DE 材料薄膜电活性区域逐次有序的面内变形能够引导中心轴产生类似马达的旋转运动。

4. 基于 DE 材料驱动的光学变焦结构

DE 材料电致动面内变形原理还可用于光学变焦结构。图 12.11 是一种基于 DE 材料面内变形的光学透镜[10],在该结构中,向两张 DE 材料薄膜中心位置之间灌入透明的液体,这时驱动器的中心会呈现凸面镜弧面,而凸面镜外侧的环形区域则设计成为 DE 材料驱动器的电活性区域。当加载电荷时,由于 DE 材料薄膜面内发生扩张变形,对中心凸面镜弧面具有挤压作用,使凸面镜的曲率也随之改变,这样就实现了一种光学变焦功能。

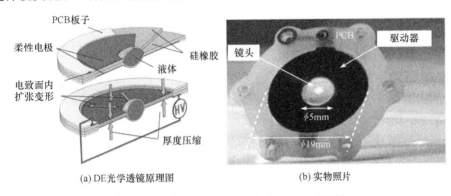

(a) DE 光学透镜原理图　　　　　　　　(b) 实物照片

图 12.11　基于 DE 材料面内变形的光学透镜

12.1.2　单层 DE 材料面外变形驱动器

相对于面内变形,无论结构设计还是理论建模,面外变形的 DE 材料驱动器相对复杂一些,但是对于某些实际应用背景,这种相对复杂的变形有可能是最直接与最合理的结构,下面对部分设计实例进行简单介绍。

1. 基于 DE 材料屈曲变形原理的驱动器

图 12.12 所示是两种气-电混合驱动的 DE 材料面外变形驱动器结构设计。图 12.12(a)是在 DE 材料驱动器系统中引入气压来实现混合驱动的 DE 材料泵结构[11],工作中,DE 材料薄膜在气压和电压的共同作用下会呈现半球形突起,从而改变整个腔体的容积。施加交流电压载荷即可实现泵膜的连续泵动动作。由于引入了气压因素,整个系统的非线性会在一定程度上加强。研究中发现,当驱动器腔

体内气压较低时,驱动变形是完全可逆的,即施加电压时泵膜鼓起,电压为 0 时泵膜即可恢复到原始状态,但当气压较大时,泵膜无法恢复到原始状态甚至无法稳定而直接发生电击穿,在一些特定驱动电压和气压下,泵膜还会出现奇异分叉力学现象。图 12.12(b)是一种基于 DE 材料驱动变形的气球结构[12],用于模拟人体心脏的跳动,当施加电压时气压和电压同时做功使 DE 材料气球发生膨胀,但由于薄膜接缝处的厚度较大,变形并不均匀,因此呈现出类似心脏的形状。同样,当施加周期性电压信号时,DE 材料气球产生出类似于心脏的规律性脉动。

(a) 一种 DE 泵膜结构　　　　　　　　　　　　(b) 一种 DE 气球结构

图 12.12　气-电混合驱动的 DE 材料面外变形驱动器

与上述借助气体气压实现面外变形的 DE 材料驱动器设计不同的是,有些设计者利用力学中屈曲变形效果来直接设计面外变形的 DE 材料驱动器。如图 12.13 所示就是一种基于屈曲变形的 DE 材料面外变形驱动器[13,14],该驱动器是一种多层结构,其功能包括驱动与传感的双重功能。除支撑框架外,还利用一层 DE 材料作为隔离传感器与驱动器的隔离层。DE 材料驱动层在电压作用下变形时由于受到支撑框架的约束而不能产生面内变形,于是发生面外的屈曲变形,形成凸面。由于单层的 DE 材料屈曲变形不能保证屈曲的方向,所以设计者通过一个弧形支撑巧妙地实现了对 DE 材料屈曲方向的引导。通过对这种驱动器进行阵列式排布和控制可以实现类似盲人"电子"书的功能。

2. 基于最小势能原理的 DE 材料驱动器

除了以上基于 DE 材料面内扩张变形的驱动器设计思路,这里再介绍一种更为巧妙的设计思路,就是利用结构变形最小势能原理来设计 DE 材料驱动器。图 12.14 所示就是一种利用最小势能结构设计的 DE 材料爪形驱动器[15],图 12.14(a)是其制备过程,在此过程中,首先将 DE 薄膜进行等双轴预拉伸,然后将弹性塑料框黏附在拉伸后的薄膜上并在 DE 材料薄膜上涂抹电极,最后按照弹性塑料框形状进行裁剪,裁剪完成后,由于 DE 材料薄膜内储存的预拉伸张力将弹性框架拉扯成蜷曲的空间三角形。图 12.14(b)是其工作时的照片,即当施加电压载荷后,薄膜的张力逐渐减小,弹性框从蜷曲状态逐渐扩展开,断开电压后薄膜张力恢复,从而实现抓取物品的功能。

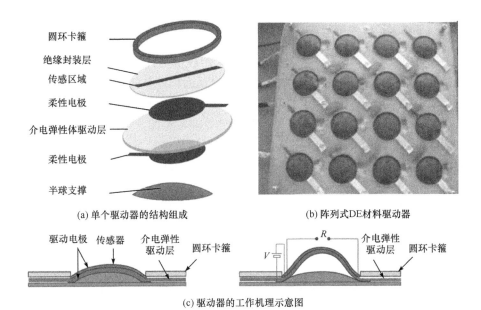

圆环卡箍
绝缘封装层
传感区域
柔性电极
介电弹性体驱动层
柔性电极
半球支撑

(a) 单个驱动器的结构组成　　　　　(b) 阵列式 DE 材料驱动器

驱动电极　传感器　介电弹性　圆环卡箍
　　　　　　　　　驱动层

(c) 驱动器的工作机理示意图

图 12.13　基于 DE 材料屈曲变形的驱动器

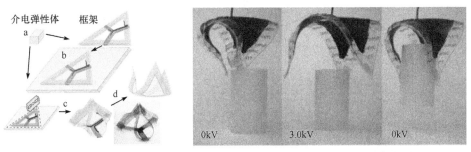

介电弹性体　框架

(a) 驱动器的制备工艺　　　　　(b) 驱动器实现抓取功能的实物照片

图 12.14　利用最小势能结构设计的 DE 材料"爪"形驱动器

以上所给出的这些基于 DE 材料的驱动器从不同角度展示了全新的智能柔性机械设计理念。这些结构均采用单层 DE 材料薄膜设计而成,从功能角度讲,适合于大变形但小驱动力的应用场合,而对于类似人工肌肉等需要较大输出力的应用还不能满足要求。

12.2　多层堆栈式 DE 材料驱动器结构设计

为了实现较大输出力的应用需求,多层 DE 材料堆栈式结构就成为人们非常关注和感兴趣的一种结构形式,本节对其进行简单介绍。

12.2.1　多层 DE 材料堆栈式结构制备方法

根据现有文献可知[16]，硅橡胶薄膜可以在静电力作用下，在厚度方向实现 30％的应变，且静电压力超过 1MPa，这一数据远远超过其他固态驱动器。但是如果想实现驱动电压在 1000V 以下达到该驱动效果，DE 材料薄膜需要做到 $50\mu m$ 以下，如此薄的驱动器能实现的绝对变形显然是非常小的。因此，如果要达到提高绝对变形量的目的，将 DE 材料逐层堆叠在一起形成多层堆栈结构是最直接和有效的方法。经过简单的计算就可发现，倘若要在 1000V 的电压下使 DE 材料驱动器实现 1mm 的变形，则至少需要 67 层 DE 材料薄膜相互堆叠。那么如何实现多层的 DE 材料堆栈结构，成为这种驱动器发展的关键问题。目前研究者提出了各种不同的制备方法，下面简单介绍三种。

1. 堆栈结构的逐层制备方法

图 12.15 所示是堆栈结构的逐层制备方法示意图。其工艺步骤为：首先将硅橡胶溶液倾倒在匀胶机上，使硅橡胶均匀成膜，然后加热硅橡胶使其尽快固化，接着利用高压空气将石墨粉喷射到硅橡胶薄膜表面形成电极。重复以上步骤，不断地循环直到达到层数要求。实际操作过程中，由计算机和多个传感器实现对制备过程的控制和检测。这种制备工艺的优势在于可以通过编程控制电极喷墨，实现复杂电极形状及阵列式电极布置，这种方法与 3D 打印技术颇为相似。

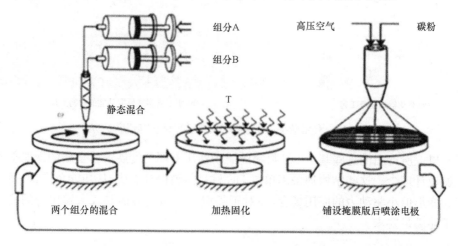

图 12.15　堆栈式 DE 材料驱动器的逐层制造工艺

无论堆栈驱动器的形状或排列如何复杂，这种方法制备的堆栈结构均由一定的辅助区域和中心的活性区域所构成。如图 12.16 所示，图（a）是两类区域分布示意图，图（b）是两类区域分布实物图。由图可见，这种逐层制备方法制备出来的每层结构间是通过硅橡胶材料二次交联的方法紧密地连接在一起的,这样驱动器在无驱动电压作用下可承受一定的拉伸载荷,这一点是很重要的[5]。

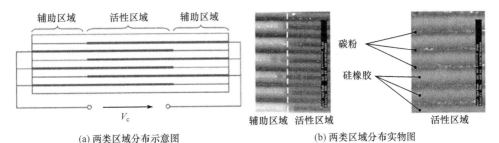

(a) 两类区域分布示意图　　　　　　　(b) 两类区域分布实物图

图 12.16　DE 材料堆栈式驱动器活性区与非活性区域分布

这种堆栈结构的制造方法虽然有很多优势,但也存在一定的问题。例如,这种方法需要逐层制备 DE 材料驱动单元,必须等前一层固化后才能开始制备下一层,从而导致生产效率较低。

2. 堆栈结构的黏结组装制备方法

与上述方法不同的另一种制备方法是单层制备再黏结组装的办法。苏黎世联邦理工学院的研究者为了快速、精准地制造这种堆栈结构,设计了如图 12.17(a) 所示的这种自动化设备,它可以像流水线一样快速地制造堆栈结构的单元。图(b)为通过这种设备生产的堆栈结构驱动器单元及黏结组装图[17]。由图可以看

(a) 堆栈单元的自动化生产设备

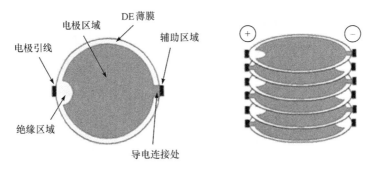

(b) 多层堆栈单元的黏结方法示意图

图 12.17　堆栈式 DE 驱动器的多层黏结组装制备方法及辅助器械

出,与逐层制备方法相比,黏结组装方法驱动器单元的结构并没有发生改变;不同的是黏结组装方法是将碳粉颗粒与黏结剂融合后涂抹在硅橡胶上,再将多层 DE 材料驱动单元胶黏结在一起。

与前面提到的平面驱动器不同,堆栈式驱动器需要承受厚度方向的拉伸载荷,那么电极材料也必须能够在厚度方向承受较大的拉伸载荷才能完成力的传递。一般来讲,这种堆栈式驱动器层与层之间的脱离失效往往发生在只有机械拉伸载荷的情况下,因为施加电压载荷后,静电力能够将层与层吸附在一起。因此,设计者选择了碳粉颗粒作为堆栈单元的电极材料,这是因为在面内方向上由于碳粉颗粒的松散性并不会明显地影响面内的扩张变形,但是在厚度方向却能保持一定刚度,如图 12.18 所示。

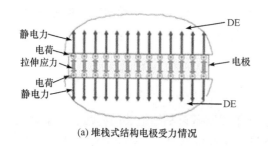
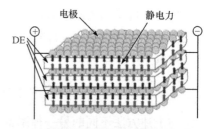

(a) 堆栈式结构电极受力情况　　　　　(b) 利用碳粉颗粒实现电极的各向异性

图 12.18　堆栈式 DE 材料驱动器各向异性电极的实现

3. 堆栈结构的折叠式制备方法

除了上面提到的这两种较为直接的 DE 材料堆栈结构制备方法,还有一种如图 12.19所示的间接制备方法[18]。它首先对长条形的 DE 材料两个表面涂覆柔性电极,然后进行反复多次的折叠后形成堆栈结构,最后利用一层非常薄的硅橡胶膜进行封装。这种驱动器也称为"折叠"驱动器。这种驱动器的芯层材料为硅橡胶,

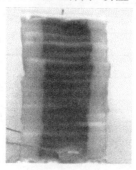

(a)折叠式堆栈驱动器的结构及驱动原理示意图　　　(b)折叠式堆栈驱动器实物照片

图 12.19　利用折叠法制备堆栈式 DE 材料驱动器

厚度为 0.5～0.8mm。在电压载荷作用下，驱动器在厚度方向发生明显的收缩，其中收缩最大值出现在驱动器的中心区域（这主要是由于驱动器边缘非活性区域的阻碍作用），而矩形截面内发生明显的面内扩张变形。与前面介绍的堆栈式驱动器相比，它在功能上同样能够实现厚度方向的收缩，其优点是整个驱动器的电极是连续的，因此也更加易于制造。

12.2.2　多层 DE 材料堆栈式结构的应用

图 12.20 所示的设计是一种盲人触摸显示器，它利用如图 12.15 所给出的逐层制备方法制备[19]。图 12.20(a) 和 (b) 所示电极的活性区域分别呈现正方形和六边形；图 12.20(c) 和 (d) 是驱动器加载电压载荷前后的驱动效果。由图可见，当阵列式堆栈驱动器加载电压载荷后，活性区域在 Maxwell 应力的作用下发生了明显的扩张变形；图 12.20(e) 所示的驱动器引线像"网络"一样错落有致地排布，而驱动器的每个活性区域正好坐落在网络的节点上。这样的布局设计更有利于每个活性区域的独立变形。设计者通过将文字信息数字化重新编写相应的程序代码就可以实现盲人触摸显示器的功能。

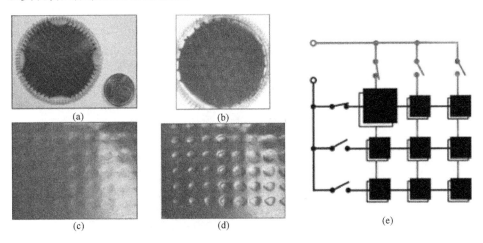

图 12.20　一种阵列堆栈式 DE 材料盲文触摸显示器
(a)、(b)矩形和六边形阵列分布 (c)、(d)分别为驱动器加载电压载荷前后的驱动效果 (e)驱动单元引线分布

图 12.21 是一种轴向收缩变形结构，它利用如图 12.17 所给出的堆栈结构的黏结组装方法制备[17]。图中展示了两种不同长径比的堆栈驱动器在电压载荷下的驱动效果，图 12.21(a) 中的驱动器长度为 77mm（不包含基座），直径 14mm，在电压载荷下（无外力负载）实现了 30% 的收缩变形。图 12.21(b) 中展示的驱动器长度 21mm（不包含基座），直径 20mm，相比图 12.21(a) 呈现"短粗"态，它能够在电压载荷下将 1kg 重物提升至初始高度的 10%。

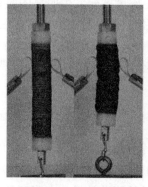 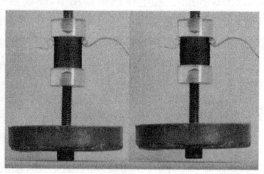

(a) 长径比为77/14的驱动器   (b) 长径比为21/20的驱动器

图 12.21 一种堆栈式 DE 材料轴向收缩变形驱动器加电前后变形比较

图 12.22 所示是一种利用堆栈式 DE 材料驱动器的手指矫正恢复器械[5]。图 12.22(a)为传统的手指矫正恢复器械,这种器械主要利用手背上方簧片的弹性力为伤者提供手指的矫正力,这种器械是一种被动器械,它无法根据伤者的恢复情况主动调节支撑力及角度。图 12.22(b)是设计者在原有结构的基础上将簧片结构用三根并联的堆栈式 DE 材料驱动器替换,改进后的矫正器械可通过调节电压的方式来实时、连续地改变支撑力以及矫正姿态。

(a) 传统的手指矫正器   (b) 利用DE材料改进后的手指矫正器

图 12.22 利用堆栈式 DE 材料驱动器对传统的手指矫正器的改造

相比于之前提到的单层 DE 材料驱动器,堆栈式 DE 材料驱动器的输出力较大,因此一些设计者设想利用这种驱动器实现人体肌肉的功能。如图 12.23 所示,设计者试图利用 DE 堆栈驱动器在电压载荷下会发生轴向收缩变形的特点来实现眼球的转动运动[20],在该结构中,两个相同的堆栈式 DE 材料驱动器通过定滑轮串联连接,未施加电压前眼球位于中间,当给一个堆栈式 DE 材料驱动器施加电压时,该驱动器发生轴向收缩变形而拉动眼球朝收缩方向移动,反之亦然。图 12.23(a)是该结构的变形原理,图 12.23(b)为实物照片。

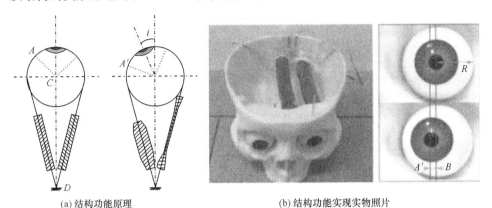

(a) 结构功能原理   (b) 结构功能实现实物照片

图 12.23　利用一对堆栈式 DE 材料驱动器实现人体眼部肌肉功能

由于 DE 材料是一种轻质聚合物材料,因此许多学者已经开始构想将 DE 材料驱动器应用于太空飞行器结构中。太空飞行器中通常需要设计一些能够折叠、展开或者变形的结构,利用传统的机械方法,必然导致结构复杂、重量增加,而利用 DE 材料的电致变形特征可以设计一些可折叠的变形结构。

图 12.24 所示是堆栈式 DE 材料驱动器在太空飞行器中应用的一个设计[5]。当施加电压前上下两层簧片会保持接近平行的二维折叠状态,施加电压后,簧片之间的堆栈式 DE 材料驱动器产生收缩变形,从而对簧片两端施加拉力作用,在拉力作用下簧片发生屈曲变形二相对分离,呈现出三维的展开状态。

 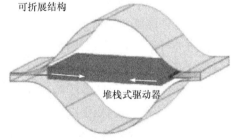

(a) 可展开结构实物照片   (b) 利用堆栈式DE材料驱动器实现可展开结构的工作原理

图 12.24　基于堆栈式 DE 材料驱动器的可折叠结构

由于堆栈式 DE 材料驱动器不仅可以通过加载电压实现智能控制,而且由于其具有较大的输出力,通过对轻质的堆栈式 DE 材料驱动器的合理布局设计,就能将原本复杂的结构大大地简化,因此,在医疗器械、仿生、航天航空等很多领域具有广泛的应用前景。类似上述列举的设计发明还有很多,本书就不再一一列举。

12.3 圆柱形 DE 材料驱动器结构设计

圆柱形 DE 材料驱动器与前面介绍的堆栈式 DE 材料驱动器有许多相似的地方,但是从驱动变形特点来看,它们是有本质区别的,堆栈驱动器主要是利用 DE 材料薄膜厚度方向的变形完成驱动效果,而圆柱形驱动器则主要依靠圆柱体母线的伸长和缩短来完成预定的驱动效果。本节将分别介绍圆柱形 DE 材料直线驱动器和圆柱形 DE 材料弯曲驱动器。

12.3.1 圆柱形 DE 材料直线驱动器

正如之前所提到的,对于诸如聚丙烯酸酯类的 DE 材料,需要在一定的预拉伸状态下才能发挥出其出色的力电性能。所以,圆柱形驱动器必须配备相应的支撑结构来维持 DE 材料薄膜的预拉伸状态,其中,弹簧就是一种非常理想的支撑结构。图 12.25 给出的就是一种典型的弹簧-DE 材料卷形驱动器结构[21,22]。该驱动器结构主要由两个方向施加了预拉伸的 DE 材料薄膜、弹簧、基座等部分组成。

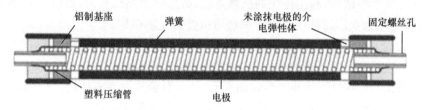

图 12.25 弹簧-DE 材料卷形驱动器结构示意图

弹簧-DE 材料卷驱动器的制备过程如图 12.26 所示。首先将 DE 材料薄膜在两个方向进行预拉伸,然后涂抹电极,接着与另一张同样尺寸且预拉伸状态相同的 DE 材料薄膜贴合,再在该张薄膜的表面涂抹电极,最后缠绕在受压的弹簧上。当将被预拉伸过的 DE 材料薄膜缠绕在弹簧上时,薄膜的张力与弹簧的弹性恢复力相互作用,使得驱动器达到一个平衡的初始高度 h_0。当向该驱动器施加电压载荷时,薄膜的张力被 Maxwell 静电力削弱,弹簧向其原始长度恢复而产生一个伸长

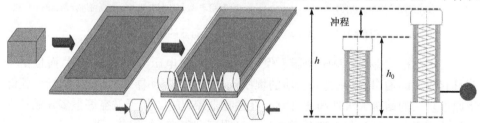

图 12.26 弹簧-DE 材料卷形驱动器的制备工艺及驱动原理示意图

量,达到高度 h。当电压卸载后,DE 材料薄膜的张力恢复,弹簧再次被压缩,驱动器长度恢复到初始状态。

研究发现,这种驱动器具有良好的驱动性能,而且借助弹簧结构可以在轴向预拉伸倍数较小的情况下,有效地支撑环向预拉伸,避免了因大倍数预拉伸而引起的"缩颈"现象。前面提到,预拉伸后 DE 薄膜厚度减小,可以有效地降低驱动电压。但是由于 DE 材料的非线性力学特性,大倍数的预拉伸会导致材料的硬化,从而大大降低材料的电致变形。可以很自然地想到,如果 DE 材料驱动器本身实现的变形效果是各向异性的,那么就可以在其需要变形的方向减小预拉伸,而在其不需要变形的方向增加预拉伸,这样就可以解决上述矛盾。所以对于 DE 材料卷形驱动,一般会在环向选择较大倍数的预拉伸,降低驱动电压,而在轴向则选择较小倍数的预拉伸,实现较大的驱动变形。

研究者对该弹簧-DE 卷形驱动器进行了实验,其中弹簧刚度为 1.25N/mm、直径 12mm,制备成的弹簧-DE 卷形驱动器的总长度 65mm、总质量 9.6g[22]。其中,DE 材料长度 45mm,环形预拉伸为四倍。研究发现,当缠绕的 DE 材料薄膜层数为 20 时,这种驱动器在电载荷作用下,轴向能够产生 15N 的最大输出力,最大变形可以达到 12mm,应变率达到 26%;当缠绕层数增加到 35 层时,驱动器的轴向最大输出力达到了 21N。由于这种驱动器能够将弹簧的弹性势能储存起来,并在施加电压载荷下释放,所以实现的驱动力远大于前面所提到的其他类型驱动器。

由于这种驱动器的出色性能,许多研究者对这种驱动器进行了深入的理论分析,希望能够借助理论分析结果帮助设计者优化这种驱动器的结构参数。图 12.27 为文献[23]的理论分析结果。其中,图 12.27(a)给出了弹簧刚度 E、驱动电压与驱动器的电致变形 S 之间的关系。由图可以看出,这是一种非线性关系,在一定层数下(图中为 1 层情况下),随着刚度的增加,电致变形性能先升高后降低,存在一个最优值。也就是说,设计中需要根据实际层数、预拉伸等参数,通过理论计算来选取弹簧刚度,从而实现最优的驱动效果(由于篇幅有限,本书不一一列举这些参数与弹簧刚度的关系)。类似地,研究者通过理论分析发现,弹簧-DE 材料卷形驱动器的失效形式主要有力电耦合失稳(EMI)、应力松弛(LT)以及电击穿(EB)。图 12.27(b)描述了驱动器在某一特定结构参数下的失效极限。研究发现,提高环向的预拉伸能够有效地提高这三种失效形式的上限。当驱动器承受的压力载荷增大时,需要提高轴向的预拉伸,以避免应力松弛失效的发生。

相比堆栈式 DE 材料驱动器,弹簧-DE 材料卷形驱动器的制备更为简单,结构也更为紧凑,选配不同刚度的弹簧和缠绕层数可以实现较大的驱动力。所以这种结构也能应用于仿生机器人、人工肌肉以及医疗器械的设计。图 12.28 所示是弹簧-DE 材料卷形直线驱动器的部分应用设计。图 12.28(a)是利用这种直线驱动器结合机械关节设计的一款多足机器人[24],图 12.28(b)展示了将弹簧-DE 材料卷形驱动器应用于手指矫正器的设计[25]。

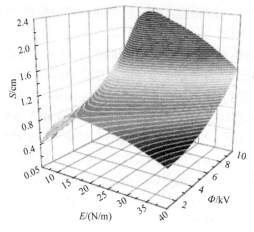

(a) 弹簧刚度对驱动器性能影响

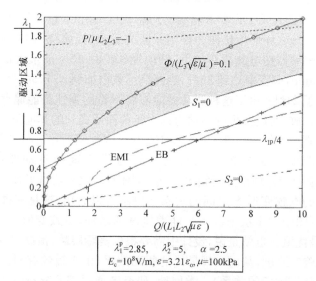

(b) 结构参数对不同失效形式的影响

图 12.27　结构参数对驱动性能及失效的影响

(a) 应用于仿生爬行机器人

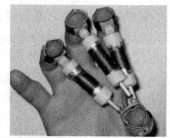

(b) 应用于手指矫正器械

图 12.28　弹簧-DE 材料卷形直线驱动器的应用

12.3.2　圆柱形 DE 材料弯曲驱动器

12.1 节曾介绍过一些利用人体主动肌-拮抗肌的力学原理而设计的基于 DE 材料面内变形的弯曲结构,其中一些结构由 DE 材料平面驱动器与一个个机械关节连接而成,由于存在许多铰链连接,结构及制备工艺都较为复杂,变形时铰链处摩擦力也很大,导致效率比较低,因此许多研究者希望基于 DE 材料,设计出结构紧凑、制造简单且效率较高的多自由度弯曲驱动器。

弹簧-卷形直线驱动器的发明为实现这种较为理想的多自由度弯曲结构奠定了基础。前面描述的弹簧-卷形直线驱动器的变形机理是圆柱体母线的伸长缩短。从几何关系角度看,对于一个圆柱体,它有无数条母线,其中每条母线都能通过圆心找到一条与之对称的母线。当圆柱形驱动器上每条母线的伸长量都相同时,这种驱动器就是前面提到的直线驱动器,而当具有对称关系的母线产生变形差时,圆柱驱动器则会发生弯曲变形,变形差最大的两条母线则代表了驱动器的弯曲方向。如果可以对每条母线进行分别控制,就可以实现驱动器在任意方向的弯曲变形。实际中可以控制圆柱形某一个区域内的母线,实现给定方向的弯曲变形,这种方法与前面提到的利用电极的布置来划分活性以及非活性区域的思路一样。

具体设计中,设计者只需将 12.2 节给出的卷形 DE 材料驱动器的连续电极改为不连续的分布式电极结构,每个电极的尺寸和电极间的间距可根据弹簧的直径计算出来。图 12.29 是一个圆柱卷形 DE 材料驱动器的制备工艺,它在圆周方向均匀布置四个电极[26]。其中,图(a)是分布式电极的涂抹示意图,图(b)是成卷示意图,图(c)是驱动器照片。由于电极在成卷时会形成辐射状分布(外层的电极要大于内层的电极),电极的涂抹大小及间距需经过计算获得。这里需要注意的是,对于这种弯曲驱动器,每一个区域的电极都是独立的,所以需要单独引出电极线。

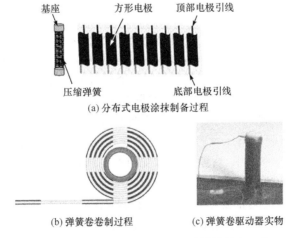

(a)分布式电极涂抹制备过程

(b)弹簧卷卷制过程　　　　(c)弹簧卷驱动器实物

图 12.29　圆柱卷形 DE 材料驱动器的制备工艺

图 12.30 所示是两个自由度弯曲驱动器的加电实验结果。该驱动器的直径为 2.3cm，初始高度为 9cm，缠绕 DE 材料层数为 20 层。在 5.5kV 电压的作用下，该驱动器实现了 60° 的弯曲变形。表 12.1 给出了结构尺寸、电极面积等因素对驱动器性能的影响结果。由表可见，结构参数（长宽比）会明显地影响驱动器的驱动性能，随着驱动器电极面积的减小，驱动变形以及输出力均会显著下降。

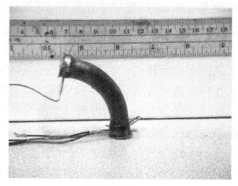

(a) 初始状态　　　　　　　　　　　　　　　(b) 加电状态(5.5kV)

图 12.30　圆柱卷形两自由度 DE 材料驱动器驱动效果演示

表 12.1　结构参数对驱动器弯曲角度及输出阻挡力的影响

	二自由度弹簧卷形驱动器		三自由度弹簧卷形驱动器	
	结构 1	结构 2	结构 1	结构 2
尺寸(高,直径)/cm	9,2.3	6.8,1.4	9,2.3	6.8,1.4
质量/g	29	11	29	11
最大角度/(°)	60	90	35	20
最大输出力/N	1.68	0.7	1	0.2
弹簧刚度/(N/cm)	0.46	0.28	0.46	0.28

基于弹簧-DE 材料卷形弯曲驱动器良好的驱动性能，许多研究者也对这种驱动器进行了理论建模分析。图 12.31 是对一个两自由度弯曲变形结构进行理论分析的计算结果。图 12.31(a)～(d) 是弯曲形态随驱动电压及弹簧刚度变化的平面图，其中，y 表示该驱动器的高度，x 表示弯曲变形在水平方向的投影；图 12.31(e) 是弯曲变形角度随驱动电压及弹簧刚度 E 变化的三维图。由图可见，在一定的 DE 材料层数和尺寸参数下，弯曲变形角度随着电压增大而增大；随着弹簧刚度 E 的增加，驱动器结构的弯曲角度呈现先增大后减小的趋势。由图 12.31(a)～(d) 还可发现，该驱动器发生弯曲变形时最长母线与最短母线均呈现伸长的趋势。显然，这是由于电场作用下 DE 材料发生面内变形释放了弹簧压缩变形，因此，这种弯曲与悬臂梁的弯曲是不同的，即它不仅发生了弯曲变形，也发生了长度的伸长变形。

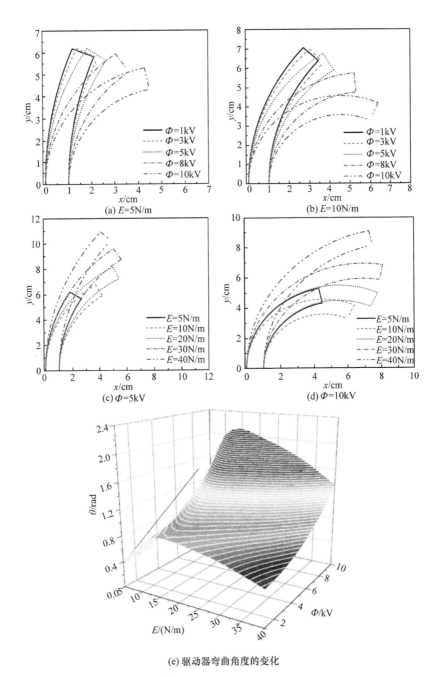

(a) E=5N/m

(b) E=10N/m

(c) Φ=5kV

(d) Φ=10kV

(e) 驱动器弯曲角度的变化

图 12.31　驱动电压及弹簧刚度对两自由度弯曲驱动器弯曲形态及弯曲角度的影响

与直线驱动器一样,这种弯曲驱动也有着广泛的应用前景,图 12.32 是一些设计案例。其中,图(a)是利用一节两自由度弯曲驱动器来实现模仿鱼的游动[5];图(b)是将多节两自由度弯曲驱动器串联,分别对每节驱动器进行控制,可以实现像蛇一样的多自由度弯曲变形;图(c)是将多个两自由度弯曲驱动器并联在同一个平面上,通过对每个驱动进行逐步控制,可以实现多足行走机器人的功能[26]。

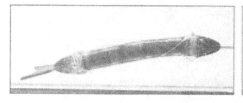

(a)一节两自由度弯曲驱动器模仿鱼的游动

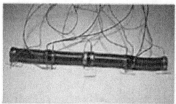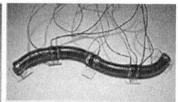

(b)多节两自由度弯曲驱动器串联的蛇形运动

(c)多足机器人

图 12.32　弹簧-DE 材料多自由度弯曲驱动器的应用设计

也有一些研究者在上面给出的弹簧-DE 材料多自由度基础上探索新的结构。例如,有研究者设想利用图 12.33 中类似脊柱结构的支撑体代替弹簧实现弯曲变形[5],即中心为不可伸长的脊柱结构,由类似于杠杆的结构连接 DE 材料。由图可以看出,由于支撑结构的主轴不能伸长,因此 DE 材料驱动器单元在加载电压后可实现一侧伸长一侧缩短的变形。右图为多节驱动器的串联组装实物图,在电压载荷驱动下整体弯曲变形可达 270°的效果。

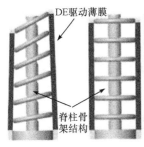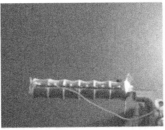

图 12.33　脊柱结构支撑的 DE 材料弯曲驱动器

无论弹簧还是其他骨架结构,相对于 DE 材料都是一种"硬"结构,为了获得一种全柔性的 DE 材料弯曲驱动器,有的研究者还提出利用气体气压代替上述弹簧的设计[27]。但是由于 DE 材料是一种柔软的薄膜,如果直接将其成卷,在气压作用下它会像气球一样向各个方向膨胀,为此,设计者通过将尼龙纤维与 DE 材料复合,可实现对 DE 材料的各向异性改造,避免其发生径向膨胀现象。

图 12.34 是其制备工艺,它与弹簧-DE 材料卷形驱动器的制备工艺很相似,首先将 DE 材料薄膜进行一定尺度的预拉伸,然后沿着成卷方向均匀分布尼龙纤维,再将另一张尺寸及预拉伸倍数完全相同的 DE 材料薄膜与之合膜形成夹心结构,之后涂覆电极并在基座上缠绕,成卷后 DE 材料薄膜会有明显的应力回弹,通过注入气体的方式可以有效抑止这种回弹,保持 DE 材料薄膜在环向和轴向的预拉伸状态。对于卷形驱动器,环向预拉伸的保持是很重要的,最后撤走气源进行密封,构成气压支撑的 DE 材料多自由度弯曲驱动器。

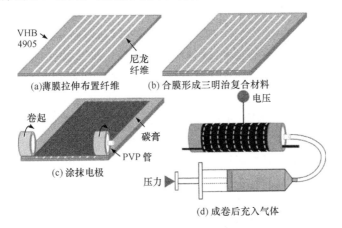

图 12.34　气压支撑的 DE 材料多自由度弯曲驱动器制备工艺

图 12.35 所示是对该气体支撑的 DE 材料多自由度结构的实验,该结构的高度为 7.6cm(不包含基座),外径 2cm,实验中对径向及轴向均施加三倍预拉伸,施

加气压 35kPa，然后进行加电实验。结果发现，在 8kV 电压下该驱动器实现了接近 135°的弯曲变形。这种结构相比于弹簧以及其他硬骨架支撑结构的优势除了具有全柔性特性，还可以通过改变气压大小来调节该结构的力学参数，如弯曲刚度以及轴向的预拉伸倍数等，因此，这是一种很有发展潜力的柔性 DE 材料弯曲结构。

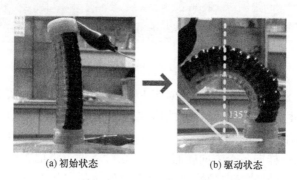

(a) 初始状态　　　　　　　　　　(b) 驱动状态

图 12.35　气体支撑 DE 材料多自由度弯曲驱动器驱动实验

12.4　本章小结

本章主要介绍基于 DE 材料大变形特性的驱动器设计与性能。首先按照已有的驱动器结构类型将其分为单层驱动器、多层驱动器和卷筒驱动器，然后分别对其进行介绍。

单层驱动器主要利用面积扩张产生驱动，根据边界条件的不同，可以分为面内变形的驱动器以及面外变形的驱动器。面内变形驱动器最常见的形式是主被动变形薄膜配合构成一种对抗驱动器，这种驱动结构可以通过选择加载不同的活性区域来实现位移控制对象的双向运动，例如，用于毫米波的移相器或平面旋转结构。在对抗结构基础上，通过铰链连接主动-被动变形 DE 膜，可设计一种仿人体主动肌-拮抗肌的弯曲变形结构，实现多自由度的弯曲变形。单层 DE 膜在边界条件约束下，平面变形可从面内变形变成面外变形，形成三维体积的构型变化，利用这种变形可设计流体泵或者爪形抓取驱动器。

多层 DE 薄膜叠加后形成的多层驱动器可输出较大的力。本章首先介绍了几种 DE 堆栈结构的制备方法，然后介绍了几个典型应用。由于堆栈式 DE 材料驱动器不仅可以通过加载电压实现智能控制，而且由于其具有较大的输出力，通过对堆栈式 DE 材料驱动器的合理布局设计，就能将原本复杂的结构大大地简化，因此，在医疗器械、仿生、航天航空等很多领域具有广泛的应用前景。例如，多层 DE 材料驱动器可用于盲文触摸屏提供可编程的应力反馈，或者仿照人体肌肉功能实现对重物的提升，此外，利用堆栈式 DE 驱动器可作为手指矫正恢复器械，或者模仿人体其他肌肉功能等。

圆柱形 DE 材料驱动器主要依靠圆柱体母线的伸长和缩短来完成预定的驱动效果，相比堆栈式 DE 材料驱动器，弹簧-DE 材料卷形驱动器的制备更为简单，结构也是更为紧凑，选配不同刚度的弹簧和缠绕层数可以实现较大的驱动力，所以这种结构也能被应用于仿生机器人、人工肌肉以及医疗器械的设计中。例如，可将 DE 材料卷成卷筒后构成圆筒形驱动器，通过气压和电压多种驱动源组合，既可以实现直线伸长变形，又可以实现弯曲变形，因此具有多种变形功能。圆筒形驱动器可模仿鱼或者蛇的运动，同时又可以作为机器人支撑足驱动机器人行走。

基于 DE 材料的驱动器柔软变形大，接近于生物肌肉的特性，因此多应用于仿肌肉的驱动领域，目前的研究热点是基于 DE 材料的软体机器人的设计、制造和应用。

参 考 文 献

[1] Lei L, Chen H L, Sheng J J, et al. Experimental study on the dynamic response of in-plane deformation of dielectric elastomer under alternating electric load[J]. Smart Materials and Structures, 2014, 23:025037.

[2] Li T, Qu S, Yang W. Electromechanical and dynamic analyses of tunable dielectric elastomer resonator[J]. International Journal of Solids and Structures, 2012, 49:3754-3761.

[3] Romano P, Araromi O, Rosset S, et al. Tunable millimeter-wave phase shifter based on dielectric elastomer actuation[J]. Applied Physics Letters, 2014, 104:024104.

[4] Kornbluh R, Pelrine R, Pei Q, et al. Electroelastomers: Applications of dielectric elastomer transducers for actuation, generation and smart structures[C]. Proceedings of SPIE, 2002, 4698:254-270.

[5] Carpi F, Rossi D D, Kornbluh R, et al. Dielectric elastomers as elecrtomechanical transducers [M]. Amsteldam: Elsevier, 2008.

[6] Lochmatter P, Kovacs G. Design and characterization of an active hinge segment based on soft dielectric EAPs[J]. Sensors and Actuators A, 2008, 141:577-587.

[7] Jordi C, Michel S, Fink E. Fish-like propulsion of an airship with planar membrane dielectric elastomer actuators[J]. Bioinspiration and Biomimetics, 2010, 5:026007.

[8] Pelrine R, Kornbluh R, Pei Q, et al. Dielectric elastomer artificial muscle actuators: Toward biomimetic motion[C]. Proceedings of SPIE, 2002, 4695:126-137.

[9] Anderson I A, Calius E P, Gisby T, et al. A dielectric elastomer actuator thin membrane rotary motor[C]. Proceedings of SPIE, 2009, 7287:72871H.

[10] Maffli L, Rosset S, Ghilardi M, et al. Ultrafast all-polymer electrically tunable silicone lenses [J]. Advanced Functional Materials, 2015, 25:1656-1665.

[11] Fox J W, Goulbourne N C. On the dynamic electromechanical loading of dielectric elastomer

membranes[J]. Journal of the Mechanics and Physics of Solids,2008,56:2669-2686.

[12] Lochmatter P,Kovacs G. Concept study on active shells driven by soft dielectric EAP[C]. Proceedings of SPIE,2007,6524:652410.

[13] Carpi F,Fantoni G,Guerrini P,et al. Buckling dielectric elastomer actuators and their use as motors for the eyeballs of an android face[C]. Proceedings of SPIE,2006,6168:61681A.

[14] Carpi F,Fantoni G,Rossi D D. Bubble-like dielectric elastomer actuator with integrated sensor:Device and applications[C]. Proceedings of the Actuator,2006,872-875.

[15] Kofod G,Wirges W. Energy minimization for self-organized structure formation and actuation[J]. Applied Physics Letters,2007,90:081916.

[16] Pelrine R,Kornbluh R,Joseph J,et al. High-field deformation of elastomeric dielectrics for actuators[J]. Materials and Science Engineering:C,2000,11:89-100.

[17] Kovacs G,Düring L,Michel S,et al. Stacked dielectric elastomer actuator for tensile force transmission[J]. Sensors and Actuators A,2009,155:299-307.

[18] Carpi F,Salaris C,Rossi D D. Folded dielectric elastomer actuators[J]. Smart Materials and Structures,2007,16:S300-S305.

[19] Matysek M,Lotz P,Schlaak H F. Braille display with dielectric polymer actuator[C]. 10th International Conference on New Actuators,2006:997-1000.

[20] Carpi F,Rossi D D. Bioinspired actuation of the eyeballs of an android robotic face:concept and preliminary investigations[J]. Bioinspiration and Biomimetics,2007,2:S50-S63.

[21] Pei Q,Pelrine R,Standford S,Kornbluh R et al. Electroelastomer rolls and their application for biomimetic walking robots[J]. Synthetic Metals,2003,135:129-131.

[22] Pei Q,Pelrine R,Stanford S,et al. Multifunctional electroelastomer rolls and their application for biomimetic walking robots[J]. Proceedings of SPIE,2002,4698:246-253.

[23] Zhang J S,Chen H L,Tang L L,et al. Modelling of spring roll actuators based on viscoelastic dielectric elastomers[J]. Applied Physics A,2015,119:825-835.

[24] Eckerle J,Stanford S E,Marlow J P,et al. A biologically inspired hexapedal robot using field-effect electroactive elastomer artificial muscles[C]. Proceedings of SPIE,2001,4332:269-280.

[25] Zhang R,Lochmatter P,Kunz A,et al. Spring roll dielectric elastomer actuators for a portable force feedback glove[C]. Proceedings of SPIE,2006,6168:61681T.

[26] Pei Q,Rosenthal M,Stanford S,et al. Multiple-degrees-of-freedom electroelastomer roll actuators[J]. Smart Materials and Structures,2004,13:N86-N92.

[27] 陈花玲,刘磊,李卓远,罗盟,卞长生. 混合驱动的柔性微创手术操作臂及制备方法[P]:中国,2015106713492. 2015-12-11.

第13章 基于 DE 材料的能量收集理论与实践

在前面章节中已对 DE 材料的力电性能及其作为驱动器的力电耦合性能进行了介绍。事实上，DE 材料不仅具有电致驱动的基本性能，同时也可逆向工作在所谓发电模式（generate mode）下，即拉伸并极化后的 DE 薄膜，在弹性恢复的过程中会将机械能转换为电能。如果能对这种转换得到的电能加以收集及必要的调理，则可望替代有线电源或电池，为一些微小型系统或设备提供动力。也就是说，基于 DE 材料所具有的发电功能模式，可将其用于面向特定场合的机械能量收集（energy harvesting）系统。

DE 材料能量收集（发电）可视为电致动的逆过程。早在 2001 年，美国斯坦福国际研究院（SRI International）的 Pelrine 等即对 DE 材料发电的基本原理、主要优势、工作条件和应用前景等进行了较为系统的介绍和讨论[1]。综合现有资料和研究结论来看，DE 材料用于能量收集，至少具有以下几个方面的突出优点。

（1）很高的比能密度和换能效率。

（2）柔顺性好、质量轻（丙烯酸聚合物密度近似为 $1g/cm^3$）、成本较低。

（3）可与机械能量源直接耦合，理论上无需中间转换环节。

（4）耐冲击，抗疲劳，可工作在很宽的温度和湿度范围内。据报道[2]，DE 材料一般可承受 500 万次的机械拉伸循环，加电状态下可在水下工作数月而不致失效。硅树脂可工作在 $-50\sim260℃$ 的温度条件下，聚丙烯酸酯可工作在 $-10\sim70℃$ 的温度条件下。

（5）易于加工成形，其形状尺寸等可根据特定应用要求方便地加以调整改变，高柔顺性的特点还可使其植入大变形结构中，形成更加可靠实用的发电装置。

表 13.1 给出了介电弹性体 DE 材料与压电陶瓷等其他三种功能材料的性能对比。由表可以看出，就能量收集所需的综合性能而言，DE 材料无疑也是极具价值的功能材料之一，尤其是在具有低频、大变形能量源的场合，DE 材料蕴含巨大的应用潜力。

表 13.1 介电弹性体与其他功能材料的性能比较

材料		最大应变 /%	最大应力 /MPa	比能密度 /(J/g)	换能效率 /%	响应速度
DE	聚丙烯酸酯	380	7.2	3.4	60~80	中
	硅树脂	63	3.0	0.75	90	快
压电陶瓷		0.2	110	0.013	90	快
形状记忆合金		>5	>200	>15	<10	慢
磁致伸缩材料		0.2	70	0.027	60	快

总体来看,基于 DE 材料的能量收集是一种绿色、高效、灵活和低成本的电能获取、再生和循环方式,与人体和自然界的多种能量源之间具有良好的适配性,在医疗保健、消费性电子、建筑监测乃至军事情报、航空航天等重要领域具有广阔的应用前景。

13.1 基于 DE 材料的能量收集工作原理

基于 DE 材料的能量收集系统工作原理如图 13.1 所示。在此系统中,DE 能量收集器件作为核心的换能元件,通过其独特的介电特性和变形行为,将外界输入的机械能转换为电能,经调理后的系统输出电能既可为外界负载实时供电,也可以一定形式存储起来作为独立电源使用。

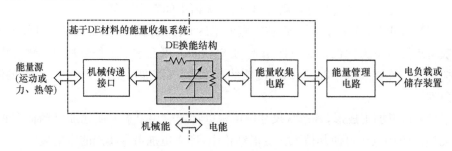

图 13.1 基于 DE 材料的能量收集系统工作原理

基于 DE 材料的能量收集循环变形过程如图 13.2 所示。上下表面涂有柔性电极的"三明治"式 DE 材料的基本功能相当于一个可变电容器。能量收集实际是一种通过控制结构有序变形而实现的周期性循环过程。一个循环周期从原理上可简单划分为"机械拉伸—充电极化—恢复变形—去电恢复"四个阶段。从能量观点看,DE 材料能量收集的本质,就是在这样一个弹性体与外部环境交互作用的循环体系内,动能、应变能、电能和热能(由材料黏滞损耗、电流泄漏和电子元件热损耗等引起)的四种基本能量形式相互转换与分配的过程。当然,只有当最后输出的电能净增加时,才会达到能量收集的目的。

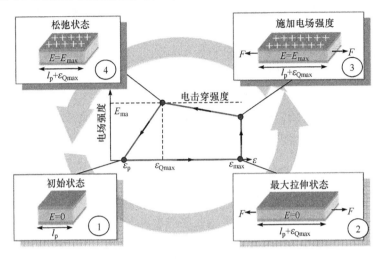

图 13.2　基于 DE 材料的能量收集循环过程示意图

图 13.2 中①、②、③和④四个状态的循环过程具体如下。

1) 机械拉伸阶段(状态①→状态②)

此阶段外部机械载荷克服材料的弹性应力做功,机械能转化为材料的弹性势能。在此过程中,薄膜受拉伸作用产生扩展变形,结构的电容达到最大。其中拉伸方式可为单轴拉伸、纯剪切以及双轴拉伸。

2) 充电极化阶段(状态②→状态③)

此阶段在薄膜的上下表面施加偏置电压以形成极化电荷,也可理解为对电容充电,使结构具有初始电势能。对于在无电场作用下表现为无极性的电介质,外加电压使其产生变形的应力分为两部分:电致伸缩应力和 Maxwell 应力,其中前者的产生与材料的介电常数变化有关[3]。根据 Davies 等的分析,在电压驱动的介电橡胶的变形应力中,电致伸缩应力只占 4%~5%[4];特别是硅橡胶在变形中,其介电常数在电场作用下几乎是不发生变化的[5]。据此,在 DE 能量收集的研究中,通常忽略电致伸缩的作用。于是,在充电阶段,材料在弹性应力的基础上又受到静电作用引起的 Maxwell 应力。

3) 恢复变形阶段(状态③→状态④)

充电完成后,在一定的电边界及机械边界条件下,薄膜将在弹性恢复力及 Maxwell 应力共同作用下进行回弹。在此过程中由于 Maxwell 应力做负功,结构的电能将增大,即完成机械能向电能的转化。

回弹过程中的电边界条件一般有三种情况[6]。

(1) 定电场条件,也就是保证回弹过程中,DE 所处的电场强度不变。

（2）定电压条件，也就是保证回弹过程中，DE 两端的电压不变。

（3）定电荷条件，也就是保证回弹过程中，DE 上下电极表面所带电荷量不变。

机械边界条件有两种情况。

（1）外力为零，薄膜在弹性恢复力与 Maxwell 应力的作用下自由回弹。

（2）外力不为零，薄膜在外力控制下匀速或变速回弹。

4）去电复原阶段（状态④→状态①）

通常来说，由于电场力的存在，材料的应变能在回弹阶段并不能完全释放，直到最后一个阶段，即增加的电能被收集移除后，它才会恢复至初始的应变状态，进入下一轮循环。

在上述四个阶段中，阶段 3)是体现 DE 能量收集过程复杂机电耦合行为、决定其工作性能最为关键的一个阶段。在这一阶段，薄膜将在弹性恢复力、外部拉力、Maxwell 应力和惯性力（若匀速变形则此项不予考虑）的共同作用下发生恢复变形并最终达到应力平衡。

可通过图 13.3，以匀速等双轴拉伸和回弹的情况为例，对薄膜在这一过程中的应力变化及其平衡关系加以直观说明。图(a)、(b)、(c)分别对应于定电场、定电压和定电荷三种电边界条件。

在①→②的拉伸过程中，外部拉应力做正功，机械能转化为薄膜的弹性势能。在③→④的回弹过程中，一开始薄膜的弹性恢复力（此处不考虑材料黏弹性的影响，认为弹性恢复力和拉伸应力是重合的，即图中粗实线所示；实际上在回弹过程中，因迟滞效应的存在，同等变形状态下薄膜的弹性恢复力是小于其拉伸应力的）大于阻碍其恢复变形的 Maxwell 应力（虚线所示），为使薄膜匀速回弹，须施加一定的外部拉力（细实线所示）；随着拉伸率的减小，弹性恢复力逐渐减小，所需外部拉力也相应减小，当弹性恢复力的大小等于 Maxwell 应力时（即粗实线与虚线相交时，设此时拉伸率为 λ_D），外部拉应力减至零。此后如果继续施加推力，由于材料的不可压缩性，薄膜有效面积并不会继续减小，而是发生蜷曲变形，因此这个平衡点就决定了所能收集到的最大能量。整个过程中，外部机械力对单位体积所做的功 W_{ext} 即为拉伸应力曲线和回弹时外部拉应力曲线所围成面积的 2 倍（等双轴拉伸）。Maxwell 应力在回弹过程中始终做负功，这些功在理想条件下全部转化形成 DE 电容器的电能增量。单位体积的电能增量 ΔW_E 即为图中 λ_D 右侧 Maxwell 应力与横坐标轴所围面积的 2 倍。

但实际中 Maxwell 应力所做的负功并非全部转化为电势能，其中一部分可能在流动中消耗。设在回弹过程中，电能的增加量 ΔW_E 由两部分组成，即

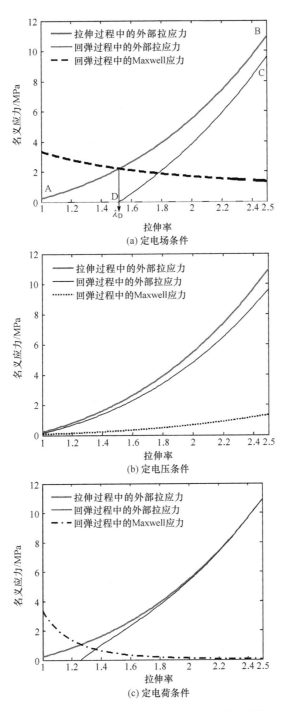

图 13.3　三种电边界条件下的 DE 薄膜应力曲线

$$\Delta W_E = W_{dE} + W_{dQ} \tag{13-1}$$

式中，W_{dE} 为电势能的增加量；W_{dQ} 为电荷流动所形成的电能。且有

$$W_{dE} = \frac{1}{2}\varepsilon_0\varepsilon_r(E_D^2 - E_C^2) \tag{13-2}$$

$$W_{dQ} = -\frac{1}{V}\int_{t_C}^{t_D} U(t)i(t)\,\mathrm{d}t \tag{13-3}$$

式中，ε_0 和 ε_r 为真空介电常数和材料的相对介电常数；E_C 和 E_D 为状态③、④所对应的薄膜电场强度；t_C 和 t_D 为回弹的开始与结束时间；$U(t)$ 为回弹过程中随时间变化的电压值；$i(t)$ 为回弹过程中随时间变化的电流值。

于是，在三种电边界条件下，W_{dE} 与 W_{dQ} 的值分别如下。

（1）定电场：

$$\begin{cases} W_{dE,E} = 0 \\ W_{dQ,E} = -\varepsilon_0\varepsilon_r E^2 \ln(\lambda_D^{-2}) \end{cases} \tag{13-4}$$

式（13-4）表明，定电场条件下，在③→④的回弹过程中，DE 薄膜可变电容器的电势能保持不变，电能的增加全部体现为电荷的流动。

（2）定电压：

$$\begin{cases} W_{dE,U} = -\dfrac{1}{2}\varepsilon_0\varepsilon_r\dfrac{U^2}{L_{30}^2}(\lambda_D^2 - 1) \\[3mm] W_{dQ,U} = \varepsilon_0\varepsilon_r\dfrac{U^2}{L_{30}^2}(\lambda_D^2 - 1) \end{cases} \tag{13-5}$$

式（13-5）表明，在③→④的回弹过程中，DE 薄膜可变电容器的电势能逐渐降低（$\lambda_D > 1$），电荷流动所形成的电能是电势能变化量的 2 倍。

（3）定电荷：

$$\begin{cases} W_{dE,Q} = \dfrac{1}{2}\dfrac{Q^2}{\varepsilon_0\varepsilon_r(L_{10}L_{20})^2}(1 - \lambda_D^{-2}) \\[3mm] W_{dQ,Q} = 0 \end{cases} \tag{13-6}$$

式（13-6）表明，在③→④的回弹过程中，DE 薄膜可变电容器上下极板间没有电荷的流动（理想条件下），电能的增加全部用于电容器电势的升高。

通过上述简单的理论分析可以发现，对等双轴匀速拉伸和回弹的薄膜来说，定电场条件下电能增加量最多（全部转化为电流），但换能效率（定义为增加的电能与总的输入能量之比）一般，且由于定电场的控制过于复杂，目前在 DE 能量收集的实验研究及装置设计中极少采用；定电压条件的电能增加量介于定电场与定电荷条件之间，换能效率最低，且从式（13-5）可看出，这种条件下电能的变化既包括电势的变化，又包括电荷的流动，因此测量不便，故虽然定电压的控制最为简单，但在实验研究中也很少采用；定电荷条件下电能增加量最少，但换能效率最高，且实验

条件的控制与电能增量的测量比较容易实现,因此目前被大多数研究学者所采用。

13.2　基于 DE 材料的能量收集系统在不同变形模式下的能量计算

介电弹性聚合物作为换能器,可以将机械能转换成电能。如 13.1 节所述,DE 薄膜从状态①→状态②的机械拉伸过程中,拉伸方式可为单轴拉伸、纯剪切以及双轴拉伸。显然,不同的薄膜变形模式会对其能量收集的性能产生一定的影响,因此本节以等双轴拉伸、单轴拉伸以及纯剪切变形模式作为最基本的变形模式[7,8],分别分析 DE 能量收集器在这三种变形模式下的能量曲线以及不稳定性。

图 13.4 所示是 DE 薄膜的构型以及在力电载荷共同作用下的不同变形模式。其中,图 13.4(a)是原始 DE 薄膜状态,假设在没有电压的作用下,薄膜的初始尺寸为 $L_1 \times L_2 \times L_3$;图 13.4(b)~(d)为外力和电压共同作用下的变形状态,Φ 为施加的电压,P 为施加的外力,λ 为变形率。图 13.4(b)为等双轴拉伸(EQI)变形模式,外力和变形分别为 $P_1 = P_2$,$\lambda_1 = \lambda_2$;图 13.4(c)为单轴拉伸(UNI)变形模式,外力为 $P_1 = 0$;图 13.4(d)为纯剪切(PS)变形模式,变形为 $\lambda_2 = 1$。

根据介电高弹聚合物非线性理论,力电耦合加载下的控制方程可以写为名义应力与拉伸率的形式:

$$\lambda_1 s_1 - \frac{s_3}{\lambda_1 \lambda_2} = \mu(\lambda_1^2 - \lambda_1^{-2}\lambda_2^{-2}) - \frac{\widetilde{D}^2}{\varepsilon}\lambda_1^{-2}\lambda_2^{-2} \tag{13-7}$$

$$\lambda_2 s_2 - \frac{s_3}{\lambda_1 \lambda_2} = \mu(\lambda_2^2 - \lambda_1^{-2}\lambda_2^{-2}) - \frac{\widetilde{D}^2}{\varepsilon}\lambda_1^{-2}\lambda_2^{-2}$$

式中,s_1、s_2 和 s_3 分别为三个方向的名义应力;μ 为 DE 材料剪切模量;$\widetilde{D}$ 是名义电位移。

最终可以得到 DE 通过两个独立变量 λ 和 $\widetilde{D}$ 来表示的连续方程:

$$s_{\text{EQI}} = \mu(\lambda - \lambda^{-5}) - \frac{1}{\varepsilon}\widetilde{D}^2\lambda^{-5} \tag{13-8a}$$

$$s_{\text{UNI}} = \mu[\lambda - \lambda^{-2}\sqrt{1 + (\widetilde{D}/\sqrt{\mu\varepsilon})^2}] \tag{13-8b}$$

$$s_{\text{PS}} = \mu(\lambda - \lambda^{-3}) - \frac{1}{\varepsilon}\widetilde{D}^2\lambda^{-3} \tag{13-8c}$$

$$\widetilde{E} = \partial W(\lambda, \widetilde{D})/\partial \widetilde{D} \tag{13-8d}$$

式(13-8)表现出两对共轭变量:名义应力 s 和拉伸率 λ;名义电场强度 $\widetilde{E} = \Phi/L_3$ 和名义电位移 $\widetilde{D}$。因此,能量曲线可以表示为载荷-位移平面或者电压-电荷平面。

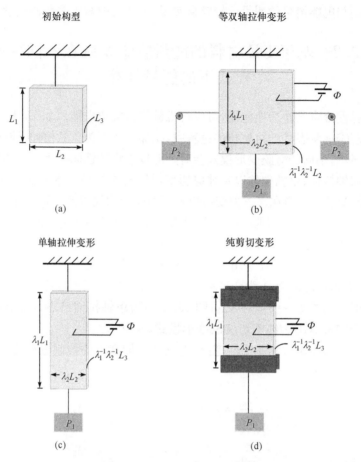

初始构型　　　　　　　　　等双轴拉伸变形

(a)　　　　　　　　　　　　　(b)

单轴拉伸变形　　　　　　　　纯剪切变形

(c)　　　　　　　　　　　　　(d)

图 13.4　DE 薄膜的构型以及在力电载荷共同作用下的不同变形模式

如前所述,在讨论 DE 材料的能量回收中,也必须考虑 DE 材料的四种失效形式,即力电失稳(EMI)、电击穿(EB)、失去张力($s=0$)以及断裂($\lambda=\lambda_R$)。

在锁志刚对 DE 力电失稳的不稳定分析中,定义了如下的 Hessian 矩阵[9]:

$$H=\begin{bmatrix} \partial^2 W/\partial\lambda^2 & \partial^2 W/\partial\lambda\partial\widetilde{D} \\ \partial^2 W/\partial\widetilde{D}\partial\lambda & \partial^2 W/\partial\widetilde{D}^2 \end{bmatrix} \tag{13-9}$$

当 Hessian 矩阵正定时,平衡方程会有一个局部最小值;而当 Hessian 矩阵为非正定时,平衡方程会有一个局部最大值。

由于 EMI 是 ED 变形中一个重要的失效模式,因此,讨论 EMI 在不同的变形模式下的区别显得尤为重要。EMI 发生的临界条件是 $\det H=0$,考虑到平衡条件,不同变形下 Hessian 是否正定的决定因素可以由式(13-10)进行计算:

$$\det H_{EQI}=\frac{2\mu}{\varepsilon}\lambda^{-2}\left(-2\lambda^{-2}+8\lambda^{-8}+3\frac{s}{\mu}\right) \tag{13-10a}$$

$$\det \boldsymbol{H}_{\mathrm{UNI}} = \frac{\mu}{\varepsilon \lambda^4} \left[\frac{\lambda^{-6}}{\left(1 - \frac{s}{\mu \lambda}\right)^3} + \frac{3\lambda^{-6}}{\left(1 - \frac{s}{\mu \lambda}\right)^2} - 1 \right] \tag{13-10b}$$

$$\det \boldsymbol{H}_{\mathrm{PS}} = \frac{\mu}{\varepsilon} \lambda^{-3} (4\lambda^{-3} + s/\mu) \tag{13-10c}$$

式中, $\det \boldsymbol{H}_{\mathrm{EQI}}$、$\det \boldsymbol{H}_{\mathrm{UNI}}$、$\det \boldsymbol{H}_{\mathrm{PS}}$ 分别表示等双轴、单轴、纯剪切变形模式下, EMI 发生的临界条件。

方程(13-10a)表示对于等双轴变形, 预拉伸对 EMI 有较大的影响: 当 $s = 0$ 时, $\lambda_{\mathrm{EMI}} = \sqrt[3]{2} \approx 1.26$; 对于中间值预拉伸, EMI 仍然会发生。并且极限拉伸值随着预拉伸的增加而增加; 当预拉伸足够大时会阻止 EMI 的发生, 这时 Hessian 矩阵为正定。对于单轴拉伸, 预拉伸也会影响 Hessian 矩阵的正定性, 当 $1 - s/(\mu \lambda) > 0$ 时, 式(13-10b)括号中的数值会随着 s 的增加而增加。式(13-10c)可以得到纯剪切变形, 当 $s > 0$ 时 Hessian 矩阵始终为正定。

可以通过数值分析方法获取不同拉伸模式下发生断裂失效时的拉伸极限。由于 DE 材料在不同变形模式下的断裂极限目前研究比较少, 通常不同变形状态的断裂极限只能通过实验和具体断裂的力学模拟方法得到。此处为了简化, 认为当聚合物链延伸到拉伸极限 J_{lim} 时断裂失效发生。计算中选取相关文献中给定的 DE 材料力学和介电参数。此处取参数为: 电击穿(EB)临界电场为 $E = \Phi/(\lambda_3 L_3) = 3 \times 10^8 \mathrm{V/m}$, 材料参数值分别为 $\mu = 10^6 \mathrm{Pa}$, $\varepsilon = 3.54$ 和密度 $\rho = 1000 \mathrm{kg/m^3}$。Gent 认为 J_{lim} 在不同变形模式下是一个材料常数。当设定 $\lambda_R = 5$ 时, 对于 EQI 可以计算得到 $J_{\mathrm{lim}} = 47$, 利用该材料数值在三种变形模式中一致的思路, 可以计算出相对应的 UNI 和 PS 的拉伸极限值分别为 $\lambda_R = 7.05$ 和 7.00。根据此计算结果, 在后续计算中设定的 EDI 的拉伸极限大概为 UNI 和 PS 的 70%。而此值与在橡胶延展性的研究中三种变形模式下的实验数据相一致[9]。

计算中采用锁志刚相关文章中的简单回路[10], 如图 13.5 所示。图 13.6 表示在三种不同变形模式下, 基于 DE 材料的能量收集器的失效模式确定的电压-电位

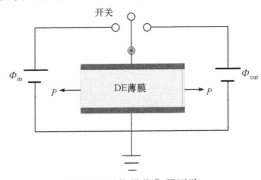

图 13.5　能量收集器回路

移平面。图中,任何一个失效曲线将电压-电位移平面分成了稳定和不稳定区域,阴影区域代表 DE 能量收集器可以获得的最大能量。在计算中,可以得到 EQI、UNI、PS 的最大转换能量分别为 6.3J/g、1.2J/g 和 4.0J/g。图 13.6 中的矩形 1→2→3→4→1 代表了图 13.5 所示回路的许用能量采集过程。通过计算可以得到在一个循环中,EQI、UNI、PS 的最大转换能量分别为 2.7J/g、0.5J/g 和 1.9J/g。

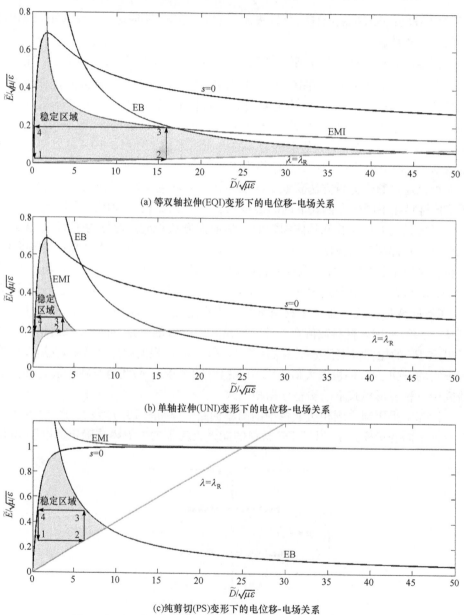

(a) 等双轴拉伸(EQI)变形下的电位移-电场关系

(b) 单轴拉伸(UNI)变形下的电位移-电场关系

(c)纯剪切(PS)变形下的电位移-电场关系

图 13.6　DE 能量收集器在不同变形模式下的电压-电位移平面

从图 13.6 可以看到，EQI 和 UNI 的能量曲线是由四种失效模式限制的，而对于 PS 的能量曲线，则是由三种失效模式来确定的，即 EB、$s=0$ 和 $\lambda=\lambda_R$。因此可以得到，在 PS 变形模式下，DE 能量收集器可以避免由 EMI 所导致的褶皱。

图 13.7 表示在三种不同变形条件下，一个循环所获得的能量与输入电压的关系。通过图 13.7 的计算结果可以得到，等双轴拉伸是三种变形形式中的最优形式，在某种程度上可以说，能量收集器在该受力形式时，一个较低的电压即可以获得较高的能量，但等双轴拉伸在实验中也是最难实现的变形模式。相对来说，单轴拉伸因为输出能量最小，是这三种变形中最差的模式。纯剪切变形由于其可操作性强，并且能量转化量可以与等双轴拉伸相媲美并且高于单轴拉伸，因此在能量采集系统的应用中可以采用此种变形形式。

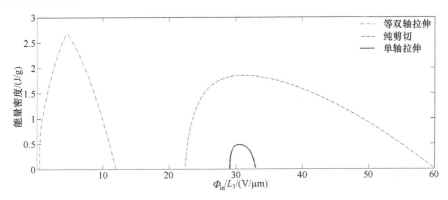

图 13.7　三种变形下每循环可以获得的最大单位能量的对比

13.3　基于 DE 材料的能量收集国内外研究进展

介电弹性体早在 20 世纪 90 年代便因其独特的力学和电学性能而引起了相关研究人员的极大兴趣。然而，相对于学术界一开始便出现的对基于 DE 材料电致动特性的高度关注，面向其发电功能或能量收集的研究却较为滞后。尽管早在 2001 年 Pelrine 等就对基于 DE 材料的能量收集的基本原理、工作模式和应用前景等进行了讨论，但相对集中的研究工作主要是近几年。

从本质上讲，致动和发电两种功能行为的核心问题都涉及材料的力电耦合及不同类型能量的存储与转换等，因此，已有的针对 DE 材料电致动开展的有关材料本构关系、力电响应、失效机理等的研究，同样也适用于 DE 能量收集的研究范围并构成了其必不可少的理论基础。但是，基于 DE 材料的能量收集是一种具有循环运动形式的连续过程，较之其电致动过程要复杂很多。在一个循环周期内，大变形柔性结构体的有序伸缩与外部能量源输入、电路通断控制等都有特定的交互与协同关系,更多地体现了一种各环节、各要素相互影响和制约的系统行为机制。一些在 DE 驱动器中并非十分重要或较少涉及的问题,在能量收集的过程中则可能上升为影响其工作性能的关键问题。总而言之,DE 材料用于能量收集时的工作机理及行为特性,既与其电致动特性紧密相关、互为补充,又是一项充满活力与挑战的新课题。

现有的关于基于 DE 材料能量收集的研究,大致可归纳为三个大的方面,即基于 DE 材料的能量收集理论研究、基于 DE 材料能量收集系统的结构设计,以及面向 DE 材料能量收集系统的电路研究,下面对其进行简单介绍。

13.3.1　基于 DE 材料能量收集行为的理论研究进展

如前所述,有关 DE 材料能量收集的实质性研究工作不过只有几年的历史,但可喜的是,近年来这方面的研究报道呈现出迅速增加的趋势,形成了一些具有代表性的基础理论研究成果。

对 DE 材料能量收集的理论研究首先集中于关于能量收集的分析模型研究方面。例如,法国 Jean-Mistral 等[11]分析了基于 DE 材料能量收集的基本循环过程,分别基于 Mooney-Rivlin 和 Yeoh 两种超弹性应变能函数,建立了同时包含 DE 电致驱动和蓄能发电两种过程的综合分析模型;德国的 Graf 等[12,13]分析比较了不同电学边界条件对单轴拉伸 DE 薄膜能量收集性能的影响,提出了循环过程优化方案;加利福尼亚大学的 Brochu 等[14]建立了纯剪切应变方式下 DE 薄膜能量转化效率与介电常数、预拉伸量及偏置电压等影响因素之间的关系,为最大效率的实现提供了理论依据。

DE 材料本质上是一种黏弹性高分子聚合物材料,当用于能量收集时,材料将在外界连续载荷作用下发生周期性机械变形,其动态及黏弹特性会对能量收集性能产生重要影响。为此,瑞士材料测试与研究联邦实验室(EMPA)的 Wissler 等[15]和法国的 Jean-Mistral 等[11]分别通过对实验数据进行拟合,在 Yeoh 或 Mooney-Rivlin 超弹性模型中引入 Prony 级数,建立了相应的准静态黏弹性模型。Lochmatter 等[16]从 DE 的微观力学行为分析出发,提出了一种基于广义 Kelvin-Voigt 型的黏-超弹性本构关系模型,并利用材料在特定的小应变速率(3.3×10^{-3} s^{-1})下的单轴拉伸-蠕变-应力松弛实验数据,通过求解耦合微分方程组,拟合得到了模型中三个本征参数的数值。麻省理工学院的 Plante 等[17]通过不同应变速率(3.3×10^{-5} s^{-1}、3.3×10^{-4} s^{-1}、0.094s^{-1}、1.8s^{-1})下 DE 材料的单轴拉伸实验,发现材料在相同应变下所对应的应力随应变速率的提高而明显增大,说明 DE 材料的应力-应变关系受应变速率的影响较大,而这正是材料动态黏弹特性的体现。Zhao 等[18]、Foo 等[19,20]在 Plante 实验数据的基础上,利用非平衡热力学理论,构建了 DE 材料的三参数流变网络模型,并通过引入中间状态变量,实现了对其黏-超弹性耗能行为的描述,其中弹性元件的行为可由 Neo-Hookean 或 Gent 等超弹性应变能模型加以表征。

至于 DE 材料能够收集多大能量的问题,哈佛大学 Koh 等[21]基于一种理想发电模式,从理论上预估了 DE 薄膜在机械断裂(λ_{max})、张力消失(LT)、电击穿(EB)和力电失稳(EMI)等四种失效模式综合约束下所能收集到的最大能量。在他们的理论研究中,一个 DE 发电器(简称 DEG)的行为可用四个独立参数所表征,即拉伸力 P 和拉伸率 λ(机械参数),电压 Φ 和电荷 Q(电学参数)。DEG 工作时的任一个状态可用如图 13.8(a)所示的拉伸率-应力关系图或图 13.8(b)所示电位移-电场强度关系图中的一个点表示。每个图中的一条曲线代表一条工作路径,λ_{max}、LT、EB 及 EMI 四条曲线分别代表了前述四种失效约束。曲线围成的封闭轮廓代表 DE 材料能量回收中的一个工作循环,因此,由四种失效约束曲线围成的封闭轮廓(阴影面)便代表了 DEG 一个工作循环理论上可以收集到的最大能量。根据他们的预测,对于 VHB 介电弹性材料,所收集的电能密度最大可达 1.7J/g。

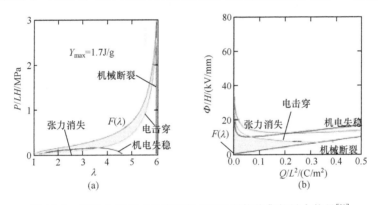

图 13.8　四种失效模式约束下的 VHB 所能收集的最大能量[21]

另有一些理论研究工作则建立在具体的 DEG 结构形式基础之上。例如,Kang 等[22]研究了一种圆环形 DEG 结构的能量转化效率与材料的介电常数、初始厚度、相对变形及极化电压等参数间的相关关系,并进行了相应的实验验证;Wang 等[23]也针对类似结构开展了实验研究,分析了极化电压、拉伸位移等参数对电能增量及能量转换效率的影响,并探索使用了两个及两个以上的环形单元组合结构来提高能量转换效率。奥地利的 Kaltseis 等[24]设计了一种由空气压强控制的球形 DEG 结构及相应的测试装置,用开尔文探针实现了电压的无接触测量,避免了测量输出电压过程中的电荷损耗,在 0.2Hz 实验条件下,电能密度可达到 0.102J/g。韩国的 Lee 等[25]对环状结构 DEG 进行了不同变形率下的应变大小分布研究,得出靠近边界处介电弹性体膜的应变要大于中心位置处的应变。瑞士的 Wissler 等[15]则研究了环状结构在不同拉伸率下应力随时间变化的规律,并进行了实验与有限元仿真的对比分析。

国内一些高校自 2009 年以来也开展了这方面的研究工作。Liu 等[26]设计制作了一种 DE 能量收集器,并分析了几种特定失效模式约束下材料常数和非均匀拉伸对其性能的影响;Zhu 等[27]则针对一种环形 DE 薄膜发电器的能量转换性能进行了建模分析和实验探索,研究了薄膜变形过程中的力学响应特性。李铁风[28]以薄膜充气式结构为研究对象,通过数值模拟方法,研究了 DE 器件非均匀变形和黏弹性对能量收集性能的影响,指出气压卸载时引起的失稳以及材料黏弹性变形是造成能量收集效率低下的主要原因。Wang 等[29]也基于 Kelvin-Voigt 型的三参数流变模型,从复模量理论出发,利用 DE 材料的五组不同应变速率下的应力响应实验数据在 $0.020 \sim 0.71 \mathrm{s}^{-1}$ 的速率空间内进行参数辨识,得到了在该速率范围内具有较高精度的一组本征参数,并对 DE 薄膜在拉伸率和拉伸速率两个运动参量共同影响下的迟滞耗能特性进行了分析。之后,该课题组又以表征生物组织力学特性常用的准线性黏弹性(quasi-linear viscoelastic,QLV)模型为框架,建立了描述 DE 材料非线性黏-超弹性行为的时间卷积方程[30],并利用控制工程理论,通过拉氏变换,将时域内复杂的卷积积分转换为 s 域直观而相对简洁的信号流框图模型,并通过引入 Maxwell 静电应力的影响将其扩展到力电耦合分析。该模型可由通用软件 MATLAB/Simulink 方便地求解和仿真。分析表明,在从 $10^{-4} \sim 1 \mathrm{~s}^{-1}$ 的拉伸速率范围内,无论载荷是单一的拉力还是力和电场同时作用,基于该模型的理论预测结果均与 Plante 等的实验结果吻合良好。

上述这些理论主要集中于材料行为和基本结构层面的研究工作,从不同角度阐释或描述了 DE 材料在能量收集中的基本机理、行为及过程,对于实际能量收集产品的分析设计具有重要的指导价值。

13.3.2 基于 DE 材料能量收集的结构设计研究

一个完整的基于 DE 材料能量收集系统包括 DE 材料柔性换能结构设计和收集控制电路两大部分。近年来国内外学者分别针对 DE 材料能量收集器的结构设计和电路设计开展了大量的研究工作。

在结构设计方面,研究者基于薄膜的三种基本变形方式(单轴拉伸、纯剪切拉伸及双轴拉伸),设计出了环形结构、矩形结构、薄膜充气式等多种基本结构形式,并针对不同的应用对象开发了不同的 DEG 结构。

哈佛大学的 Huang 等[31]提出了一种如图 13.9 所示的最接近等双轴拉伸模式的圆形变形结构,结合电路设计,实测收集到的能量密度为 560J/kg,效率达 27%,这是目前诸多报道中所能达到的最佳性能。然而在实际应用中,受环境和条件的制约,很难实现真正的等双轴拉伸,各种非理想化的变形方式都会对能量密度及转换效率产生一定的影响,与此同时,DE 变形的幅度及频率等也影响能量密度及能量转换效率的提高。

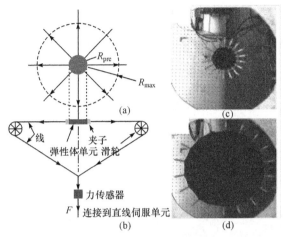

图 13.9　最大拉伸结构图[31]

韩国 Binh 等[32]设计了一种如图 13.10 所示的由两个反向动作的介电 EAP 薄膜构成的能量转换器。由于一个薄膜收缩阶段产生的弹性恢复力可用于拉伸另一个薄膜,所以需要的机械能输入可以降低,由此提升了能量收集效率。

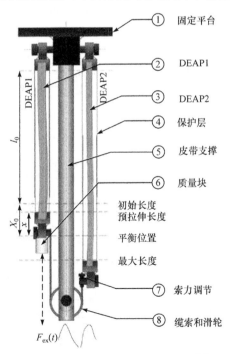

图 13.10　双膜反动式能量收集器[32]

意大利 Righi 等[33]设计了如图 13.11 所示的可膨胀充气式结构,可将空气动能转化为电能。它还可与活塞等结构组合,通过振荡水柱推动活塞而使薄膜膨胀变形,因此该种结构也可应用于海浪波浪发电。尽管等双轴拉伸是效率最优的拉伸方式,但实际中要在 DE 薄膜与加载结构间建立特定的运动联系有时并不容易。意大利 Moretti 等[34]设计了一种如图 13.12 所示的平行四边形发电机。该结构利用四杆机构固定薄膜,外力可直接旋转驱动 DEG 摇杆,无需额外传动机构,因此可应用于旋转器械运动中。由于四杆机构变形时易发生褶皱,故选用天然橡胶材料为宜。他们同时还研究了如图 13.13 所示的菱形结构发电机[35],测试计算了该结构在不同机电行为下基于失效模式所能收集到的能量(密度),通过实验指出张力消失是影响其能量收集性能最主要的因素。

(a) 薄膜放气收缩   (b) 薄膜充气膨胀

图 13.11　可膨胀充气式结构[33]

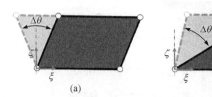

图 13.12　平行四边形结构 DEG[34]

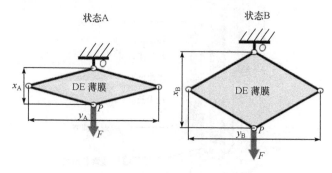

图 13.13　菱形结构 DEG[35]

意大利的 Fontana 等[36]则提出了如图 13.14 所示的双层薄膜等双轴 DEG,可实现直线运动输入下的等双轴变形。它实际上利用曲柄滑块机构原理,通过直线运动输入推动滑块往复运动,实现主动肌-对抗结构上的两层圆形 DE 薄膜交替变形,从而达到能量收集的目的。

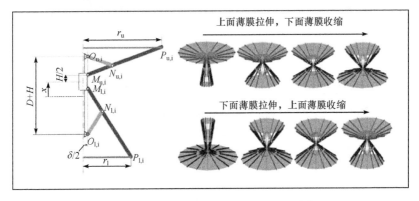

图 13.14　双层薄膜等双轴 DEG 原型[36]

为了利用人体运动的机械能,法国 Jean-Mistral 等[37]提出如图 13.15 所示的管状结构,它贴在人的护膝等衣物上,将人行走运动时的机械能变为电能收集利用。他们通过实验测试了管长度 10cm、100%应变、初始预加电压 1000V 条件下可收集到的能量为 40μJ,此能量可供用于运动或医学的低能耗系统。

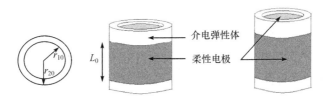

图 13.15　管状结构原理图[37]

大多数 DEG 结构需要固定框架使 DE 薄膜处于预拉伸的状态,为此,新西兰 Mckay 等[38]设计了一种如图 13.16 所示的自支撑层叠结构,不需要固定框架,图中间区域为 48 层 DE 薄膜堆栈而成的工作区域,上下的硅橡胶端盖使堆栈式 DEG 能与机械变形力源耦合,保证堆栈式 DEG 每层基本上实现自由变形,进而保证每层 DE 薄膜的电场强度近似相等。该结构总体积小(<1cm³),且能从低频运动(如树摆、鞋压等)收集能量,也使其可以应用于远程无线传感器而无需周期性电池。

在某些应用场合,环境运动能实现的变形较小,为了获得更大的能量收集,法国 Jean-Mistral 等[39]设计了如图 13.17 所示的应变吸收器结构。该应变吸收器结

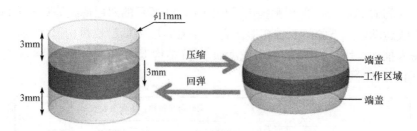

图 13.16　自支撑层叠结构[38]

构源于帆船绞车,结构中两个固定框架通过不可变形的绳连接,绳的两端通过框架上的 n 个孔绑缚在 DEG 的两边。当外部力施加到固定框架产生 Δl 位移时,DEG在同一方向能实现 $n\Delta l$ 的变形,以达到增大 DEG 变形的目的。这种结构可应用于收集人体运动能量,收集电能可供给于可穿戴便携电子设备。

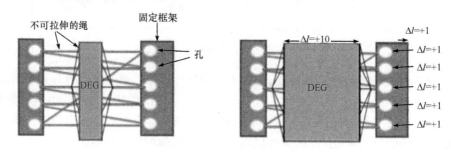

图 13.17　应变吸收器结构[39]

　　为了提高 DE 材料的能量收集性能,研究者提出可采用多层堆栈式结构。例如,吕雄飞[40]基于多层环形器件堆栈式结构设计出如图 13.18 所示的 DE 材料换能元件,每个换能元件高约 65mm,由 60 层硅橡胶薄膜组成。然后将三个换能元件并联,制作成海浪能量收集器,并对能量收集器的性能进行了实验探究及理论分析。

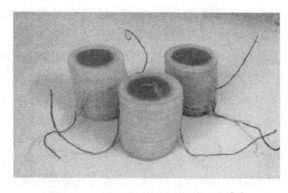

图 13.18　堆栈式 DE 材料换能元件[40]

德国的 Foerster 等[41]对堆栈式结构进行了理论仿真和优化,通过研究多层 DEG 单元达到最优变形所需的厚度及该厚度下 DEG 的变形状态,来对结构进行优化设计以使其达到理想变形。所研究结构的基本形式如图 13.19 所示,它由 50 层 $40\mu m$ 厚(Z_0)的硅橡胶膜及 51 层 $10\mu m$ 的碳粉电极叠加制成,上下两层再各黏结一层硅橡胶膜进行绝缘。结构单元的外径 d_t 为 50mm,每层上下电极重叠区域(圆形)的直径 d_a 为 40mm,是结构的有效工作面积。工作时,器件受到垂直于厚度方向的载荷作用,面积增大,厚度减小。为了使有效工作面积达到最大,负载和 DEG 结构单元间,以及结构单元和刚性支撑之间需要设置实现载荷传递的过渡结构。为此,Foerster 使用 ANSYS 有限元软件分析了如图 13.20 所示不同过渡结构下 DEG 单元的变形状态。其中,图 13.20(a)结构使用两层硅橡胶膜(PDMS)把 DEG 单元夹在中间;图 13.20(b)结构把上下硅橡胶膜各分成相等厚度的五层,每层的杨氏模量从外到内逐渐递减;图 13.20(c)结构则把上下硅橡胶膜分为不同厚度的五层,其厚度由外到内以 0.5 的比例递减;而在图 13.20(d)结构中,上下硅橡胶膜也各由不同厚度五层构成,厚度则由外到内以倍比递增。通过分析对比上述几种结构中 DEG 单元实现最优变形所需过渡层厚度及能达到的电容变化率,选出了效果最优的图 13.20(b)结构。

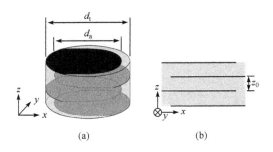

图 13.19　50 层硅橡胶膜叠加 DEG 器件[41]

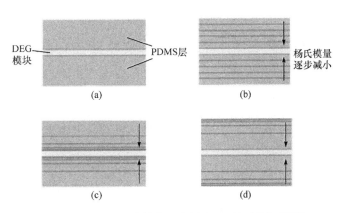

图 13.20　四种过渡结构及多层 DEG 单元叠加图[41]

　　图 13.21 所示是美国斯坦福国际研究院（SRI International）基于 DE 材料开发的一种为士兵小型装备提供应急电源的鞋跟发电机（heel-strike generator）[1,2]。它利用人体行进时的脚跟冲击动作使安装于鞋跟部位的多层 DE 薄膜产生周期性的扩展-紧缩循环，以达到连续发电的目的，非常适合士兵野外夜间作业。据报道，这种发电鞋可获得每步 0.8J 的能量输出。类似地，也可利用人体行走时膝关节的运动，通过安装于膝部的 DE 材料发电装置将机械能转化为电能，为人们随身携带的小功率电子产品充电。

　　DE 材料的高柔顺性和大延展能力通常能很好地匹配自然界中风和海浪等的运动，这为它用于风力及潮汐能量收集提供了有利条件。在风力发电领域，常规风车由于涡轮机叶片和基础支撑结构庞大、噪声问题等一般远离对电力需求较高的城市地区。如果能利用如图 13.22 所示的旗状或帆状的 DE 材料发电装置[42]来产生高分布式、并行、局部的能源，将大大降低风力发电装置的成本以及电力传输过程中的损耗。

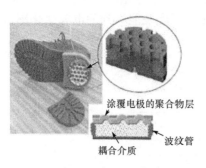

图 13.21　基于 DE 薄膜的
鞋跟冲击发电机[2]

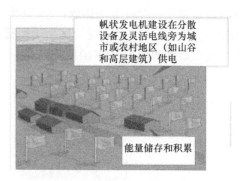

图 13.22　风力发电
装置[42]

　　图 13.23 所示是基于 DE 材料的海浪能收集系统，图 13.23（a）是一种海上浮标式发电装置[2]。海浪运动使浮架和惯性质量产生相对位移，从而使安装于浮架

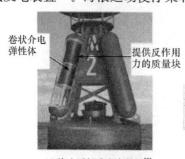

(a)海上浮标式发电装置[2]

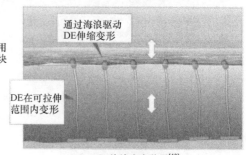

(b)海浪发电装置[42]

图 13.23　基于 DE 材料的海浪能收集系统

上的 DE 材料卷状结构发生变形,其收集的电能可为远程海洋传感器(如海啸预警传感器等)及需要海基局部电源的系统供电。图 13.23(b)为一种利用海浪运动[40]驱动浮标式 DEG 器件变形而实现能量收集的装置,它所产生的分布式电能可以给个人手机及 GPS 系统充电等,也可以供给局部的独立电站。

德国的 Chiba 等[43]及美国的 Kornbluh 等[42]提出通过水轮式结构将河水流动时产生的机械能转化为所需电能。如图 13.24 所示,该水车直径为 30cm,用一个小水泵(280mL/s 流量)供水使水轮旋转,水轮又通过推杆连接到曲轴上,然后与 DEG 连接,轮子每转一次能提供 35mJ 的电能。受水车直径限制,该装置收集的电能较小;但根据估算,若水车直径增大到 80cm,则水轮每次转动可望产生 5.4～6J 的电能。

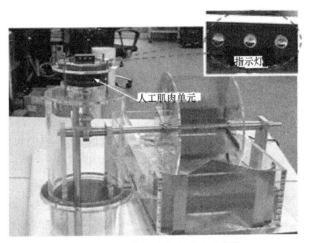

图 13.24　水轮式能量收集器[43]

意大利的 Vertechy 等[44]设计了如图 13.25 所示的基于海浪能量收集的半球状结构,并通过实验得出收集电能和效率与极化电压、海浪频率、变形量的关系。

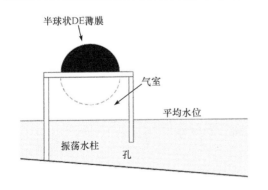

图 13.25　基于海浪能的半球状结构能量收集器[44]

它将压锤通过连杆与刚性绳固定在水底,将堆栈式介电弹性体换能元件安置于浮体上。海浪起伏将带动浮体随之运动,使得压锤将堆栈式介电弹性体换能元件压缩,将海浪流动的机械能收集。

这些研究工作从实践上有力地证明了将 DE 材料应用于面向人体和自然界的不同应用场合进行能量收集的可行性,为后续能量收集实际系统的开发奠定了良好的基础。

13.3.3　面向 DE 材料能量收集的电路研究

不管机械能转化为电能的拉伸-收缩循环过程,还是电能的收集过程,都涉及电路设计,良好的电路设计可使机电能量转换效率大幅提高,从而在电能收集过程中减少不必要的能量消耗。另外一个重要问题是,DEG 进行能量收集时需要额外的初始电压(偏置电压)对其进行极化,最初的探索性、验证性实验都是利用高压电源实时提供,但面向实际应用,最佳的方式应该是摆脱对外接高压电源的依赖。

为了摆脱外接高压电源,新西兰奥克兰大学的 Mckay 等[45] 提出了一种如图 13.26 所示的自供给电路(self-priming circuit,SPC)。SPC 可视为一个电容组,与 DEG 并联,工作时可以实现电荷在 DEG 和 SPC 之间循环流动。图 13.26(a)为 SPC 电路拓扑原型,图 13.26(b)和(c)分别为电路工作时因 A、B 点电势差引起的两种工作状态:当 DEG 放电时,电荷由 DEG 流向 SPC;当充电时,电荷又由 SPC 流回 DEG。

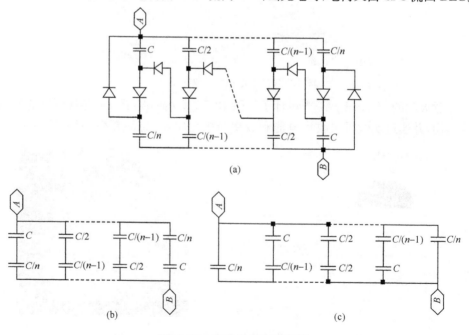

图 13.26　自供给电路原理[45]

　　SPC 电路使 DEG 只需初始进行一次性充电,后续即可断开外部电源,依靠初始存储电荷在器件和电路间的循环流动来保证系统连续工作。自供给电路不但摆脱了对外加电源的实时依赖,又可以通过自身数十次的循环让 DEG 的工作电压由几伏的低压自举到数百伏乃至上千伏,从而大大提高了能量收集效率。

　　Mckay 等后续又对自供给电路及 DEG 器件进行了改进优化,提出 SPC 电容与 DE 电容相匹配实现最大能量收集,并进行了相关实验验证。图 13.27 所示是他们所设计的一种双 DEG 反向变形结构[46]。该器件实际由两个 DEG 子结构连接而成,每个子结构又分为 A、B 两个基本单元,两个子结构的变形正好存在 180° 的相位差,即 DEG1 拉伸变形时,DEG2 正好收缩变形,反之亦然。这样一来,在这种双 DEG 器件结构中,任何时候总有一个 DEG 处于收缩放电状态。

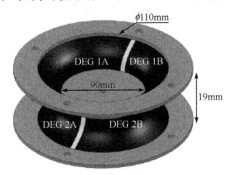

图 13.27　双 DEG 反向变形结构图[46]

　　利用 DEG 本身具有的电容特性,Mckay 等进而提出了集成式自供给电路(integrated self-priming circuit,ISPC)的概念,并对比分析了由单个 DEG 器件形成的单集成式系统和以双 DEG 器件为核心形成的双集成式系统的工作性能,结果如图 13.28 所示。其中图 13.28(a)为实验结果,图 13.28(b)为等效电路的仿真结果。从图 13.28(a)可以看出,工作电压从 100 V 增加至 1000 V,单集成式电路需要大约 6.5s,而双集成式只需大约 5.7s,可见后者具有更高的工作效率。

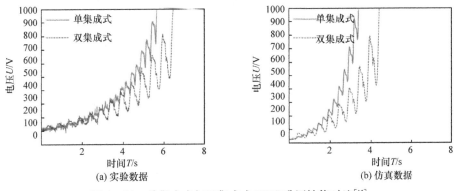

图 13.28　单集成式与双集成式 ISPC 升压性能对比[46]

　　除了 Mckay 等的研究,法国的 Vu-Cong 等[47]对摆脱 DEG 对外部供电电路依赖问题提出了另一种解决方案。他们用驻极体代替外加极化电压源,也可不需要外加高压电源和复杂供电电路,在轻小型 DEG 的设计制造中有很好的应用价值。图 13.29 所示的基于驻极体的 DEG 原型结构一共五层,分别为油脂电极、介电弹性体、驻极体、电极及固定框架。针对此结构原型,他们在驻极体电势为－1000V,有效应变 50%的实验条件下得到了 0.55mJ/g 的能量密度,证明了用驻极体代替外加高压电源是可行的,而且随着驻极体电势的提高,所能收集到的能量也会增加。

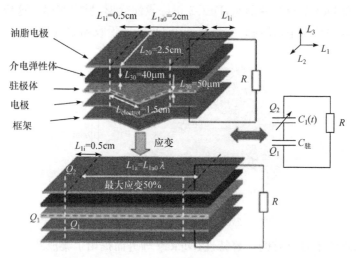

图 13.29　基于驻极体的 DEG 原型(未拉伸状态与最大拉伸状态)[47]

　　在能量收集过程中为了保证有较高的能量转换效率,一般需对 DEG 施加较高的偏置电压(千伏级),因此器件端的输出电压将会更高,而这种高电压、低电荷的电能状态是无法直接供给用电器使用的,所以在 DEG 的开发中,必须在保证较小的损耗下,将这种非恒定的高压电能转换为直流低压或连续的交流低压信号。

　　针对这一问题,Eitzen 等[48]曾提出一种可匹配能量收集中高压电源的双向 DC-DC 转换器的电路拓扑结构。Lo 等[49]则提出了两种方案,用以实现将 DEG 放电时的高电压转换为普通充电电池可利用的低电压。

　　第一种方案为如图 13.30(a)所示的降压变换器。首先,闭合开关 S,电流通过电感 L,输出电压 V_{out} 随之增加。负载(load)的作用是避免电感电流瞬间变化可能产生的高电压。当 V_{out} 增加到与 V_{in} 相等时,断开 S,通过电感的电流慢慢减小,当平均输出电流值低于电压源直接连接负载时提供的电流值时,即可得到一个更小的负载电压。这种方案可获得较高的机电能量转换效率,可靠性好,但电路复杂,很多额外组件会增加成本及负担,且商业可用元件中没有全部特性都适合降压变换器的元件,这些都在一定程度上限制了它的应用。

　　另一种方案是如图 13.30(b)所示的电荷泵方案。这种方案工作原理类似于 SPC 电路,理想情况下只需加一次极化电压。首先,当 V_{DEG} 增加时,V_{Dz} 也随之增加直至超过 C_{load} 电压,二极管 D 正向导通,DEG 给电容 C 和负载电容 C_{load} 充电,此时两个电容串联分压。之后,随 V_{DEG} 降低,V_{Dz} 也随之降低直到 Dz 正向导通,电容 C 反过来通过 Dz 给 DEG 充电,从而使 V_{DEG} 增加。如此循环往复以达到降低 DEG 电压的目的。电荷泵方案组件少,电路比降压变换器简单,不需要控制电路和传感电路,但收集能量低。尽管它可以直接用于电池充电,但由于输出电压不可控,不能直接用于提供电能。

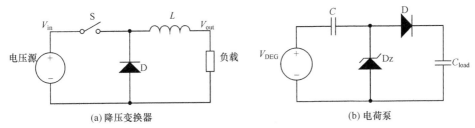

图 13.30　两种 DEG 输出电能降压方案原理图[49]

　　总体上讲,在上述两种方案中,降压变换器适合大规模、高电能的 DEG 应用,如海浪发电等;而电荷泵则较适合于小型且分散的能量收集,如可穿戴 DEG 等。

13.4　基于 DE 材料的能量收集实验

　　为了使读者对基于 DE 材料的能量回收系统特性有一个基本了解,本节以一个简单的圆环薄膜型结构为例,介绍 DE 能量收集的实验研究工作[6,50]。

　　实验系统构成及工作原理如图 13.31 所示。其中图 13.31(a)为实验系统搭建完成的实物照片,图 13.31(b)为将该 DEG 结构等效为电路后的实验系统工作原理图。该实验根据较易实现的定电荷边界条件设计了相应的控制电路和器件结构,主要目的是分析偏置电压、拉伸位移、预拉伸倍数等因素对 DEG 能量收集性能的影响。

　　实验中,偏置电压由电压放大器放大来自信号发生器的信号来提供,而输出电压经高压探头衰减后由示波器显示。主要实验仪器的型号如下。

　　(1) 信号发生器:Agilent 33220A。

　　(2) 电压放大器:TREK MODEL 610E。

　　(3) 示波器:JC1062CA。

　　(4) 高压探头:TREK P6015A。

常用的 DEG 器件结构有圆环薄膜型、圆筒型、卷筒型、球型、平面层叠型等类

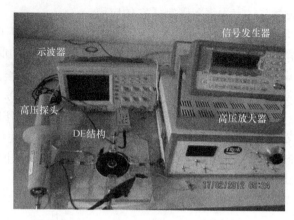

(a) 实验装置及系统构成

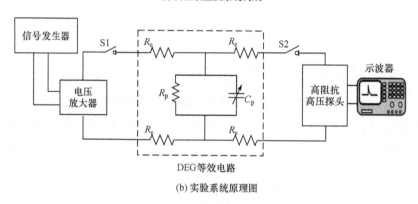

(b) 实验系统原理图

图 13.31　DE 能量收集实验原理

型,通过综合比较,实验中选择了制作简单、边界条件易控、拉伸方便的圆环薄膜型结构。所选用的 DE 材料为目前使用较多、商用化的 3M VHB 4910 聚丙烯酸酯材料。该器件的基本形式是一个由内外环形边框所夹持的处于预拉伸状态的平面薄膜结构,内外边框所围成的中间环形区域就是涂覆有柔性电极、可产生工作变形的 DE 薄膜。在我们的设计中,外边框内径为 65 mm,外径为 70 mm;内边框直径为 10 mm,中心小孔直径为 3 mm,该孔用来固定 DE 材料边界及承受拉伸载荷。内外边框材料选用与 DE 粘贴性能很好且质量很轻的商用双色板。柔性电极材料选用 846 型导电碳膏(MG Chemicals)。

　　器件的制备主要包括薄膜预拉伸、贴引电极(铜箔)、固定内外环形边界以及涂覆柔性电极等步骤,这里不再详细介绍。制作完成后的 DEG 器件及其固定方式如图 13.32 所示。工作时,将器件的外环边框固定在实验室已有的拉伸框架上,DEG 薄膜的变形是通过在内环中心小孔处施加轴向载荷实现的。图 13.32(a)为器件变形前的初始状态,图 13.32(b)为通过推杆在其内环中心孔处施加轴向推力后形成的最大变形状态。

(a) 变形前　　　　　　　　　　　　　　(b) 变形后

图 13.32　DEG 器件结构及变形状态

此处将 DE 材料能量回收的四个状态定义为 A、B、C、D,其中,A 为器件拉伸前的初始状态,B 为器件的最大拉伸变形状态,C 为最大拉伸下的充电状态,D 为回弹后的变形状态。对应于由这四个状态顺次构成的工作过程,通过图 13.31(b)所示的控制电路中两个开关 S1、S2 的协同动作,可实现对材料在变形恢复瞬间电压的测量。开关动作状态和器件工作状态的对应关系如表 13.2 所示。这一过程可简要描述为:首先对器件进行拉伸,至最大变形状态(B)后,闭合 S1,为其充电。之后断开 S1,撤去外力,令器件自由回弹,在恢复至初始状态(实际由于 Maxwell 应力和黏弹性迟滞效应的存在不能完全恢复)的瞬间,接通 S2,示波器上即可捕捉并显示出该瞬时电压陡然升高的现象。

表 13.2　控制电路开关动作状态

开关	A→B	B→C	C→D	D→A
S1	断开	闭合	断开	断开
S2	断开	断开	断开	闭合

为研究偏置电压、预拉伸倍数、拉伸位移对输出电压的影响,实验中分别制作了 2×2、2.5×2.5、3×3 倍预拉伸的圆环薄膜型 DE 能量收集器件;偏置电压分别取 10、20、40、100、200、400、600、800、1000(V);器件内环中心孔处的轴向位移 h 分别取 20mm、30mm,然后进行了不同参数条件下输出电压的测量。

图 13.33 直观显示了一个 2×2 预拉伸的 DEG 器件在 200V 偏置电压下,当最大拉伸量(环心轴向位移)分别为 20mm 和 30mm 时,所对应的发电过程输出电压的瞬态波形,波形图上的尖峰代表了由结构恢复所引起的电压增加。

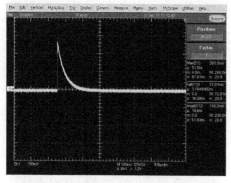 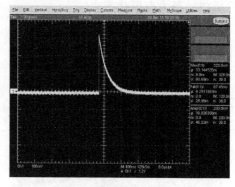

(a) 最大拉伸量20mm   (b) 最大拉伸量30mm

图 13.33   200V 偏置电压下不同拉伸量对应的电能输出波形

在数据测量中,输出电压的取值采用多次测量求平均值的方式获得。不同预拉伸倍数及拉伸位移条件下,输出电压与偏置电压的关系如图 13.34 所示,图中的 k 表示曲线斜率。

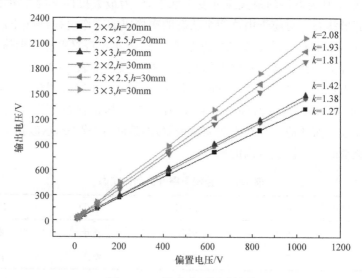

图 13.34   输出电压测试结果

由以上测试结果可以得出以下结论。

(1) 预拉伸倍数、拉伸位移一定时,输出电压随偏置电压线性增大,这与定电荷条件的理论分析结果是一致的。

(2) 电压放大倍数随拉伸位移的增加而增大,这是由于拉伸位移增加使得 DEG 面积应变变大,导致电容变化量变大,从而电压放大倍数增大。

(3) 电压放大倍数随预拉伸倍数的增加而增大,且增大趋势在拉伸位移较大时更为明显：拉伸 20mm 时，从 2×2 到 3×3 倍预拉伸，电压放大倍数增大 11.8%；拉伸 30mm 时，从 2×2 到 3×3 倍预拉伸，电压放大倍数增大 14.9%。

　　DEG 能量收集性能的评价主要依据回弹过程中电能的增量，因此还需利用 LCR 测试仪（Agilent 4284A）对器件未变形时的电容值进行测量。这样，根据器件偏置电压和相应的输出电压测量结果以及器件电容值的测量结果，即可得到回弹过程中电能的增量，结果如图 13.35 所示。从图中可以看到，随着预拉伸倍数的增大、偏置电压的升高、拉伸位移的增大，均使电能的增量有所提高。在偏置电压 1000V、3×3 倍预拉伸、拉伸位移 30mm 时收集到的电能最多，为 1.01mJ，相应的能量密度为 3.14mJ/g。

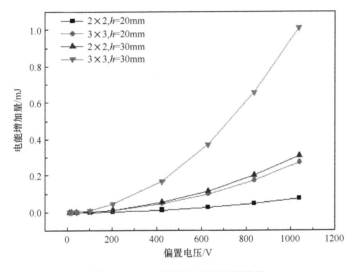

图 13.35　电能增加量的实验结果

　　图 13.36 所示为利用可变电容器理论对该 DEG 结构计算的 3×3 倍预拉伸时所收集到的电能增量（密度）的理论值与实验值的对比。从图中可以看出，实验值与理论值具有可比性，但所有的理论值均大于实验值。实验值与理论值的相对偏差随偏置电压的增加而增大，这主要是由于测量回路的电荷泄漏随电压的升高而增大。从拉伸位移（拉伸率）的影响来看，在位移为 20mm 时，实验值与理论值之间的最大偏差比位移为 30mm 时大。实验结果证明了之前理论分析得出的"在忽略能量损耗的理想条件下，能量转化效率主要由机械拉伸率决定，拉伸率越大，效率越高"的结论，同时也表明 DE 材料在拉伸回弹过程中的黏弹损耗对误差的影响也是不可忽略的。

　　由于实验条件的差异，不同研究机构对 DE 能量收集实验的研究结果差异性也很大。根据现有的报道，DE 能量收集密度的实验数据在 2.15～120mJ/g。

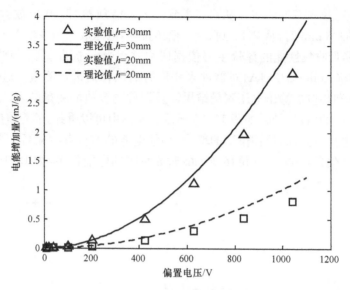

图 13.36　电能增量的实验与理论结果对比

13.5　本章小结

综上所述,当前国内外对于基于 DE 材料能量收集的研究,从基础理论到系统结构和电路设计,再到具体应用都有所涉及,并取得了一定的成果,但总体上讲,这方面的研究工作仍面临不少问题与挑战[51]。

总体来看,目前除鞋跟发电机等极少数产品外,大多数基于 DE 材料的能量回收器件或装置多还属于功能验证阶段,尚未实现大面积的工程应用;就其种类、数量和涉及的具体领域而言,远逊于 DE 材料驱动器;就其性能来讲,一些实际装置的性能不够理想,远低于理论预期。

现有的实验研究所获得的能量密度值多与理论预期值相差甚远,除了器件结构和电路设计难以理想化,材料本身黏弹性的影响更是不可忽略。因此,如何从 DE 材料在周期性大变形条件下的动态黏弹特性出发,建立物理意义明晰、能准确表征其力电耗能行为且便于工程应用的基础性力学本构模型和力电耦合模型,是 DE 能量收集基础研究中面临的一个关键问题。当然,材料的改性是解决这一问题最有效的方案。早期在 DE 基本性能的研究中,人们最常使用的材料是美国 3M 公司生产的 VHB 系列薄膜,该类材料虽能实现很大的变形量,但其本身的黏弹性也很大。着眼于能量收集等应用,已有研究者试图以天然橡胶、硅橡胶等来代替 VHB,或者尝试自行研制满足所需性能要求的介电弹性体材料。寻找和制备最适合的介电弹性体材料进行能量收集,可以说是该项技术未来发展的一个趋势。

对于 DE 材料能量回收系统的电路设计,面向实用化需求,有两个关键性技术问题需要解决:一是如何摆脱 DEG 工作时对外部电源的实时依赖;二是如何有效收集电能,并将其调理转化为可供用电器或充电电池等负载直接利用的动力源。这两个问题虽已有一些研究,但距离实际大规模应用仍有大量的工作需要取得突破,如果得不到有效解决,DE 用于能量收集的意义便会大打折扣。

基于 DE 材料的能量收集既是一个循环过程,也是一种系统行为。而目前的研究及设计工作仍缺乏系统观点,尚缺少相应的适用于大变形 DE 柔性机械结构与电路相耦合的复杂系统的设计理论与方法。因此,将结构设计与电路设计协同考虑,从全局优化的角度构建和设计此种多能域耦合系统,是高性能 DE 能量收集系统研发的必然要求。

基于 DE 材料的能量收集是一种绿色、灵活和低成本的电能获取和再生方式;在基础性问题逐步解决之后,未来 DE 能量收集的研究必将面向具体的应用背景。如何基于某种特定应用需求,对系统加以整体优化、提高其工作性能,或将成为今后该领域研究的一大热点。目前已有基于人体运动的鞋跟发电机、膝盖能量收集器,基于海浪运动的洋流发电机,乃至风能收集装置等,每种应用的载荷特性、变形规模、结构形式、电路设计等都不尽相同甚至相差很大,因此面向具体应用背景开展实验及理论研究是很有必要的,这也是一种新兴技术在基础理论趋于成熟后必将经历的发展阶段。

总之,作为一项依托于新型功能材料的新兴技术,DE 材料用于能量收集的研究历程还比较短,不论在材料基本的能量耦合及转换机理,还是在具体产品的分析设计层面,相关的研究工作均还不够深入、系统,在一定程度上制约了 DE 材料自身性能优势的发挥。这就要求必须在加强对材料基本特性认识与了解的基础上,面向典型应用,围绕其能量收集所涉及的关键问题,开展系统深入的研究工作,以形成能有效指导实际器件/装置设计的理论和方法,加速推进 DE 能量收集技术的实用化、市场化。

参 考 文 献

[1] Peirine R, Kornbluh R, Eckerle J, et al. Dielectric elastomers: Generator mode fundamentals and applications[C]. Proceedings of SPIE, 2001, 4329: 148-156.

[2] Kornbluh R D, Pelrine R, Prahlad H, et al. From boots to buoys: Promises and challenges of dielectric elastomer energy harvesting[C]. Proceedings of SPIE, 2011, 7976: 797605.

[3] Suo Z G. Theory of dielectric elastomers[J]. Acta Mechanica Solid Sinica, 2010, 6: 549-578.

[4] Davies G, Yamwong T, Voice A. Electrostrictive response of an ideal polar rubber: Comparison with experiment[C]. Proceedings of SPIE, 2002, 4695: 111-119.

[5] Pelrine R, Sommer-Larsen P, Kornbluh R, et al. Applications of dielectric elastomer actuators [C]. Proceedings of SPIE, 2001, 4329: 335-349

［6］薛欢欢. 面向能量收集的介电弹性体发电机理及行为研究［D］. 西安：西安交通大学，2013.

［7］Gent A N. A new constitutive relation for rubber［J］. Rubber Chemistry and Technology，1996，69（1）：59-61.

［8］Gent A N. Extensibility of rubber under different types of deformation［J］. Journal of Rheology，2005，49：271-275.

［9］Zhao X H，Suo Z G. Method to analyze electromechanical stability of dielectric elastomers［J］. Applied Physics Letters，2007，91：061921.

［10］Koh S，Zhao X H，Suo Z G. Maximal energy that can be converted by a dielectric elastomer generator［J］. Applied Physics Letters，2009，94：262902.

［11］Jean-Mistral C，Basrour S，Chaillout J J. Modeling of dielectric polymers for energy scavenging applications［J］. Smart Materials and Structures，2010，19：105006.

［12］Graf C，Maas J. Energy harvesting cycles based on electro active polymers［C］. Proceedings of SPIE，2010，7642：764217.

［13］Graf C，Maas J. Evaluation and optimization of energy harvesting cycles using dielectric elastomers［C］. Proceedings of SPIE，2011，7976：79760H.

［14］Brochu P，Stoyanov H，Niu X F，et al. Energy conversion efficiency of dielectric elastomer energy harvesters under pure shear strain conditions［C］. Proceedings of SPIE，2012，8340：83401W.

［15］Wissler M，Mazza E. Modeling and simulation of dielectric elastomer actuators［J］. Smart Materials and Structures，2005，14：1396-1402.

［16］Lochmatter P，Kovacs G，Wissler M. Characterization of dielectric elastomer actuators based on a visco-hyperelastic film model［J］. Smart Materials and Structures，2007，16：477-486.

［17］Plante J S，Dubowsky S. Large-scale failure modes of dielectric elastomer actuators［J］. International Journal of Solids and Structures，2006，43：7727-7751.

［18］Zhao X，Koh S J A，Suo Z. Nonequilibrium thermodynamics of dielectric elastomers［J］. International Journal of Applied Mechanics，2011，3：203-217.

［19］Foo C C，Cai S，Koh S J A，et al. Model of dissipative dielectric elastomers［J］. Journal of Applied Physics，2012，111：034102.

［20］Foo C C，Koh S J A，Keplinger C，et al. Performance of dissipative dielectric elastomer generators［J］. Journal of Applied Physics，2012，111：094107.

［21］Koh S J A，Keplinger C，Li T F，et al. Dielectric elastomer generators：how much energy can be converted？［J］. IEEE/ASME Transactions on Mechatronics，2011，16：33-41.

［22］Kang G，Kim K S，Kim S. Note：Analysis of the efficiency of a dielectric elastomer generator for energy harvesting［J］. Review of Scientific Instruments，2011，82：046101.

［23］Wang H M，Zhu Y L，Wang L，et al. Experimental investigation on energy conversion for dielectric electroactive polymer generator［J］. Journal of Intelligent Materials Systems and Structures，2012，23（8）：885-895.

［24］Kaltseis R，Keplinger C，Baumgartner R，et al. Method for measuring energy generation and efficiency of dielectric elastomer generators[J]. Applied Physics Letters,2011,99:162904.

[25] Lee R H,Basuli U,Lyu M Y,et al. Fabrication and performance of a donut-shaped generator based on dielectric elastomer[J]. Journal of Applied Polymer Science,2014,131:40076.

[26] Liu Y J,Liu L W,Zhang Z,et al. Analysis and manufacture of an energy harvester based on a Mooney-Rivlin-type dielectric elastomer[J]. EPL,2010,90:36004.

[27] Zhu Y L,Wang H M,Zhao D B. Energy conversion analysis and performance research on a cone-type dielectric electroactive polymer generator[J]. Smart Materials and Structures, 2011,20:115022.

[28] 李铁风. 介电高弹聚合物力电行为研究与器件设计[D]. 杭州:浙江大学,2012.

[29] Wang Y Q,Xue H H,Chen H L,et al. A dynamic visco-hyperelastic model of dielectric elastomers and their energy dissipation characteristics[J]. Applied Physics A, 2013, 112 (2):339-347.

[30] Wang Y Q,Chen H L,Wang Y J,et al. A general visco-hyperelastic model for dielectric elastomers and its efficient simulation based on complex frequency representation[J]. International Journal of Applied Mechanics,2015,7(1):1550011.

[31] Huang J,Shian S,Suo Z,et al. Clarke. Maximizing the energy density of dielectric elastomer generators using equi-biaxial loading [J]. Advanced Functional Materials, 2013, 23: 5056-5061.

[32] Binh P C,Nam D G C,Ahn K K. Modeling and experimental analysis of an antagonistic energy conversion using dielectric electro-active polymers [J]. Mechatronics, 2014, 24: 1166-1177.

[33] Righi M,Vertechy R,Fontana M. Experimental characterization of a circular diaphragm dielectric elastomer generator[C]. ASME 2014 Conference on Smart Materials, Adaptive Structures and Intelligent Systems,Paper No. SMASIS2014-7481:V001T03A013.

[34] Moretti G,Fontana M,Vertechy R. Parallelogram-shaped dielectric elastomer generators: Analytical model and experimental validation[J]. Journal of Intelligent Material Systems and Structures,2015,26:740-751.

[35] Moretti G,Fontana M,Vertechy R. Modeling and control of lozenge-shaped dielectric elastomers[C]. ASME 2013 Conference on Smart Materials,Adaptive Structures and Intelligent Systems,Paper No. SMASIS2014-7481:V001T03A013.

[36] Fontana M,Moretti G,Lenzo B,et al. Loading system mechanism for dielectric elastomer generators with equi-biaxial state of deformation [C]. Proceedings of SPIE, 2014, 9056:90561F.

[37] Jean-Mistral C,Basrour S. Scavenging energy from human motion with tubular dielectric polymer[C]. Proceedings of SPIE,2010,7642:764209.

[38] Mckay T G,Rosset S,Anderson I A,et al. Dielectric elastomer generators that stack up[J]. Smart Materials and Structures,2015,24:015014.

[39] Jean-Mistral C,Beaune M,Vu-Cong T,et al. Energy scavenging strain absorber:Application

to kinetic dielectric elastomer generator[C]. Proceedings of SPIE,2014,9056:90561H.

[40] 吕雄飞. 基于介电弹性体智能软材料的能量收集理论研究与器件设计[D]. 哈尔滨:哈尔滨工业大学,2014.

[41] Foerster F,Schlaak H F. Optimized deformation behavior of a dielectric elastomer generator [C]. Proceedings of SPIE,2014,9056:905637.

[42] Prahlad H,Kornbluh R,Pelrine R,et al. Polymer power:Dielectric elastomers and their applications in distributed actuation and power generation[C]. Proceedings of ISSS,2005,SA-13.

[43] Chiba S,Waki M,Kornbluh R,et al. Innovative wave power generation system using electroactive polymer artificial muscles[J]. Oceans-IEEE,2009:143-145.

[44] Vertechy R,Fontana M,Papini R,et al. In-tank tests of a dielectric elastomer generator for wave energy harvesting[C]. Proceedings of SPIE,2014,9056:90561G.

[45] Mckay T,O'Brien B,Calius E,et al. Self-priming dielectric elastomer generator design[C]. Proceedings of SPIE,2012,8340:83401Y.

[46] Mckay T,O'Brien B,Calius E,et al. Realizing the potential of dielectric elastomer generators[C]. Proceedings of SPIE,2011,7976:79760B.

[47] Vu-Cong T,Jean-Mistral C,Sylvestre A,et al. Electrets substituting external bias voltage in dielectric elastomer generators:application to human motion[J]. Smart Materials and Structures,2013,22:025012.

[48] Eitzen L,Graf C,Maas J. Bidirectional HV DC-DC converters for energy harvesting with dielectric elastomer generators[C]. IEEE Energy Conversion Congress & Exposition,2011,47(10):897-901.

[49] Lo H C,Mckay T,O'Brien B M,et al. Circuit design considerations for regulating energy generated by dielectric elastomer generators[C]. Proceedings of SPIE,2011,7976:79760C.

[50] Wang Y Q,Liu X J,Xue H H,et al. Experimental investigations on energy harvesting performance of dielectric elastomers[C]. Proceedings of SPIE,2014,9056:905633.

[51] 钟林成,王永泉,陈花玲. 基于介电弹性软体材料的能量收集:现状. 趋势与挑战[J]. 中国科学:技术科学,2016,46:1-18.

第 14 章　基于 DE 材料的传感器结构设计

DE 材料除了在电场作用下具有优越的驱动性能以及利用其逆向发电功能可用于能量收集系统,还可用于柔性传感器。DE 材料由于具有质量轻、可拉伸性好、疲劳强度高等特点,特别适合应用于变形大、受载频繁等场合的传感器[1,2]。近年来,各国学者纷纷尝试通过掺杂、结构设计、微纳加工等技术,以提高 DE 材料传感器的灵敏度、响应速度、可靠性等,希望将其应用于医疗健康、人造皮肤、工业监测等领域。本章首先介绍 DE 传感器的基本原理,然后根据 DE 材料传感器的结构特点,将其分为平面形 DE 材料传感器,筒形 DE 材料传感器和具有表面微结构的 DE 材料传感器,据此对部分典型结构及原理进行简要介绍。

14.1　DE 材料的传感原理

如前所述,DE 材料是一种芯层为介电弹性薄膜,两个表面涂覆了柔性电极的三明治结构,在电场的作用下,两个表面电极会聚集电荷,由于正负电荷的相互吸引作用而产生 Maxwell 应力,使 DE 材料产生电致变形,这是其驱动原理[3,4]。作为一种传感器,可以将这种三明治结构视为一种柔性电容,由于其在外载荷作用下会产生变形,进而导致电容值发生变化,因而具有对外载荷大小的传感特性。DE 传感器的工作原理如图 14.1 所示,初始状态下其电容为 C_1,如果在外载荷作用下(压力或者拉力等),DE 材料产生变形,其电容变化为 C_2,可以通过测量 DE 材料变形前后的电容值获得 DE 材料所承受的载荷和产生的变形[5]。

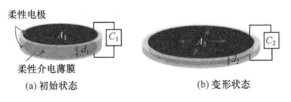

(a) 初始状态　　　　　　　　　(b) 变形状态

图 14.1　DE 传感原理示意图

众所周知,电容式传感器的电容值为

$$c = \varepsilon \frac{A}{d} \tag{14-1}$$

式中,ε 为电容传感器两电极之间 DE 材料的介电常数;A 为电容传感器的电极面积;d 为 DE 材料的厚度。显然,增大作为传感器的 DE 材料的面积,或者减小 DE 材料的厚度,或者选择具有较高介电常数的 DE 材料,均会提高这类传感器的灵敏度。

早期人们研究的 DE 材料传感器的芯层材料主要是美国 3M 公司生产的一种强力胶带 VHB。由于 VHB 材料的黏弹蠕变特性,使传感器响应速度较慢,频带较窄,只可应用于低频范围;此外,VHB 材料对温度等外界环境非常敏感,导致传感器的性能很不稳定[6]。为此,各国学者继而尝试采用各种硅橡胶和 PDMS 材料,并通过掺杂、微纳加工等技术,有效地提高了传感器的灵敏度、响应速度、线性度等。

由于 DE 材料既可以作为驱动器,又可以作为传感器,因此,深入研究 DE 材料的这两种基本功能属性,可以有效协调这两种功能,有望实现柔性智能结构的传感-驱动一体化。然而,相对于 DE 材料的驱动特性,对于 DE 材料的传感功能的研究相对滞后,本章对部分研究成果进行简要介绍,以期引起更多学者的广泛关注。

14.2　平面形 DE 材料传感器

在进行 DE 材料传感器设计时,首先要明确传感器所要承受的载荷。通常情况下,平面形 DE 材料传感器会有如图 14.2 所示的三种变形模式,分别是压力模式,拉伸模式和剪切模式,有些特殊情况下传感器会产生以上三种变形模式中多种模式的组合。根据不同的受载形式,可对传感器进行相应的结构设计[7]。

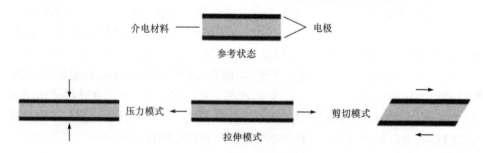

图 14.2　DE 材料传感器不同变形示意图

14.2.1　压力传感器

图 14.3 是美国 Artificial Muscle 公司基于 DE 材料设计的一款简易传感器——UMAD50 的基本组成及基本特性[8]。图 14.3(a)是其组成,该传感器主要由圆环框架、垫片、承载板和 DE 材料组成。当压力作用在传感器中心的承载板时,DE 材料会产生轴向拉伸变形,导致电容值发生变化。通过测量 DE 材料的电容,根据电容大小可以推算出承载板所受作用力和产生的轴向位移。此结构的电容值与压力的变化关系如图 14.3(b)所示。由图可见,随着施加压力的增大,电容值逐渐增大,两者之间表现出很好的线性关系。与此同时,电容值与中心圆环的轴向位移之间也具有很好的线性度,说明该传感器既具有很好的压力传感特性,也具

有优越的位移传感特性。

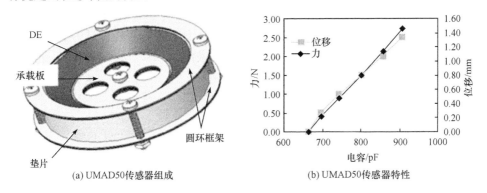

(a) UMAD50传感器组成   (b) UMAD50传感器特性

图 14.3 UMAD50 传感器结构及特性

图 14.4 是 Artificial Muslce 公司另外一种典型的压力传感器[8]。将其布置在机器人的手部和脚部,可以作为机器人的触觉用来感知外部压力。图 14.4(a)是其基本结构,它由一种弹性绝缘材料将 DE 材料封装在内部,当外部压力通过压杆作用于弹性绝缘材料时,弹性材料的变形引起 DE 材料的表面产生变形;图 14.4(b)是其特性曲线。由图可以看出,除了在初始压力较小的范围,传感器在很大范围内保持很好的线性度。

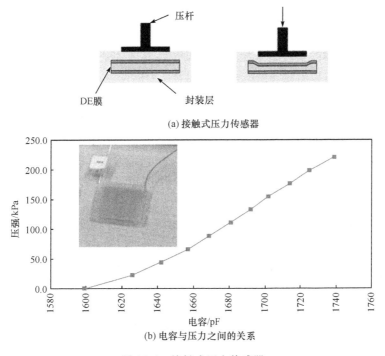

(a) 接触式压力传感器

(b) 电容与压力之间的关系

图 14.4 接触式压力传感器

为了提高这类接触压力传感器的传感特性，Böse 等提出了一种表面具有波纹状结构的压杆结构，并深入研究了这种波纹结构对传感器传感特性的影响[9]。图 14.5 是表面具有波纹状结构的 DE 材料压力传感器的两种设计方案。其中，图 14.5(a)为方案一，即将电极涂抹于 DE 材料表面；图 14.5(b)为方案二，即将电极涂抹于波纹状压杆表面。

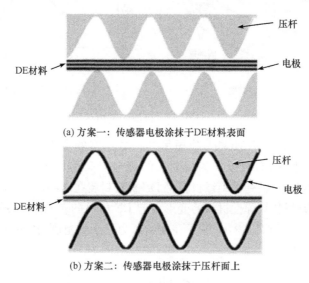

(a) 方案一：传感器电极涂抹于DE材料表面

(b) 方案二：传感器电极涂抹于压杆面上

图 14.5　压力传感器的两种设计方案

两种设计方案的实验结果如图 14.6 所示，其中，图 14.6(a)是电容随压力的变化关系。由图可以看出，对于方案一，随着压力的增大，电容先线性增大，当压力在 400～600N 时变化逐渐减缓，在 600N 以后，随着压力增大电容基本保持不变；而对于方案二，随着压力的增大，电容在整个压力范围内均线性增大。通常定义电容随压力变化曲线的斜率为传感器的灵敏度。由图可以看出，相较于方案一，方案二的设计在整个压力范围内都具有较高的灵敏度和线性度，是较理想的一种方案。图 14.6(b)是压缩应变随压力的变化关系。由图可见，两种方案对 DE 材料的压缩应变影响不大。

图 14.7 是进一步对 DE 材料的软硬性对该传感器传感特性影响的实验结果。其中，图 14.7(a)是电容随压力的变化关系。由图可以看出，对于软的 DE 材料，初始阶段具有较高的灵敏度，但是高灵敏度区域较小；而对于硬的 DE 材料，传感器在较大测量范围内具有很好的线性度且灵敏度基本不变。简而言之，软的 DE 材料具有高灵敏度但量程小，而硬的 DE 材料具有较低的灵敏度但量程大。图 14.7(b)是压缩应变随压力的变化关系，显而易见，软的 DE 材料的压缩应变大于硬的 DE 材料。

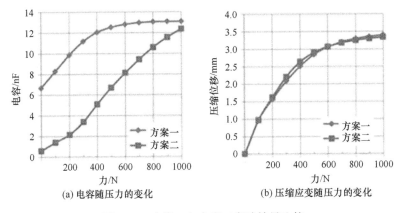

(a) 电容随压力的变化　　　　　　　(b) 压缩应变随压力的变化

图 14.6　方案一与方案二实验结果比较

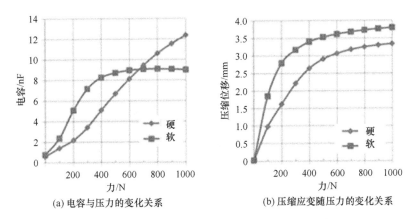

(a) 电容与压力的变化关系　　　　　(b) 压缩应变随压力的变化关系

图 14.7　DE 材料软硬对传感器传感特性的影响

14.2.2　拉伸传感器

　　DE 材料除了作为压力传感器,还可以作为拉伸传感器。通常情况下,作为拉伸传感器的 DE 材料承受单轴拉伸应力,此时材料的长宽比对传感器的拉伸传感特性具有显著的影响。图 14.8 给出了具有不同长宽比的两种 DE 材料结构及其性能曲线。由图可见,对于细长型结构,传感器电容随着拉伸位移线性增大,在整个范围内具有很好的线性度;而对于宽短型结构,尽管电容随拉伸位移的增大迅速变化,但线性度较差[7]。因此在拉伸传感器的设计中,通常将传感器做成细长型,以保证其具有很好的线性度。

　　图 14.9 是新西兰 Stretch Sense 公司开发的拉伸传感蓝牙系统,利用 DE 材料拉伸传感器测量人的手指弯曲变形,即人手指的屈曲使传感器产生拉伸变形进而产生电容变化[7]。集成芯片可以实时采集电容信号并通过蓝牙传入电脑进行处

理,进而反推出人手指的运动及弯曲形态。

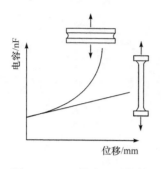

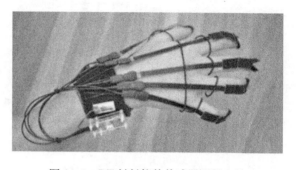

图 14.8　DE 长宽比对拉伸　　　　　图 14.9　DE 材料拉伸传感器测量人的
　　　传感特性的影响　　　　　　　　　　　　手指运动状态

　　细长型的拉伸传感器只具有一个自由度,并且结构不紧凑,应用领域受限,为此,有学者设计了两自由度平面拉伸传感器。

　　Girard 等以一个气动人工肌肉驱动的核磁共振导管为研究对象,希望利用 DE 材料传感器测量针形导管的精确位置[5]。图 14.10(a)所示为核磁共振导杆结

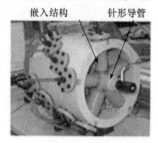

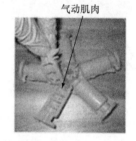

(a) 核磁共振导杆结构图

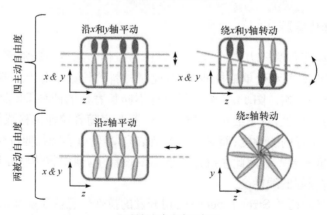

(b) 导杆六自由度示意图

图 14.10　核磁共振结构及其导杆运动示意图

构,导杆的驱动由嵌入的气动人工肌肉完成。该结构具有四个主动自由度和两个被动自由度。如图 14.10(b)所示,四个主动自由度分别是沿着 x 和 y 方向的平动以及沿着 x 轴和 y 轴的转动;两个被动自由度分别是沿着 z 方向的平动和沿着 z 轴的转动。主动自由度由气动人工肌肉驱动实现,被动自由度由外力载荷引起。手术过程中,医生需要精确控制针形导管的位置,传统的单自由度传感器很难获得精确的位置反馈。

为此,Girard 设计了一种基于 DE 材料的平面 2-自由度传感器,如图 14.11 所示。将两个相同的平面传感器布置于导杆装置的两端,如图 14.11(a)所示,就可以实现对导杆运动状态的实时反馈;单个平面 2-自由度传感器的结构如图 14.11(b)所示,将圆环 DE 材料均匀分成四个 $90°$ 的扇形,构成四个电容。导杆运动中,通过测量四个电容值的变化,就可以计算出导杆所在的中心圆环在 xy 平面内的位移大小和方向,图 14.11(c)是其中的一个运动状态。

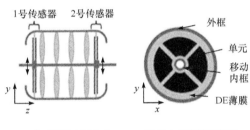 

(a) 传感器的布置方式　　　(b) 单个传感器正视图　　　(c) 平面2-自由度传感器实物图

图 14.11　基于 DE 材料的 2-自由度平面传感器

14.2.3　多功能传感器

上述几种传感器均只能产生一种变形,或者感知压力或者感知拉伸力。Roberts 设计了一种基于 DE 材料的多层多功能传感器结构,它既可以感知压力也可以感知剪切力[10]。该传感器为“三明治”结构,如图 14.12 所示。上下表面为模量较高的弹性体,主要起封装及力传递的作用;中间芯层为模量较低的弹性体,在外界载荷作用下产生变形,如图(a)所示。在芯层弹性体与上下表面弹性体的两个接触面上,镶嵌有一层导电液体,作为电容的电极,在其中一个接触面上,导电液体不连续布局,从而构成如图(b)所示的四个电容。当传感器承受正压力时,四个电极之间的距离均会产生变化,从而使所有电容器的电容值均增大,通过测量电容的变化量就可以获得压力的大小;当传感器承受剪切力时,四个电容器的相对表面积会产生变化,从而使有的电容器的电容增大、有的电容器的电容减小,通过测量各个电容的电容变化量就可以获得剪切力的大小及方向。

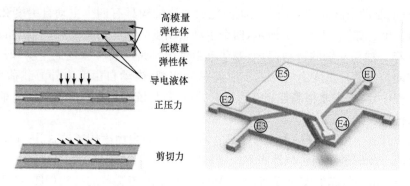

(a) 柔性传感器的多层结构示意图　　　　(b) 两层平行电极之间的排列方式

图 14.12　多功能传感器的结构示意图

　　图 14.13 是通过理论和实验获得的该多功能传感器的性能曲线。其中图 14.13(a)和(b)分别是电容变化量随传感器在 x 及 y 方向上剪切位移的变化关系，而图 14.13(c)是各个电容随正压力的变化关系。由图 14.13(a)和(b)可见，当传感器分别承受沿 x 方向和 y 方向的剪切变形时，与该方向垂直的两个电容变化很小，可以认为在该方向上灵敏度为 0；而与该方向平行的两个电容随着剪切位移的增大一个增大、一个减小，均具有很好的线性度，说明在该方向上具有很好的线性灵敏度。显然，当剪切位移沿着平面内任意方向时，可以由成对的电容值的变化推算出位移的大小与方向。由图 14.13(c)可以看出，随着正压力增大，四个传感器

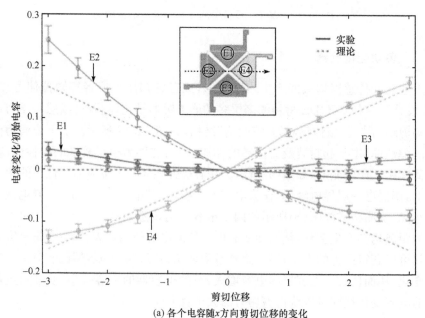

(a) 各个电容随 x 方向剪切位移的变化

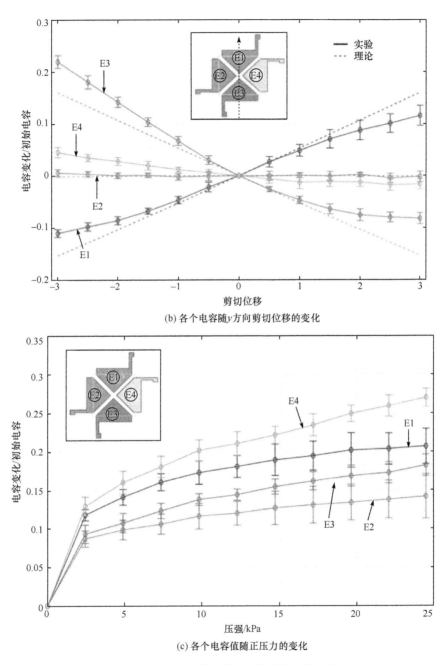

(b) 各个电容随 y 方向剪切位移的变化

(c) 各个电容值随正压力的变化

图 14.13　多功能传感器电容值随外力的变化

的相对电容变化也增大,并且表现为分段函数;且在两个区间内,相对电容均线性变化,具有很好的线性度。证明了该传感器不仅可以感知正压力,也可以测量平面内各个方向的剪力。图 14.13(c)中四个压力传感器的电容随压力变化曲线变化不太一致的原因主要是传感器在制备过程中,四个电容并不完全相同,存在一定的制备误差。

　　该多功能传感器的制备工艺如图 14.14 所示。其中,工艺(a)为通过匀胶机在玻璃上涂抹一层 Ecoflex50 橡胶溶液,待其均匀后放到干燥箱里加热,使其固化成型。工艺(b)为通过 3D 打印获得掩模板,掩模板上有三角形槽和细通道用来成型电极和引线。将掩模板覆盖在已成型的硅胶模上边,用注射器在掩模板槽内注入导电液体 eGaln。工艺(c)为移走掩模板前,先将试件冷冻以使导电液体凝固。工艺(d)为移走掩膜板,将试件再次放在匀胶机上,涂抹一层 Ecoflex10,均匀后放入干燥箱加热固化,这样就获得了成型的芯层 DE 材料。工艺(e)到工艺(g)是重复工艺(b)到工艺(d),获得另外一层高模量的硅橡胶层,最终获得多层柔性多功能传感器结构。

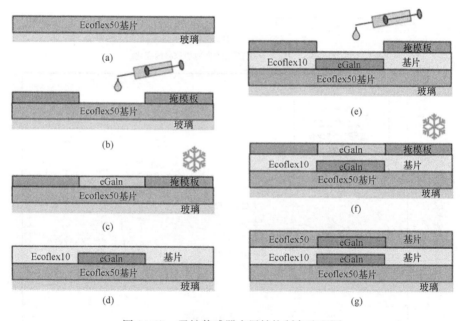

图 14.14　柔性传感器多层结构制备流程图

14.3　筒形 DE 材料传感器

　　平面形传感器通常只能测量一个方向上的载荷或平面内的变形,但在很多场合下,载荷和变形是多方向的[11,12]。例如,人的动脉血管,其内部压强是空间多方向的,血管的收缩舒张变形也是不均匀的,既包括轴向变形,也包括径向变形,这些都不能由平面型传感器测量。针对这一类应用,学者提出了可以测量非均匀变形的筒形 DE 材料传感器。

　　Son 首先将筒形 DE 材料传感器黏附在 Mckibben 人工气动肌肉的内侧,用来检测气动肌肉的轴向变形[11],其结构如图 14.15 所示。由于 DE 材料传感器粘贴在气动肌肉内侧,所以两者具有相同的变形。相较于气动肌肉,由于 DE 材料传感器的模量与厚度很小,可以忽略,可以认为它对气动肌肉的变形没有影响。

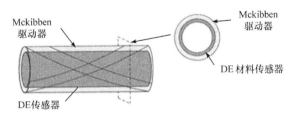

图 14.15　具有筒形 DE 材料传感器的 Mckibben 人工气动肌肉示意图

　　该文献作者深入研究了不同 DE 材料以及结构参数对该类传感器的性能影响,研究中选择了两种最常用的 DE 材料——硅胶和美国 3M 公司的 VHB,结构参数选择了圆筒长度 L_0 和圆筒半径 R_0。实验共设置了 10 个样本,其几何尺寸见表 14.1,其中,t_0 为 DE 材料的厚度,样品 1～5 由 VHB 材料制备,6～10 由硅胶材料制备。

表 14.1　筒形 DE 传感器的初始尺寸

传感器(3M VHB)	1	2	3	4	5
$L_0/R_0/t_0$/mm	10.9/9.57/0.5	17.15/9.57/0.5	20.83/9.57/0.5	17.66/3.6/0.5	21/3.6/0.5
传感器(硅橡胶)	6	7	8	9	10
$L_0/R_0/t_0$/mm	10.5/9.57/0.09	17.1/9.57/0.09	21/9.57/0.09	17.15/3.6/0.09	21/3.6/0.09

　　图 14.16 是对 3M 公司的 VHB 样品的数值计算及测量结果。其中,图 14.16(a)是圆筒长度 L_0 对该传感器电容值的影响。由图可以看出,随着 L_0 增大,传感器的灵敏度提高。图 14.16(b)是圆筒半径 R_0 对传感器电容值的影响。由图可以看出,增大半径 R_0,同样可以提高灵敏度。显然,这是由于 L_0 和 R_0 的增大均会导致面积增大,而由电容传感器的传感原理可知,面积增大会使传感器灵敏度增大。

　　对应于表 14.1 的 10 个样品的电容传感器的灵敏度见表 14.2。由表可以看出,具有相同几何尺寸的传感器,硅胶材料比 VHB 材料具有更高的灵敏度,这得益于硅胶材料相较于 VHB 具有更高的介电常数。

表 14.2　10 个样品的灵敏度

样品(3M VHB)	1	2	3	4	5
曲线斜率(pF/轴向拉伸)	56.42	84.62	104.62	28.32	34.39
样品(硅橡胶)	6	7	8	9	10
曲线斜率(pF/轴向拉伸)	146.56	206.15	304.75	113.93	121.93

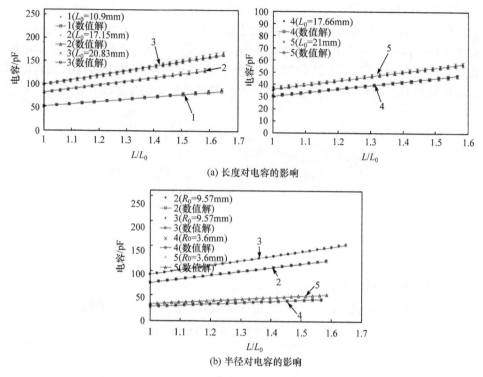

(a) 长度对电容的影响

(b) 半径对电容的影响

图 14.16　圆筒尺寸对基于 VHB 材料的电容器性能的影响

14.4　具有表面微结构的 DE 材料传感器

为了提高基于 DE 材料的压力传感器的传感特性,除了前面给出的一些增大传感器面积、提高材料的介电常数等措施,还有一种方法是在 DE 材料表面构造微结构。

Bao 等尝试了在 DE 材料传感器的表面构造微结构[13]。其制备流程如图 14.17 所示。其工艺步骤为:第一步,通过深干刻蚀在硅片上形成凹槽,获得具有表面微结构的反模;第二步,将 PDMS 溶液倾倒入凹槽中,在真空箱中抽真空,减少溶液中的气泡;第三步,将表面附着有 ITO(导电玻璃)的 PET 薄膜铺到未完全固化的 PDMS 表面,放入恒温箱中,在 70℃下加热 3h;第四步,将 PET 从反模上揭下,就获得了具有微结构的传感器。

图 14.18 是采用上述工艺获得的具有表面微结构的 PDMS 薄膜的扫描电镜图。图 14.18(a)～(c)是金字塔形微结构在 PDMS 表面上的均匀分布;图 14.18(d)是线形表面微结构在 PDMS 表面上的规律性分布。图 14.19 是对该传感器进行的压力测试结果。其中,图 14.19(a)是相对电容随压力的变化。由图可见,相较

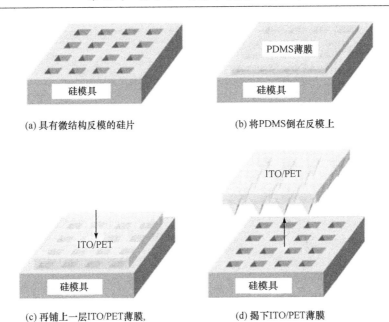

(a) 具有微结构反模的硅片

(b) 将PDMS倒在反模上

(c) 再铺上一层ITO/PET薄膜,
加热固化PDMS

(d) 揭下ITO/PET薄膜

图 14.17　具有表面微结构的传感器制备流程

于表面平整的传感器,具有表面微结构的传感器的灵敏度得到了显著提高,而具有金字塔形表面微结构的传感器的灵敏度高于具有线形表面微结构的传感器。此外还可看出,无表面微结构和具有线形表面微结构的传感器电容随正压力线性变化;而具有金字塔形表面微结构的传感器电容变化曲线表现为分段线性函数,在初始阶段具有较高的灵敏度,当压力增大到一定值时,直线斜率减小,灵敏度降低,但测量范围增大。这种特性正好与人的皮肤相似,即在轻微的压力下具有很高的灵敏度,而在压力较大时又具有很大的测量范围。图 14.19(b)是压力为 9.8N 时相对电容变化的响应速度,可见,具有微结构(金字塔形与线形)的传感器的卸荷响应速度比无表面微结构的传感器快很多,说明表面微结构可以提高回弹响应速度。

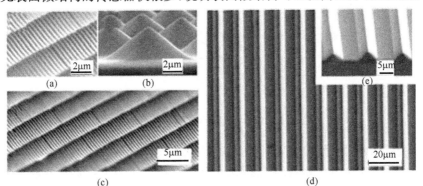

图 14.18　具有表面微结构的 PDMS 扫描电镜图

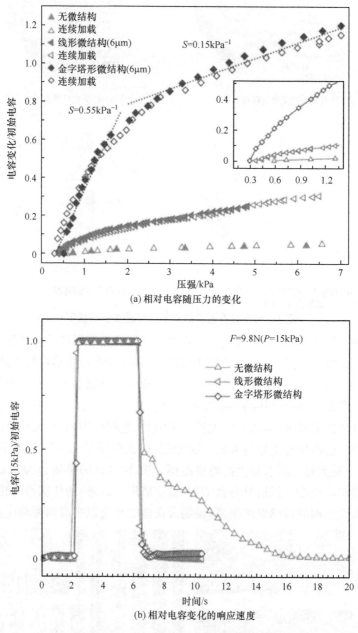

(a) 相对电容随压力的变化

(b) 相对电容变化的响应速度

图 14.19　具有微结构的传感器的压力测试

　　研究认为,表面微结构可以显著提高传感器灵敏度的原因主要有两点:其一,表面微结构显著降低了材料的压缩模量,从而在相同压力下材料变形更大;其二,压缩过程中,微结构之间的空气被挤压排出,而空气的相对介电常数比 PDMS 要小,这就相当于提高了传感器的相对介电常数,增大了电容的变化。卸荷响应速度的提高则是因为表面间隙降低了材料的黏弹性而提高了 PDMS 的回弹速度。

如果将具有表面微结构的传感器做成阵列,就可以使传感器具有空间分辨率,可以感知表面的压力分布。图 14.20 是一种具有表面微结构的传感器阵列,图 14.20(a)是该传感器阵列结构及压力作用点,图 14.20(b)是压力测量结果。由图可见,该传感器可以同时感知多点的不同压力值,因此是一种分布式压力传感器。

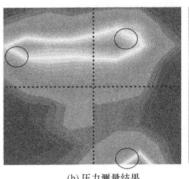

(a) 传感器阵列结构及压力作用位置　　　　　　　(b) 压力测量结果

图 14.20　具有表面微结构的传感器阵列

14.5　DE 材料传感器的电容测量技术

前面几节介绍了一些 DE 材料传感器的结构形式及传感原理,并未对电容的测量方法进行介绍。本节对其进行简单介绍。

一般来讲,测量 DE 材料传感器电容变化的方法很简单,可以直接通过现有的电容测量仪来实现。图 14.21 为采用美国 iNEQ 公司的 BK 精密系列电容测量仪测量具有水凝胶电极的柔性电容传感器的电容变化。

图 14.21　电容测量仪测量柔性传感器电容变化

　　但是,对于分布式 DE 材料传感器,要使传感器具有空间分辨率,则需要做成阵列结构;随着分辨率的提高,阵列个数会增多,每个阵列点都需要单独引出电极,从而会增加传感器的复杂程度、制造难度以及能量消耗。

　　为此,Xu 等提出了一种新型 DE 材料传输线模型[14],它只需要对分布式 DE 传感器引出三个电极,便可以实现对分布式 DE 材料传感器上承受压力载荷的定位与测量,很好地克服上面所述的阵列型传感器的测量缺点。图 14.22 是他提出的虚拟传输线模型,即将阵列式 DE 材料传感器视为电阻-电容组成的传输线。该模型包含无限多个电阻与电容串联的支链,每一个支链都可以看成一个低通滤波器。显然,随着信号沿着电极的传输,高频成分会逐渐衰减,最终的结果是低频信号在整个电极层都可以保持其强度而高频信号会在某些点上变得不再明显。在使用该传感器时,需要首先对其施加一组测量电信号,测量电信号既包含高频信号又包含低频信号。此时,相当于对传感器进行了电气隔离,低频信号可以测量整个传感器的电容变化,而高频信号只能测量靠近测量电信号输入端的电容变化。当外界机械力作用于传感器时,低频信号会发生变化,通过低频信号的变化大小,可以反推出作用力的大小;同时,也可以通过高频信号的变化大小,来推断机械力是作用于靠近电信号输入端还是远离电信号输入端。同样,当沿着 90°方向在传感器上施加复合信号时,就可以检测出载荷施加的具体位置。

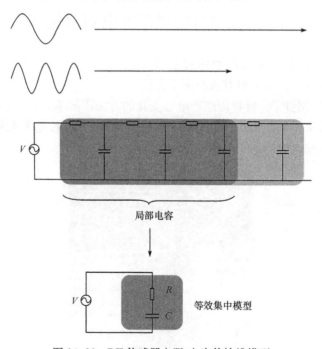

图 14.22　DE 传感器电阻-电容传输线模型

图 14.23 是具有空间分辨率的传感器结构组成示意图。该传感器是一个五层结构,上下表面电极分别为信号施加正极,而中间电极为公共负极;三电极之间所夹的芯层为介电层材料,分别施加 x 方向和 y 方向的激励信号。

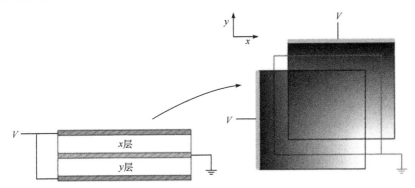

图 14.23　具有空间分辨率的传感器结构组成及其示意图

因为施加的信号包含低频和高频两种成分,所以如图 14.24 所示,人为地将传感器划分为四个区域,编号为 1～4。对各个区域依次施加一个脉冲的压力时,测得各个区域上高低频信号激励下的电容变化如图 14.25 所示。由图可见,高频信号只在靠近信号源的那个区域比较明显,而在远离信号源的区域变化不明显,因而可以判断受压的是哪一区域。而低频信号的大小变化,则可以反馈施加压力的大小。当需要增加传感器的灵敏度时,只需要增加施加信号的个数。如想获得 3×3 的分辨率,则需要施加含有高频、中频、低频三种信号混合的复合信号,即可人为地将传感器划分为 3×3。

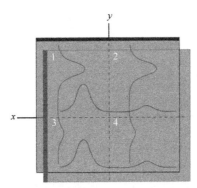

图 14.24　人为划分为 2×2 空间分辨率的传感器

简而言之,现有的 DE 材料传感器研究多集中在对传感器的结构设计方面,包括根据应用环境的不同对传感器整体结构进行设计以及为了提高某些特性而进行的表面微结构的设计。而关于材料本身的特性,诸如黏弹性以及电极材料等对传

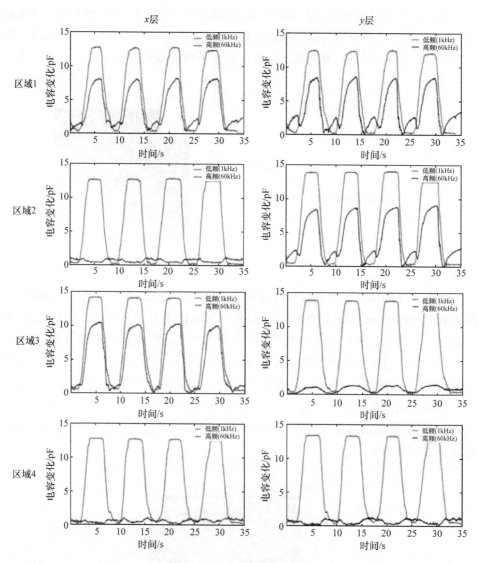

图 14.25　依次对四部分施加脉冲压力时测得的各个部分高低频信号下的电容变化

感特性的影响则研究较少,因此,关于材料本身的改性、电极材料的选择以及更加先进高效的测量技术,是 DE 材料传感器今后的主要研究方向。此外,既然 DE 材料既具有驱动功能又有传感功能,如何实现驱动与传感一体化也是一个尚未取得实际突破的研究方向之一。

参 考 文 献

[1] Kofod G,Sommer-Laesen P,Kornbluh R,et al. Actuation response of polyacrylate dielectric

elastomers[J]. Journal of Intelligent Materials Systems and Structures, 2003, 14 (12): 787-793.

[2] Brochu P, Pei Q. Advances in dielectric elastomers for actuators and artificial muscles[J]. Macromoleculer Rapid Communation, 2010, 31(1):10-36.

[3] Pelrine R, Kornbluh R, Pei Q, et al. High-speed electrically actuated elastomers with strain greater than 100%[J]. Science, 2000, 287(5454):836-839.

[4] Pelrine R, Kornbluh R, Joseph J. Electrostriction of polymer dielectrics with compliant electrodes as a means of actuation[J]. Sensors and Actuators A:Physical, 1998, 64(1):77-85.

[5] Girard A, Bogue J P, O'Brien B M, et al. Soft two-degree-of-freedom dielectric elastomer position sensor exhibiting linear behavior[J]. IEEE/ASME Transactions on Mechatronics, 2015, 20(1):105-114.

[6] Sun J Y, Keplinger C, Whiresides G M, et al. Ionic skin[J]. Advanced Materials, 2014, 26: 7608-7614.

[7] O'Brien B, Gisby T, Anderson I A. Stretch sensors for human body motion[C]. Proceedings of SPIE, 2014, 9056:905618.

[8] Rosenthal M, Bonwit N, Duncheon C, et al. Applications of dielectric elastomer EPAM sensors[C]. Proceedings of SPIE, 2007, 6524:65241F.

[9] Böse H, Fuβ E. Novel dielectric elastomer sensors for compression load detection[C]. Proceedings of SPIE, 2014, 9056:905614.

[10] Roberts P, Damian D D, Shan W, et al. Soft-matter capacitive sensor for measuring shear and pressure deformation[C]. IEEE International Conference on Robotics and Automation (ICRA), 2013, 3529-3534.

[11] Son S, Goulbourne N C. Finite deformations of tubular dielectric elastomer sensors[J]. Journal of Intelligent Material Systems and Structures, 2009, 20(18):2187-2199.

[12] Son S, Goulbourne N C. Large strain analysis of a soft polymer electromechanical sensor coupled to an arterial segment[J]. Journal of Intelligent Material Systems and Structures, 2012, 23(5):575-586.

[13] Mannsfeld S C, Tee B C, Stoltenberg R M, et al. Highly sensitive flexible pressure sensors with microstructured rubber dielectric layers[J]. Nature Materials, 2010, 9(10):859-864.

[14] Xu D, Tairych A, Anderson I A. Stretch not flex:Programmable rubber keyboard[J]. Smart Materials and Structures, 2016, 25(1):015012.